U0898746

读书
29位文化名家的书心文事
河北卫视《读书》栏目 主编
新世界出版社

图书在版编目（CIP）数据

读书 / 河北卫视《读书》栏目主编. -- 北京 : 新世界出版社, 2010.7

ISBN 978-7-5104-1032-1

Ⅰ. ①读… Ⅱ. ①河… Ⅲ. ①人生哲学－通俗读物 Ⅳ. ①B821-49

中国版本图书馆 CIP 数据核字（2010）第 099929 号

读 书

作　　者：河北卫视《读书》栏目 / 主编
责任编辑：杜　力
责任校对：胡文静
责任印制：李一鸣　黄厚清
出版发行：新世界出版社
社　　址：北京市西城区百万庄大街 24 号（100037）
发 行 部：（010）6899 5968　（010）6899 8733（传真）
总 编 室：（010）6899 5424　（010）6832 6679（传真）
http：//www.nwp.cn
http：//www.newworld-press.com
版 权 部：+8610 6899 6306
版权部电子信箱：frank@nwp.com.cn
印　　刷：北京中印联印务有限公司
经　　销：新华书店
开　　本：710 × 1000　1/16
字　　数：279 千字
印　　张：19.25
版　　次：2010 年 7 月第 1 版　2010 年 7 月第 1 次印刷
书　　号：ISBN 978-7-5104-1032-1
定　　价：32.80 元

（序一）当代的颜回　刘震云

两千多年前，孔子欣赏一个人：颜回。别人说颜回有点二，孔子说颜回最贴谱。贴谱不是说他高尚，是说他能苦中作乐和自得其乐：“一箪食，一瓢饮，在陋巷，人不堪其忧，回也不改其乐。”

如今中国的电视台，还在做“读书”栏目的，就有点二。

因为，当中国由“严肃社会”向娱乐社会转化的过程中，人们首先放下的，就是手中的书。

与时俱进的电视台，都在争先恐后地做“超女”，“快乐男声”，选美，歌手大赛，还有婚姻速配。连婚姻都能在电视节目中速配，这个时代真是太娱乐和太可爱了。

河北电视台还有一帮人在做“读书”节目。

没钱，没利，有的就是困难和低收视率。

为个啥呢?

因为他们有些二，因为他们是当代的颜回。

如今“颜回”把他接触和谈过话的人集合到了一起，成了现在这本书，让我作序。我想说的是，在生活中，我欣赏二的人。我还想说，一个民族，不能只有快和乐的时候，也得有慢和静的时候；不能总是在动作，也得有思考；不能总是“用”，也得读书和发现。

这是“颜回”和河北电视台《读书》栏目存在的意义。

也是这本书的意义。

2010年5月于北京

（序二）杂谈读书　莫　言

上世纪八十年代初，我在河北保定当兵，业余时间学习写作。写出稿子，不敢往大的刊物投。保定市文联有一家文学双月刊——《莲池》，是小刊物，距我最近，心存近水楼台之侥幸，于是便将稿子接二连三地投过去。有一天终于投中了。《莲池》一连发了我五篇小说，其中包括那篇得到孙犁老人青睐的《民间音乐》——1984 年夏天，我就是拿着这篇小说与孙犁老人的评点文章去拜见了解放军艺术学院文学系首任主任徐怀中先生。在报名早已结束的情况下，徐主任网开一面，将我列入了名册，让我参加了考试，使我得到了进入学院学习的机会。徐怀中先生是河北峰峰人。——后来我又将稿子投到保定地区文联所办刊物《花山》，在那上边也发表了两篇散文，多年之后我才知道，编发我这两篇散文的编辑是铁凝。又后来，我像一只小野兽一样战战兢兢地扩大地盘，将稿子投往河北省的刊物《长城》，在这刊物上发表了我的第一部中篇小说《雨中的河》——我之所以先写了这么多与读书无关的话，旨在表明，我与河北的密切关系以及我对河北人的深厚感情。

2006 年暑期，我去石家庄参加一个与读书有关的活动，河北电视台《读书》节目的主持人王宁采访过我。此前数年，因为小说《檀香刑》，我也曾接受过《读书》节目主持人周小姐的一次采访。王宁和周小姐的采访，都让我感到谈兴甚浓，原因是，她们有很高超的访谈技巧，更重要的是，她们在做节目前，认真地读了我的书，这是藏不了假的。所以我想说，主持电视读书节目的人，首先应该是个非同一般的读书人。

我的读书生活，起始于少年时期。那时中国的乡村普遍贫困，能借到的书很少，自家拥有的书更少。我把班主任老师那几本书和周围十几个村子里的书借读完后，就反反复复地读我大哥留在家里的那一箱子中学课本。数理化看不懂，读语文、历史、地理、动物。读得遍数最多的自然是语文。那时中学的语文教材分成《汉语》和《文学》两种。《汉语》是古文、语法，《文学》则是古今中外的文学名著的节选。那几册《文学》课本，极大地开阔了我的文学视野。普希金的《渔夫与金鱼的故事》是在那上边读到的，安徒生的 《卖火柴的小女孩》也是在那上边读到的。茅盾的《林家铺子》、老舍的《骆驼祥子》、鲁迅的《从百草园到三味书屋》、郭沫若的《屈原》、曹禺的《日出》也都是在那上边读到的。还有我们河北的徐光耀老师的 《平原烈火》也是在那上边读到的。读了很多遍，过了许多年，书中的情节都牢记不忘。

在保定当兵时，我曾兼任单位的图书管理员，管理着三千多册图书。这也是一个比较疯狂的读书时期。三千多册书中，文学类图书约占三分之一，其他均是哲学、政治、历史读物。读完了文学类图书，就读哲学、历史，像黑格尔的《逻辑学》和马克思的《资本论》也都是那时读过的。虽然读不太懂，但他们那种绕来绕去、摇曳多姿的句子，给我留下了深刻印象，也许还影响了我的文风。

我上学时不是个好学生，但读书几近成痴的名声流播很远。我家门槛上有一道光滑的豁口，就是我们三兄弟少时踩着门槛，借着挂在门框上那盏油灯的微弱光芒读书时踩出来的。那时我额前的头发永远是打着卷的，因为夜晚就着灯火读书，被燎了。

读书的最好时期，当然是少年，那时心无旁骛，读得快也记得牢。但很可惜，我少年时，有时间读书但没书读，现在的孩子们，有许多的书，但没有时间读。青年时期当然也是读书的好时光，但面对着浩如烟海的书，如何选择，也是一大难题。比较常见的说法是读经典，这当然是对的，但也不妨做些另类的尝试，那就是，少读一些经典，多读一些很少有人读过的冷门书，甚至稀奇古怪的书，这对于从事文学创作的人，也许更有用处。

我现在的读书质量和速度已经大不如前，但即便如此，也还是每日捧读不辍。古人云：“少而好学，如日出之阳；壮而好学，如日中之光；老而好学，如炳烛之明。”书如灯光，引导着我，也温暖着我，尽管我母亲曾经对我说过：“饿死不吃嗟来食，冻死不烤灯头火。”但暗夜里的一灯之火，总还是能带给我们些许温暖，也许还能引发熊熊烈火，照亮我们未曾去过的世界。

最后，祝贺河北电视台《读书》节目开播十周年，也祝贺这本记录着十年风雨历程的集子出版。

2010 年 4 月 14 日

（序三）心的房间

——我和读书　王　宁

忘记是谁曾经说过："我只有办法爱上读书的男人，爱上他们突然向上扬起、来自远方的柔和眼神，眼神里蕴涵着他们对世界和自我的认知。"如果我们的心灵拥有无限的能力，我想，当我们读书的那一刻，时间一定会用最温柔的姿势停留在我们的脸上，人格的成长将变得迅速和强大，我们和周围的一切都将显得无比亲密，包括爱情。

一直都很喜欢弗拉戈纳尔的一幅叫做《阅读中的少女》的油画：午后的阳光温暖着她的侧影，艳黄色的衣裙映衬着安静的面庞，她只用四根手指把书托起，小指微微向外伸出，无比轻松的阅读姿态让人感觉俨然是在悠闲的时光里微微漫步。而画家细腻地捕捉到了少女阅读之际两种完全不同的目光：凝聚在字里行间的专注和伴随着阅读漂浮起的情感和梦幻……愉悦在阅读中的女人，真的很美。

总会在不经意间想起这样的神情。这是上天才会赐予我们的只有在阅读时才会有的绝妙神情。通过阅读，我们会变得越来越聪明，越来越懂得享受纯粹个人的乐趣，越来越善于独处。这种神情像是一种冥冥之中的指引，就在我走进《读书》节目演播室的时候，蓦地，就此和它相遇。

"如何让你遇见我 / 在我最美丽的时刻"。在《读书》的日子，我记下了毕淑敏的"体验就是最好的文字"，莫言的"我们的村庄不说话却深刻"；我记下了曹文轩贴在床头用来书写灵感的硬纸板，毕飞宇写完《玉米》之后像和爱人离别一样的泪流；我记下了张洁始终如一的自己煎牛排享受生活，张抗抗皱纹旁边随风飞扬的黄色丝巾；我记下了铁凝一丝不苟的守时，梁晓声一心一意的念旧……还有，很多，很多。在这里，我在他们的名字后面隐去了“老师”的尊称，因为，是他们让我懂得了“人生就是用自己来照亮别人的一段旅程”。

“我好像答应过你，要和你，一起，走上那条美丽的山路。”十年，《读书》经历了阅读习惯的裂变，爬过了传统和流行的曲折，穿透了电子和速食文化的阴霾，却始终坚持着内心对文字的崇敬，丝毫不敢懈怠；十年，《读书》经历了无数次电视节目的改版和洗牌，抚平了无数人对安静读书节目收视率和回报率的质疑，始终坚守着“至乐无如读书”的初衷，不能放弃。我知道，人的生命过程不可能完美，所谓的完美只是心灵的状态。而坚持做到心如止水，不离不弃，仍是所有的完美中最艰辛的跋涉。感激我的同伴，很想对他们说：“明明知道你已为我跋涉千里，却又觉得芳草鲜美，落英缤纷，好像你我才初初相遇。”

不知从何时起，安静地读会儿书已经成了行走在都市里的我们备感奢侈的事情。有人说，读书就是对视月亮的微笑，而此时，月光的憔悴早已没有人问津。如何才能寻找到忙碌生活中内心的安宁和平静？如何才能在众多花样翻新的娱乐节目中安然地开放？如何用电视手法来分享阅读，这些远比我们想象的还要孤独。

读书，是一个人的事情，注定孤单。而读书节目，只是想为这一个人的孤单，奏起生动的旋律。同样的孤单，分开的旅行。最近在读约翰·彭伯西的《蜜蜂的哲学》——蜜蜂的蜂房比你的格子间狭小多了，它们永远不变的工作方式比你的复制粘贴乏味多了，可是，它们日复一日的快乐，写下了一句话：“过好你的生活，用你的人生轨迹而非话语去影响别人。”

《读书》，正匍匐在文化的大地上，收集所有书写的轨迹，滋养每个心灵。

《读书》十年了，一直低调的我们从来没有想过吸引纷扰。但是为了纪念我们走过的不易，还是很想写出一本书。只为了，能够彼此搀扶，走更远的路。

2010年5月1日于北京

READ

目录

于　丹：采集圣贤光芒，照进温情世界 // 1

钱理群：用思想的温度，照亮青年的路 // 12

王　蒙：七十三年成数卷，凭君解释凭君听 // 22

刘震云：寻找《一句顶一万句》的知心话 // 32

周国平：善良‘丰富’高贵 // 42

余秋雨：《借我一生》去找寻 // 56

吴淡如：时间·管理·幸福 // 74

席慕蓉：原乡·梦土·草原路 // 84

莫　言：穿越《生死疲劳》，觉悟身心自在 // 94

毕飞宇：《推拿》人生的残缺与整全 // 104

毕淑敏：走近平凡《女工》，拷问苦难与尊严 // 113

林清玄：人间有味是清欢 // 122

刘　墉：破解“新新人类”的教育秘笈 // 132

关仁山：对接《白纸门》内外和谐守望的魂 // 141

梁晓声：青春无悔　笔“热”心“香” // 152

马未都：收藏，是一种人生态度 // 162

王海鸰：“中国婚姻第一写手”的《新结婚时代》// 173
严歌苓：歌唱中国农村女性的命运史诗 // 183
贾平凹：悲凉慢板听《秦腔》// 193
蒋子龙：文学的慧眼，现实的责任 // 202
徐贵祥：《历史的天空》且美且真诚 // 213
铁　凝：《笨花》飘过，良善永恒 // 221
陈忠实：寻找属于自己的句子 // 231
张承志：文学在路上，今生很幸福 // 240
赵　赵：动什么，别动感情！ // 250
曹文轩：《天瓢》化雨，唯美永恒 // 259
王立群：纵贯古今道，重读秦始皇 // 268
刘心武：四棵“创作树”，盛开应时花 // 278
陆天明：“反腐作家”很光荣 // 289

于丹：采集圣贤光芒，照进温情世界

每个中国人心里面都有要找孔子的愿望，而且他们要找的可能不是孔子这个人，他只是一个符号，他们真正要找的就是中国人心里头血脉上的这点牵挂，中国文化的源头，中国人自己是谁？他们想找的就是这个东西。

——于丹

于丹，北京师范大学教授，中国古代文学硕士、影视学博士。为人师表、传道授业是于丹教授的第一重身份。同时，她还是知名的影视策划人和撰稿人，是《东方时空》、《今日说法》、《艺术人生》等诸多品牌栏目的幕后推手。随着《〈论语〉心得》的人气陡增，其古典文化研究者和传播者的身份也彰显出来。

说起《论语》，我想很多人心中都会漾起一缕温情。仿佛影像的回放，鲁迅先生笔下“三味书屋”中的经典画面不觉浮现于眼前。隐约在天光并不十分清朗的老屋里，循着先生抑扬顿挫的戒尺声，稚气满满的孩子们摇着头、背着手，比赛似的大声念着：子曰，三人行，必有我师焉；子曰，学而时习之，不亦说乎；子曰，敏而好学，不耻下问。对于孩子，读书不过是游戏的一种，而那些古圣先贤皓首穷经、孜孜以求的人生大道就在这样的“游戏”中春风化雨、百代相传。

今天，我们一起来分享这本于丹教授的《〈论语〉心得》，不只是为了唤起那些温暖的记忆，更是希望在圣贤的光芒中为我们今天的生活寻找一份智慧的引领和精神的抚慰。

‖**王宁：**于丹老师您好，特别高兴能采访到您。其实看到您的新书大卖，一天签售 8000 册的新闻时，我就有一个感觉，这么温文尔雅的女教授受得了吗？当时现场的感受是什么样子的，能不能给我们描述一下？

‖ **于丹：** 那天我的感觉只能用“震撼”来形容，我是下午一点多到的，那天北京非常冷，零度上下的天气里，那个广场上的人群整整齐齐排了六圈。他们说这个队伍如果捋直了的话，可以从中关村一直排进未名湖，就排到北大里面了。有两个民工，戴着塑料的安全帽就来了，穿着那种粗粗的还没有洗干净的工作服，脸上满是风霜，他们一人抱着五本书在那儿站着。后来中华书局的发行部主任就出去问他们，说你们买这书都是干什么的？他说，我们看啊。你买这么多啊？他说，还给我们那些工友看呢。这些人，他们的生活已经很艰难了，他们需要心灵上的这种抚慰。

于丹“火”了，因为她独辟蹊径的深刻见解、优美活跃富于女性特质的个性表达；因为孔夫子“天不生仲尼，万古长如夜”的照彻古今与生生不息；更因为辗转于碌碌红尘中的芸芸众生对未知的迷茫和信仰的渴望。

《百家讲坛》这方讲台，如今已如“一桥飞架南北”，使学术普及于民间，“天堑变通途”。一个又一个在象牙塔中百炼成钢的学者大家，在反送的镜头里重新发现了自己。而观众也在他们耳目一新的演绎中感受着经典平易近人的魅力。当被誉为“美女学者”的于丹，“巧笑倩兮，美目盼兮”地开讲《论语》的时候，观众和读者报以空前热烈的激情回应。

‖ **王宁：** 我觉得《〈论语〉心得》和《百家讲坛》的一些名作一样，它能够受到市场如此的礼遇，这么隆重，而且能够得到大家这么热切的关注，除了学者非凡的个人魅力之外还有一点，就是大众希望能够回归经典，(希望) 能够在经典当中寻找到自己修身、养性、创业的精神动力。

‖ **于丹：** 其实这个不是我能给他们的动力，是他们自己对自己内心的一种尊重和认真。84 岁的老人排到你面前，他就为了说一句话，他说，老师谢谢你，给中国人把孔子找回来了。其实我想我没有这个能力，但是每个中国人心里面都有要找孔子的愿望，而且他们要找的可能不是孔子这个人，他只是一个符号，他们真正要找的就是中国人心里头血脉上的这点牵挂，中国文化的源头，中国人自己是谁？他们想找的就是这个东西。

孔子名丘，字仲尼。春秋末期鲁国人。十五岁“志于学”，“三十而立”开始授徒讲学。作为教育家，孔子“有教无类”的主张打破了学在官府的垄断，促进了学术文化的下移。作为政治家，他毕生带着“礼”、“正名”和仁政的信念，执着往返于理想与碰壁之间。尽管那个礼崩乐坏的年代并未因孔子的努力而和谐清明，但他深邃的哲学思考却成为儒家思想最夯实的奠基。

‖**王宁：**我们从中学的时候就知道，《论语》是记录孔子及其弟子言行的书，一共也就两万字。古人说半部《论语》可以治天下；而您说，半部《论语》以修身。到底这部成书于两千五百年前的儒家经典它的魅力何在呢？

‖**于丹：**其实儒家根基的东西，我觉得用今天的话来说就是“以人为本”，就是用你想确立自己和谋求发达的心去成全别人。在最近的地方伸手去做事，这就是“仁义”的方法。这点像你刚才说的，到这个世纪了，这个世纪应该说物质极其繁华，面对一个繁华的物质世界，人心有准则这是一种奢侈，人心无准则这是一种灾难，因为你会迷失的。所以我一直说我们现在在古圣先贤面前需要建立的是内心的觉悟。“觉悟”这两个字很有意思，你看“觉”字下面是一个“看见”的“见”；“悟”是“忄”旁一个“吾”。“觉悟”直白的意思就是看见我的心。儒家的思想是什么？就是让我们从增加每一个人内心的这种仁、智、勇开始建立一个有信的人生，然后再去面对整个世界。这就是儒家所谓的格物、致知、修身、齐家、治国、平天下。从一个人生的修养起点直到平天下，一脉相承。

迷失于历史的雾障与尘埃中，圣人的面孔及思想也不免显得遥远而疏离。某种意义上说，于丹的《〈论语〉心得》完成了一次古老经典与现代生活的磨合与对接。她再次提醒人们，人生课题的正确秩序是这样的：格物、致知、诚意、正心、修身、齐家、治国、平天下。忽略了身心的陶冶、人格的塑造，一味地冒进贪功，于个人于社会都不是福音。

‖**王宁：**您说，其实经典的意义在于它作用于个人生命的时候能够最大程度地提升个人的幸福感，那我们应该怎么来理解这个“幸福感”？

‖**于丹：**幸福感是每一个人对自己价值观的一种回答。因为人这一生所谓“仁者见仁，智者见智”，幸福在每一个人的想法中都是不一样的。现在你如果问一些小“白领”，他认为幸福就是让他睡到“自然醒”，不要再听见闹钟这就是幸福。其实每一个人的幸福是什么呢，就是在他自己心中最渴望的那个地方得到一种满足。而这些呢，是需要我们知道（的），（需要）首先认清你内心的愿望是什么。我认为幸福感，它会有一种调性，首先它应该是朴素的，因为只有返璞才能归真，不见得奢华的东西会带来幸福；其次幸福的温度应该是温暖的，能让你内心有一种驱散苍凉的力量；那么第三呢，幸福感应该是天真的，就是一个人能永远用孩子的心去看世界，他永远是惊奇的，永远是怀有一种未知的探索，他知道未来还有希望。所以我觉得幸福感是简单的，是从容不迫的，从来不是急功近利的，它是内心恒定的一种很朴素的东西。所以我觉得每一个人都在建立内心这样的一种体系，那么这种体系最终的标准答案是什么？在每一个人的心里。

‖**王宁：**您从三四岁开始接触《论语》，然后到大学里面讲《论语》，再到《百家讲坛》去讲《论语》，那是不是说您这么多年来一直都生活在和谐平衡的世界里，《论语》所创造的幸福感当中？我想知道《论语》这部书对于您成长的影响。

‖**于丹：**其实（如果）一个人在很年轻的时候学一种知识，他已经不会把它当成一个外在于他的知识体系或者执业方式的东西了，更重要的是他会把这个当成是他的一种生活方式，一种思维惯性，一种价值判断的标准。孔子曾经说过，人这一生有三戒：“年少之时血气未定，戒之在色”，人在感情上是最容易出问题的，所以人在很年轻的时候只要遇到感情问题，（就一定要）把握住，别的事基本上是不会出大事的；“及至中年血气方刚，戒之在斗”，之后人在社会上安身立命，中年的阶段就这一个字，不要有争斗之心，要斗跟你自己斗，看看你是不是不够好，这段就过去了；“及至晚年血气即衰，戒之在得”，因为“患得”才“患失”，所以就老觉得儿女啊薪水啊，所有这些东西我现在得到的是不是还不够好啊……所以孔子说，人的每一段上都有它相对应的心结，只要你抓住了主要矛盾，其它的问题会迎刃而解。其实《论语》是相伴一生成长，（需要）去慢慢参悟的，我觉得我现在只走到一半，以后还会用一心所得认认真真再不断地去解读和体会，这个真是活到老你会感悟到老的。

《〈论语〉心得》第一章为《天地人之道》。于丹教授从盘古开天“一日九变”的神话故事讲起，变通地阐述了理想主义与现实主义的关系。“神于天，圣于地”，这六个字恐怕代表了人类共同的人格理想：既可以超越一切现实的羁绊和束缚，在理想的天空中自由驰骋，又能够在现实的大地上建功立业、挥洒自如。然而，天时地利人和的境界毕竟是可遇不可求的，那人生的理想到底是该仰望于天空还是俯身于大地呢？

《论语·先进》讲了这样一则故事。一天，孔夫子召集四位学生座谈人生志向。前三位撸起袖子热血沸腾：给俺一个国家，不论大小，不出三年肯定旧貌换新颜。“夫子哂之”，孔夫子撇嘴一笑，不以为然。问第四位：“点，尔何如？”正在弹琴的曾点从容优雅地起身说：我和他们不一样。

‖ **于丹：**老师说，那你说吧。他说，“暮春者”，在一个阳春三月，暮春时节，“春服既成”，大家穿上新衣服，约上四五个朋友，带上六七个学生，“浴乎沂，风乎舞雩，咏而归”。大家去把自己的头发洗干净，吹一吹风，唱着歌干干净净地回来。没想到孔子喟然长叹，“吾与点也”。其实你说年轻的立志是什么？不是说我们不要去外在世界闯，但是如果我们没有内心觉悟的建立，那么你在外在世界中是很容易被挫折感给打败的。每一个年轻人，当你想要建功立业，想要在这个社会上大展鸿图的时候，首先你要有一个丰富的内心，你所有外在的技能都是带在你身上的，这样你才可能做到所向披靡。

于丹说，一个人的视力有两种功能：一个是向外无限宽广地拓展世界，一个是向内发现内心。而现代人的通病是看世界太多看心灵太少。因此，专注于内心体验与快乐的曾点不仅受到孔夫子的表扬也受到于丹教授的嘉许。同样，面对“一箪食，一瓢饮，在陋巷”的学生颜回，孔夫子大声赞美“贤哉，回也”，在如此缺衣少食、简陋无比的环境中，颜回也能安之若素、乐在其中，是多么难能可贵啊！

‖ **王宁：**在《论语》里面我们经常能够读到一种主张，就是“安贫乐道”，其实现在的人们很难在物质极大丰富的同时去把握自己内心的清高和自我价值的判断。

‖ **于丹：**其实孔子也说，为政还要有“足食”，而且中国古训有一句话叫“君子爱财，取之有道”，并不是说物质世界对我们今天就是完全不需要的，而是说君子要取之有道。也就是说，你建构物质世界的同时应该有内心的一种完美跟它互为表里。中国知识分子的一个典型代表就是苏东坡，苏东坡被林语堂先生称为“不可救药的乐观主义者”。我之所以喜欢他就是因为这个人多大的福都能享，多大的罪也能受，而且受了这个罪他还高兴，他在好地方，比如在杭州当官的时候就修苏堤，可以去赏“映日荷花别样红”，他可以发明东坡肉、东坡肘子，享尽天下美景、美色、美食。但是一转身，贬官了，贬到天涯海角了，这时候怎么办呢？他说“九死南荒吾不恨，兹游奇绝冠平生”，这地方好啊，没来过这么好的地方啊。那吃不着东坡肘子了可以吃别的啊，他说“日啖荔支三百颗，不辞长作岭南人”。所以这样一个人不会到处去说“日暮乡关何处是，烟波江上使人愁”。我家在哪啊？苏东坡说“此心安处是吾乡”，我到一个地方，心有安顿，这就是我的家了。所以实际上刚才说到的，现代社会，我们在追求物质繁华的时候，真正（值得羡慕的是）这些人的风骨，羡慕死啦。你说当你住着一个30平米的小房子，然后你看着人家300平米的别墅的时候，你能说这个小屋子是“此行安处”吗？你有这种快乐吗？比如说我们的心总在漂泊，我们能把每一天都过成一个绚烂节日吗？所以我说林语堂说的这句“不可救药的乐观主义者”，起码是我人生的一个理想，我什么时候可以乐观成这样，就是不再受所有物质烦扰（的时候）。当然我们必须得有基本的物质生活，但我相信物质生活对我们的幸福感是锦上添花，但不是雪中送炭。

聆听着圣贤的教诲，人们不免心存惭愧地窃窃私语：人生好比一场马拉松，谁能无视那些擦肩而过、一往无前的背影呢？李白说：夫天地者，万物之逆旅；光阴者，百代之过客。岁月匆匆、生命短暂啊！而当流逝的光阴把那种望尘莫及的沮丧压迫成不能承受之重时，只有孔圣人还在从容地为自己和别人筹划着人生。遗憾的是后人的解读往往迥异于圣人的初衷。

‖**王宁**：《论语》当中其实还有一句话一直被奉为励志的格言，就是“三十而立”。大家都用这个来鼓励自己，三十岁的时候我要什么都得到，房子、票子、椅子、位子，自己要得到这些谈何容易？所以就会很累。

‖**于丹**：其实你比如说“三十而立”是什么？我是认为人在三十岁的时候，这个“立”是一种内心的确立，就是人一定要在这个时候明确你自己的很多东西。比如说我自己的三十岁，我是在三十岁这一年选择回到大学的，就是我觉得我会知道我这一生做什么样的职业会让我感到幸福。我把职业分成四个层次，我认为最高一个层次就是你选择这个行业，这个行业可以成全你的生命，而且会因为你在这个行业中的出色表现再去提升这个行业，人在这个行业中会有一种大幸福，就是生命被成全的快慰，这是最高的境界，是一种理想主义的境界。比它低一个层次的就是你可以没有幸福感，但是你要有快乐，就是你很 enjoy 这个职业，你不厌倦，你想起它的时候还会有一些创造力。那么比这个再低一层呢我称之为“职业化”，也就是说你做不到那么幸福和快乐，但是你能保底完成任务。比这再低一层就是低于“职业化”，你想起要去上班就会唉声叹气，一想起老板要批评你同事要跟你竞争你就觉得这个工作给你好大的压力。所以人在这个状态下是必须要调整的，不调整的话你浪费的不仅是时间，还有你生命的品质，你生命被消耗了。我觉得我这辈子其实挺奢侈的，就是我做的恰恰就是我最热爱的职业，不是一般的喜欢，真是热爱，就是你在这中间不断地被激发着。我在三十岁的时候内心其实有一个明确的坎儿，就是我的准则变了，三十岁以前我用加法过日子，三十岁以后我用减法过日子。所谓的“加法”就是你说的车啊房啊，人的社会的这种名望啊，你的学问文凭啊，这些东西你都在往自己身上累积着。但是什么是“减法”呢，就是三十岁可以说“不”，你要明白这世界上有一些东西是你不再需要的，比如说有一些你不想应酬的人，你不想去做的事，你可以不再说像小的时候，我为了找到一个职业我必须要去怎么样，我觉得三十岁的人要活得尊贵和从容一点了。

于丹教授替孔夫子说，“三十而立”并不是通过外在的社会坐标来衡量你是否功成名就，而是由内在的心灵标准来衡定。你的生命是否开始了一种清明的自省，是否对自己做的事情有了一种从容不迫的自信和坚定。超乎功利去做一件内心笃定的事情，就是“立”的见证。

‖**王宁：**在《论语》的“三十而立”这章当中，我还特别喜欢那句“七十而从心所欲，不逾矩”，可是一想呢，七十岁从心所欲又太晚了一点。那到底怎么样才能够早一点达到这种从心所欲的自由王国的心灵呢？

‖**于丹：**其实这句是看“从心所欲”这四个字。它是在你每个年龄段上悟道你就可以做得到的，如果你说三十岁我敢用减法了，那我就觉得你心灵的空间就大了一点。其实人只有在特别患失的时候才患得，就是放不下，所以人什么时候能够真正自由，自由是与你心灵的独立空间相关的。一个人如果不独立是没有自由的，也就是说你把权利拱手交给了别人，从交给你的老板到交给你的恋人，其实是把自己交了出去，这样的话你是永远没有自由可言的。人不自由怎么幸福啊？所以你说经典教了我们什么，其实是内心一种成长、一种真正的独立的境界，而在独立的境界上你去享受一种最大的选择权。自由是什么？自由就是一种选择，就是一种欣慰。

所以我觉得人生的历练哪一步早觉悟，哪一步就会得道，也就是说七十岁的从心所欲，你要做得好，三十岁一样可以达到。

“事君数，斯辱矣；朋友数，斯疏矣。”与领导相处忘了尊卑有序，与朋友相处忘了内外有别，融洽的关系就可能滋生变数，因为太近的距离往往是一种伤害。“过犹不及”简简单单四个字，参悟起来却如偈语如箴言，需要慧心与悟性，更需要拿得起放得下的一份超脱与坦荡。在不断的磨合与探索中找到一个恰如其分的距离，在彼此不伤害的前提下，保持着群体的温暖。

‖ **王宁：**在您的《〈论语〉心得》中，我们也看到有很多的处事之道是非常具有操作性的，因为现在很多都市人困惑的一点就是和同事、老板、朋友包括爱人的关系，好像这种和人不太远又不太近的距离非常难以把握，我们应该怎么办呢？

‖ **于丹：**刚才我们说到一个理念，就是人必先独立才有自由。人人都希望是独立的，（谁都）不希望自己的自由空间被侵占太多，所以我在讲《论语》的时候其实也讲到了西方哲学的一个故事，就是《豪猪的哲学》。说一群豪猪在一起，大家如果离得太远会感到寒冷，无法御冬，可如果太近豪猪的刺就彼此扎着了。所以人际之间一直在探讨一种距离，就是如何让大家能够保持温暖而又不彼此伤害（的距离），这是一个最好的距离。所以人跟人之间什么是和谐，就是你首先最大地尊重了他人，这就是孔子所说的最简单两个字，叫“知人”。其实“知人为智”，但“知人”真不容易，你怎么能够深刻地懂得呢？张爱玲有一句话，她写给胡兰成的信里说，“因为懂得，所以慈悲”。我们这个世界上现在可能有很多热烈的爱，但不是慈悲，你知道过于热烈的爱是可以让人窒息的，你会觉得这种爱也是一种剥夺。你经常会看到有的小伙子被女朋友快逼疯了，一天要发一百个短信打二十个电话，一会儿就说，你现在冷吗，你一会儿回家喝汤吗，你现在到哪儿了，你别抽烟啊……这不给逼跑了才怪呢。所以我们需要的是什么？是慈悲，其实慈悲就是一种悲天悯人的沉静，这种沉静从你的职业态度到你的亲人关系（都需要），我们宁可让它更恒久。

小心翼翼地揣度与人群的距离远近，战战兢兢地固守着本分的坐标，做一个安分守己的正常人，难道这就是修身养性的终极意义？这样的疑问困惑着试图以圣贤之道明心见性的人们。“风来疏竹，风过而竹不留声；雁渡寒潭，雁去而潭不留影。故君子事来而心始现，事去而心随空。”于丹教授引用《菜根谭》中的名言启示人们：处世之道在于化繁为简，廓清人际的繁复、遵循世俗的逻辑，只是为了事半功倍，留给心灵一片开阔、高远、明朗而澄澈的天空。

‖**于丹：**也就是说，心能“空”的人（人生才有品质）。“空”是什么？苏东坡说，“静故了群动，空故纳万静”，我刚才说的三十岁用减法就是为了在庞杂世界中给心灵腾出一点空间来，有空才有灵，而空灵人生才能够有它的品质。

‖**王宁：**说忙得连思考的时间都没有了，那一定有什么东西做错了。

‖**于丹：**对。

‖**王宁：**而现在大部分人都是没有秩序地在忙碌。

‖**于丹：**所谓忙，有的时候忙的是心，就是你心里面无事忙，就是你为忙碌而忙碌。那样的话你得到的不是充实，而是一种庞杂。我们所说的这种虚灵，实际上也不是一种空虚而是一种灵动的感悟，其实就是腾出点时间去做一做“浴乎沂，风乎舞雩，咏而归”的事情，给自己心灵一个仪式去亲近天地自然，当你能活成这样的时候我觉得人就能够有一种大快乐。

让我们走进《论语》，也做孔子席前一个安静的学生，跨越这千古的沧桑，在今天看一看他那淡定的容颜。在这样一个后工业文明的社会中，《论语》传递出一种温柔的思想力量，让我们有理由相信，我们的理想是有根的。

对照《〈论语〉心得》重读《论语》，我突然很想知道三岁丧父、15岁志学、弟子三千的教育家孔子；删《诗》、《书》，订《礼》、《乐》，修《春秋》的思想家孔子；55岁仍周游列国、四处碰壁、痴心不改的理想主义者孔子，他的心灵是否体验到了那种恒长而坚韧的快乐呢？子曰：其为人也，发愤忘食，乐以忘忧，不知老之将至。这是一个多么令人欣慰的答案！磊落的襟怀、无暇的操守；出世，鄙功利为浮云；入世，以天下为己任；这样的人生才无愧儒学精神的陶冶与滋养！

钱理群：用思想的温度，照亮青年的路

和青年朋友交流是双向的，双方的生命都得到一种焕发。

——钱理群

钱理群，祖籍浙江杭州，1939年生于重庆。曾任北京大学中文系教授，现代文学专业博士生导师，并以《心灵的探寻》、《周作人传》、《生命的沉湖》、《现代文学三十年》、《鲁迅十五讲》、《我的教师梦》、《我的精神自传》等著作备受关注。

“师者，所以传道授业解惑也。”这是唐代文学巨擘韩愈在《师说》当中的一句话，话语简洁明了，却极为精准地道出了“为师为教”的真谛，以德传道，以学授业，以诚解惑。9月10日是教师节，本期来《读书》做客的就是一位教师。他的新书就是他近年来与大学生进行心灵对话与交流的记录，他叫钱理群，这本新书就是《致青年朋友》。

退休近10年了，但是钱理群先生依然保持着与青年人的密切交往，这些青年人中有大学生，有中学生，有乡村教师，有社会青年，还有青年志愿者。钱理群先生耐心地与他们探讨生活，关照心灵，并时常应邀为大学生作报告或者进行演讲。我们今天读钱理群，就是将从他身上寻找一位教师执着的力量，以及前辈学人承担、独立、自由、创造的师道精神，正如这本书扉页当中的一句话，让带着体温的思想，温暖照亮前行的路。

‖**钱理群：**我就说我这个人是天生喜欢当教师，好为人师嘛，就喜欢跟青年人打交道，这个成了我的一个习惯了，就是通过通信的方式去跟年轻人保持精神上的一种交往吧。而且我听说，除西藏之外，全国各省区都有青年人和我通信。但事实上有一个北大学生分配到西藏去了，他告诉我，现在西藏也有人（和我通信）了，而且这里面绝大多数都是没见过面的，一直到今天还没有见过面。特别是我退休以后，课堂没有了，讲台没有了，那么通信就是一个方式，而且我的通信方式很落后，到现在都是写书信。

一位署名“山水间”的读者曾这样留言：在34岁生日的前后读到钱理群的《致青年朋友》，不知是算幸还是不幸，幸的是虽未亲到现场聆听演讲，却从书中领略到了这位人文学者的谦和厚重与人生智慧。而不幸的是，这些主要面对“80后”大学生的演讲，还会感化和触动如我这等已被十几年职场磨去棱角和性灵的俗人，读后不禁长叹，恨不相逢未嫁时，当初璞玉未雕的我为何没遇到这样的名师好书呢？以致蹉跎如此。钱理群，这是一位怎样的师长呢？已近古稀之年的他，还张扬着怎样的少年心呢。

‖**钱理群：**一般有个误解，就是像我这样的大学教授跟青年学生进行交流呢，都是青年人有求于我，我给他什么什么东西，而事实上这是一个双向的交流。我当然会给年轻人一些，根据我的经验给他们一些提示，但同时他们也对我很有影响，所以为什么我一直愿意通信，一直演讲不够，上课不够，还要通信，很大的原因（在于）这也是我自己的一个精神要求，是我内在精神的一种要求。这样交流结果，使得用我的话来说就是，双方的生命都得到一种焕发，都得到一种提升。所以实际上我对这些年轻人始终心怀感激之情，所以我的信里，你看（我会）经常说，我谢谢你，怎么怎么。这个不是一种客套，而是发自内心的。

在这部《致青年朋友》中，收录了钱理群与青年人通信50通，以及16篇演讲，而这些只是他与青年朋友进行心灵对话的九牛一毛。其实，无论通信还是演讲，都饱含着钱理群切身的体验和透彻的思考，尽显肺腑之言与赤子之心。

这种发自内心的声音凝聚在每一篇文字里，而自称“好为人师”的钱理群，则始终在以眷眷师情引领着青年学子追寻精神之根。比如《漫说大学之大》，他激励青年学子抓住人生最宝贵的时光，以放眼长远的视界，发现读书之乐，活出生命的诗意和尊严。比如《如何看待“80后”这一代》，他既肯定了这一代激扬的热情，也提出了他们匮乏的理想信仰。这本书不仅值得青年一代精读而后笃行，或许还可以从中寻找到青春存在的方式，以及一种完美而光明的人生境界。

‖**钱理群：**我觉得当代青年或者是“80后”青年的话，主要的问题就在于他们缺少信仰，他们生活没有目标，因此也缺乏相应的责任感。在我看这是一个需要主要解决的问题。当然这种问题需要他们自己解决。那么作为一个过来人的话，我就给他们两个建议，一个建议就是说你们要读书。所谓读书呢，我特别主张要读经典的著作，而不是读大众读物，古今中外的经典著作能够使人在阅读当中最大限度地吸取精神资源，（它们可以）作为你的信仰的一个文化和知识的后盾。当然仅仅读书还不够，鲁迅也说，你不仅仅要读书本上的书，还要读人世间的书，读更大视野的书。所以我觉得第二个，他们的成长道路上应该是参加一定的社会实践，而且我特别支持鼓励年轻人做青年志愿者。这个志愿者在这次汶川地震和奥运会中也很突出的，而且这个概念也被大家接受了。那么志愿者，就是能够为他人服务，为社会服务，到最底层去（的人），而且我特别鼓励他们到农村去，并在这个过程中来认识我们的社会，认识中国这块土地，土地上的文化，土地上的人民。所以我在书里面曾总结成这样八个字，就是：读书、思考、写作、实践。这在我看来是一个青年的成长之路。

“读书、思考、写作、实践”，钱理群给出的这八个字满是对青年人的关心和挚爱，而这一点也激起了他对再上一代学者刻骨铭心的记忆，这种刻骨铭心不仅是在知识的传承上，更是生命的浸染与熏陶。

‖**钱理群：**大学是读书最好的时光，所以大学时代能够给你留下许多美好记忆。我想每个人都有这样一个经验，你听了无数的课，后来却都忘了。但是总有几堂课让你终生不忘，留下了最美好的一个印象。所以我曾经说过这样一句话，说中学的老师，实际上也包括大学教授，他的意义和价值有一个很重要的方面，就是给青少年的记忆当中留下一个最美好的、最神圣的一个瞬间，这个美好神圣的瞬间对这个人一生的成长是关系极其重大的。那么作为我，我也曾经是个学生，在我的学生生活当中，当然也听过很多很好的课，但是给我印象最深的还是林庚先生的那一堂课。

林庚先生，1910年生人，已于2006年逝世，享年96岁。林庚先生曾是北京大学中文系著名教授，研究主要涉及唐诗、楚辞、文学史等方面，兼具诗人学者的独有特色。当时钱理群刚刚留校做助教，接到任务，协助组织退休老教授给全系同学开讲座，而邀请林庚先生的任务就交给了他。

‖ **钱理群：** 我印象非常深，就是我跟林庚先生讲了（请他做讲座），他非常高兴，而且他非常之认真，差不多有一个月的时间，他都在反复地和我讨论到底讲什么，而且改变了很多次，开始这个题目，后来这个题目，后来又这个题目，他老觉得不合适。也就是说他也意识到这可能是他最后一堂课了，他一定要把最美好的东西，自己最想讲给学生听的东西讲出来，所以他对讲什么犹豫了很久，反复地推敲。那种认真真的是让人感动。最后他选了一个题目——“什么是诗”，他要讲这么一个题目。之后的一天，我到他家里边把他请来，他一上讲台，随后我就注意到一点，这是老教授的一个特点，他非常讲究衣着，不是说是多么漂亮，而是非常精心地设计，就是精心地设计自己的形象。我对此印象很深刻，后来也形成了我的一个教育理念。我在演讲里就讲过，我认为作为一个教师，你必须把你的最美好的那个形象呈现在学生面前，就是你绝对不允许蓬头垢面地出现在学生面前，这是反教育的在我看来。就是说，你只要出现在课堂上，只要站在学生面前，就一定要把你自己外在的内在的最美好的东西都展现在学生面前。所以（林庚先生）他非常讲究，那天他的穿着其实很简单，一身黄衣服、一双黄皮鞋，但是一站在那里，还没开口就把大家镇住了。他那种风范，那种气质，那种外在的、内在的美的东西真的把大家给镇住了。然后他开口第一句话就是“什么是诗”，这一句话让大家当时都很奇怪，因为对“什么是诗”（这个题目），对大学生来说，应该讨论过无数次了，这个命题没什么新意，为什么他今天还要再说“什么是诗”呢？然后他缓缓地说，他说这个诗就是要用婴儿的眼睛来重新发现世界。每写一首诗都是一次用婴儿的眼睛重新发现世界的过程，重新发现这个世界的美，这就是诗。他这么一讲又把大家镇住了，这么讲诗啊！接着他就用渊博的知识讲了很多诗，讲得大家都入迷了，完全沉浸在他的那种展现美，而且发现美的世界里面。这堂课听得很快，大家都不知不觉，好像一会儿就完了，听得都呆住了，就出现了一个大家没有反应的状况。随后大家醒悟过来就热烈地鼓掌，然后他就回去了。但是一走出教室的门他就站不住了，我就上前扶他回去，到家以后大病了一场。这使我非常感动，就是说他把他的全部的生命力量都集中到了这样一堂课来。所以后来大家都把这堂课叫做“天鹅的绝唱”，那真是天鹅的一个“绝唱”。

这一堂课在钱理群看来，是一辈子都受用不尽的财富。钱理群在书中那篇《承担独立自由创造》文中写道：在这样的课堂里充满了活的生命气息，老师与学生之间，学生与学生之间，生命相互交流、沟通、撞击，最后达到了彼此生命的融合与升华，这样的生命化的教育背后是一种生命承担意识。

‖**钱理群：**我觉得（林庚先生的话）说出了这个教育、学术研究、文学创作的一个真谛，就是所谓文学创作，所谓教育，所谓学术，它本质上就是一个“发现”，而且是用婴儿的眼睛，带着婴儿的好奇心第一次睁开眼睛面对着自己所未知的这个世界。你如何去探讨它，如何去追溯它，它显示出这样一个（使命）。在我看来“好奇心”和“发现”应该是学术、文学创作、教育的一个本质。另外更重要的是他提供了一个精神状态，就是怎么样使得人永远处在一个新生的状态，甚至生命永远处在一个新生的，不断地更新的状态，每一天醒来都是一个新的开始。这使我就想到大师，真正的大师，我记得当年有一个概括，叫做“星斗其文赤子其心”，就是他的文章像星斗一样灿烂，但他的心永远像一个赤子，就是林庚先生所讲的儿童一样的状态。所以我觉得这个“赤子之心”应该是一个做人的很高的境界，很高的一个状态。所以我可以说我这一生就追求这样一种状态。

当我们心头一次次掠过林庚先生的照片时，一定会用尽心力去想象当年那些如林庚一样的老先生们潇洒飘逸的风采。林庚是谁？钱理群说他是一个可爱的人，是一个有信仰的、真诚的、单纯的人。那么钱理群，这位69岁的老头儿，他又是谁呢？

‖**钱理群：**我经常和年轻人谈，我的成长其实说起来也比较曲折，当然我只是简单地谈过。因为我上小学、中学都是很顺利的，所以我曾说过，我这一代人，所谓我这一代人就是上个世纪五六十年代成长起来的大学生，五六十年代成长起来的知识分子，特别是五六十年代以前，在我读中学和大学的初级阶段，正是共和国的上升时期，应该说我们那一代人有一个“金色的童年”，这和后来年轻的一代是很不一样的，所以我后来就形成一个观念，就是小时候打一个什么样的底色是非常重要的。但是后来一个变化就是1957年的“反右运动”，我当时年纪太小，因为我17岁上大学，所以“反右”的时候我才18岁，还不懂事，就没有被打成“右派”。1960年大学毕业后就分到了贵州去。到贵州后对我的生命、我的生活就是很大的一个转折了。我1960年到贵州，1978年考研究生考回来。那么1960年到1978年是个什么概念？一个是我们国家正好赶上“大饥荒”的年代，接着就是“文化大革命”，也就是共和国最困难的一个时期。那么在我个人来说，从21岁到39岁这是人生最美好的一个时间，所以我的这段时间是在中国社会的底层，在一个边远地区，在一个相对比较落后的地方度过的。但是从另外一个方面来说呢，我也很感激这段生活。因为这段生活使得我有可能跟中国社会的最底层有一个联系，而且这也使我有了一个读书时间。因为贵州虽边远但有一个好处，时间多，外界的干扰少，外在的诱惑也少，(这种环境）可以读书。所以我经常讲什么事情都要辨证地去看，我在那里整整读了18年的书，打了一个底子。

从1960到1978年，从21岁到39岁，钱理群先后在贵州省安顺地区卫生学校、地区师范学校任教。在几乎失去希望的时候他开始了自己的人生设计。他把理想分成两个层面：一个目标是在现实层面上，不管条件多么恶劣，一定要做一个最受欢迎的语文老师；第二个目标就是到北大教书。那么需要刻苦攻读来丰沛自己。

‖**钱理群：**现实条件具备了，只要你去努力就可以做到。我当时再困难，只要让我教书，我就能做个好教师。另外一个就是说，你的理想、你的梦想，虽然现实条件不具备，但你要先做准备。当时我的目标就是做大学教授，到北大讲鲁迅。这个属于“狡兔两窟”，现实的目标和理想的目标同时（设定），我觉得这样有一个好处。为什么呢？因为没有现实目标的话你很难坚持，而人要有成功感才能坚持下来。当时我就做到了一个很受学生欢迎的老师，那么我就从这段生活中得到了很多的鼓舞，很多的力量。

钱理群曾说，他有两个精神基地，一个是北大，一个是贵州。钱理群还谈到，现在养成的与青年人通信，就是当年贵州艰苦的环境带给自己的影响。

‖**钱理群：**所以我很愿意跟现在的年轻人通信，而且我还有个特点，就是我特别愿意和边远地方，和底层的一些青年人通信，其实我通信最多的对象常常是比较偏远的、比较底层的（年轻人），反而大城市的不多。我在贵州工作的时候，很喜欢研究鲁迅，所以我对鲁迅有很多想法，有很多困惑的地方。当时找不到人跟我交谈，也找不到人来请教，我就想到我自己的老师，大学时的老师，我想跟老师写信，但是非常犹豫，因为觉得我太低，他太高。我在贵州他在北京，他是北京大学教授，我当时是一个普通中学老师。所以我就想，可能很多年轻人给我写信的时候，就会带着一丝与我经历类似的这样一种挣扎，可能会有很多很多的考虑。他最后把信发给我，我体会到他是需要勇气的，是那样一种真正的极其需要（帮助）的勇气，急需那样一种东西。所以看了这样一些信以后，我就觉得我有责任满足他的要求，这很可能对他有一种说不出的意义。

钱理群准备了18年，从21岁到39岁，直到1978年恢复研究生考试，他靠着18年的积累终于赶上了最后一班车，考取了北京大学中文系文学专业研究生。1981年，钱理群获文学硕士学位，并实现了自己当年的第二个目标，留校任教，主要从事中国现代文学的研究与教学，直到退休。

‖ **钱理群：** 一个人的成长机会是很重要的，但问题是机会是稍纵即逝的，突然来了，突然就没了。所以在机会到来的时候能不能抓住，就取决于你原来准备的怎么样。实际上我等了18年，我等到一个机会了，就是恢复研究生考试，考上了，把这个机会抓住了，为什么抓住了？因为前边准备了18年。那么回到北大我就跟（导师）王瑶相遇了，跟林庚相遇了。我为什么说是历史性的相遇呢，因为王瑶那一代，林庚那一代，他们的学术地位是长期不被得到承认的，真正承认他们是在“文革”以后，而那个时候他们已经老了，所以他们非常迫切地需要把他们的经验把他们的传统传下去，他们有这个要求。而我们这一代呢，因为“文革”耽误了学习，所以我们有极其强烈的那种渴求知识的欲望。所以这两代，一代想把他们（的学识）传下来，一代极其渴望着去接班，这两代相遇了，所以这是一个“历史的相遇”。

如果说与林庚等先生的相遇，为钱理群打开了一扇以赤子之心关照生命、关照世界的窗口的话，那么与鲁迅先生的“相遇”，则真正使他找到了生命最主要的精神资源。

‖ **钱理群：** 其实我读鲁迅先生的作品很早了，中学时候主要是在课本上读鲁迅，到大学我是把《鲁迅全集》完全读了一遍，因为那时候正好是《鲁迅全集》出版的时候。但是当时把《鲁迅全集》读完一遍之后还是没有完全读懂，很多读不懂。真正和他“相遇”还是后来我从北京分到贵州去。当时我带的主要的书就是一套《鲁迅全集》，当然还有《毛泽东选集》了，所以到了贵州之后读书主要是读鲁迅。后来我给学生演讲时有一个观点，现在传的也很广。我就说，和鲁迅“相遇”是要有缘分的。什么意思呢，就是说当一个人春风得意的时候，你对一切都很满意，对别人给你讲的话你都相信，你对社会也很满意，对自己也很满意，这个时候你怎么读鲁迅都读不进去。因为鲁迅他所说的那些东西，和你现在所接受的那些东西太不一样了。但当你处于苦闷的时候，甚至特别是你到了绝望的时候，所谓苦闷、绝望就是说你开始怀疑了，对你自己原来相信的一切开始怀疑了，或者对你自己也不满意了，这个时候你想寻求一种新的突破，想寻找一种新的可能性的时候，就是和鲁迅“相遇”的最佳时间。所以当时，可能现在很多年轻人很难相信，当时我们考虑的问题是“中国何处去，世界何处去，还有我自己何处去”。当思考这样一些问题的时候再读鲁迅的著作就读懂了，就和他“相遇”了。

在这本书中有一篇《我们为什么需要鲁迅》，其中钱理群这样说，鲁迅不是任何一个现代思想文化运动的“主将”，也不是任何主流意识形态的“方向”，更不是“导师”。那么在钱理群看来，鲁迅的当代意义在哪里呢？

‖**钱理群：**我曾在《我们为什么需要鲁迅》的演讲里谈过，就是怎么看鲁迅。因为我觉得鲁迅他其实是中国的文化结构中的一个“异端”，他是另外一种声音、另外一种存在，所以他提供的是另外一种可能性。他的价值大概也就在这个地方。用鲁迅自己的话来说，我不是导师，我不能给你指路。所以我经常跟年轻人说，如果你想从鲁迅那里找路，路该怎么走，你问他他绝对不会告诉你的。他只是一个探索者。因此，鲁迅说像他这样的知识分子，你和他谈谈是可以的，但是你要请他指路是不行的。为什么和他谈谈是可以的？就是他常常能说出一些特别的话，因为鲁迅自己也说，如果我写文学史的话，我大概能够说出一些和别人说不出来的话。我觉得鲁迅的价值就在这个地方，就是他能够说出来一些别人说不出来的话，他常常有一些和平常人不大一样的，或者和传统不一样的另外一种思维，另外一种观念，另外一种考虑问题的方式，另外一种言说方式。那么同时就提供了另外一种可能性，我认为鲁迅的主要价值是在这个地方。

或许是历史的机缘，抑或理想的追寻，抑或思考的自然涌动，总之钱理群与林庚等那一代老先生相遇了，与鲁迅先生“相遇”了。或许是追求理想的勇气，抑或精诚所至，抑或心有属意，我辈青年人又与钱理群相遇了。而值得欣喜的是，钱理群却也以与青年人的相遇作为自己的荣幸，在钱理群与青年朋友的通信中，我们看到了这样一句话，也记住了他的那句“座右铭”：一个雪后的早晨，一个静静的早晨，我坐在窗前给你写信，突然想起了我的“座右铭”：我存在着，我努力着，我们又相互搀扶着——这就够了。

‖ **钱理群：** 为什么我这么热心地通信，这么热心地演讲，某种程度上说是寻求支援。因为我觉得我的很多思考很多问题（很多时候）还是很孤独的，常常有寂寞之感。我这个人是不甘寂寞的，所以想通过这个（通信和演讲）来得到一种精神支援。什么是“我们相互搀扶着”，就是我刚才说的，就是不仅是一个我给青年什么，我觉得更多的是希望从青年人那里获得一些东西。

让带着体温的思想，温暖照亮前行的路。最后还是用钱理群先生的一句话来收尾吧：我常常想，一个人最合理的生存状态是什么样的？我想用两句话来形容，就是“脚踏大地仰望星空”。作为人来说，尤其是作为一名大学生来说，要使我们获得健全的发展，最重要的就是这两条，一是如何脚踏大地，如何和我们生存的这块土地，土地上的人民，土地上的文化保持密切的联系。另一个就是如何仰望星空，有一种超越于物质现实生活的精神追求。有师如斯，是你我之幸。在此向天下所有的老师道一声“您辛苦了”！

王蒙：七十三年成数卷，凭君解释凭君听

连珠嬉笑未轻松，写到悲时意渐平。七十三年成数卷，凭君解释凭君听。

——王蒙

2000年，提名王蒙参加诺贝尔文学奖评选的信件中是这样写的："王蒙先生巨大的文学成就不仅包括他与生俱来永不停止的创新意识和探索精神，还包括他通过作品所洋溢出来的联系时代、关注社会和人生的人文情怀以及生命之火。他个人不平凡的经历、卓越的才华、敏锐的思维、过人的思辨力、洞察力和艺术创造力，加上他惊人的毅力和勤奋，还有宽容大度、善于自我调整的文化性格，共同造就了他成为一代文化大家和享誉世界的伟大作家。"

提起王蒙，对于熟悉文学热爱文学的读者而言，可以说无人不知、无人不晓。

王蒙先生今年已经74岁，而他的文学创作年龄如今也已经55岁了。

1978年12月，正值十一届三中全会刚刚闭幕，应邀从新疆到北京帮忙的王蒙，又接到一个通知，到北京新侨饭店参加作协筹备会。

‖**王蒙：**结果这个时候我就接到了当时叫"作协筹备组"（的通知），因为作协在"文革"当中已经砸烂了，说让我到新侨饭店去开会。在这个会上就宣布，给我带来了名声也带来了很多麻烦的小说《组织部来了个年轻人》平反了，而且第二天早晨由"新闻和报纸摘要"节目（发了）头一条新闻，就是中国文联和中国作协的筹备组在新侨饭店召开会议，为一系列作品平反了，其中就包括，说了王蒙的什么什么。这完全出乎我的预料，就这么大张旗鼓地给它平反了？哎呀，我就觉得这个世界果然不一样了，

完全变成了另外一个状况了。所以1978年那是巨变的一年，也是带来了伟大希望的一年。

30年后的2008年，王蒙先生的三部自传《半生多事》、《大块文章》和《九命七羊》全部出版了，在第二部“大难之后”一节，王蒙先生这样回忆：“历史荒唐与严酷起来几近疯狂，莫名其妙，如今却忽然间露出了笑脸，叫做脉脉含情。岁月已逝，青春何堪？何昔日之芳草兮，而今为此萧艾也！”

‖**王蒙：**我记得在上世纪80年代的时候，有一位年纪比我们小很多的诗人，他曾经有一句很有名的诗“告诉你们，我不相信”。但是对于我们这一代人，对于我来说，如果总结我们当时的这种心情，就是“告诉你们，我们相信”！我们相信历史，我们相信中国，我们相信革命，我们相信未来，我们也相信我们自己。即使在最不顺利的情况下我也总觉得还会有希望，总还有对生命对人生的一种执着，这样一些生活的经验对我来说是宝贵的，是一切都有可能好转的。

对于王蒙先生来说，历史仿佛开了个玩笑，而这个玩笑开得大了些，足足22年。

还是从60年前说起吧。

60年前，1948年的10月10日，年仅14岁的王蒙加入了中国共产党，“我更感到了革命圣火的燃烧，已经不容惶惑，已经不容退缩，已经不容怀疑斟酌，号角已经吹响，冲锋已经开始，我只能向前向前再向前”。

‖**王蒙：**我是1934年出生的，我出生三年后日本军队就占领了整个华北。我现在回想起来，一个长远的历史记忆里都是失败、屈辱。这种状态之下就很容易把人推到革命的方面去，所谓革命就是希望这个社会能产生一个比较剧烈的大的变动。这是历史走到了这一步，连一个十一二岁的孩子他也要革命。现在看起来有点不可思议，年岁那么小！但是在当时来说，

我觉得是非常自然而然的，（就是）把希望寄托在革命上头，寄托在共产党上头。我实际上是在大的潮流当中，抱着一个积极投入的态度（参加革命的）。

新中国成立后的1950年，王蒙开始从事团区委工作。

在王蒙先生的创作编年中，他第一次正式发表的作品，是1955年在《人民文学》杂志上发表的短篇小说《小豆儿》。

其实，如果回溯他的创作年表，应该是在1953年，19岁的他便饱含深情地创作了长篇小说《青春万岁》。

‖王蒙：《青春万岁》呢，因为我有那么一个（经历），非常年少，但是又参与了“推翻旧中国，建设新中国”的这样一个人民革命运动，所以当时真是充满了光明和希望。但是到了1953年的时候我又有一种敏感，就是（当）这种高潮化的对新中国的感受和歌颂逐渐走向正常化（之后），不可能老是陶醉在昨天的兴奋当中，我觉得我有一个义务把它写下来，我在推迟一种由高潮化往正常化的过度。所以我写《青春万岁》的时候（真是）如醉如痴，虽然我不会写，那时候并不会写小说，我觉得写小说会把我活活累死。但是每一句话写上去（我）都非常兴奋，都非常满足，自己能背下来。我一年写完了草稿，这个草稿我从头到尾都能够背下来。

然而，《青春万岁》1953年创作，1956年定稿，却一直到1979年才正式出版，曾经尘封了四分之一个世纪的作品，如今俨然已成为了几代人的记忆。

如果说《青春万岁》是王蒙理想主义的一种抒发，那么1956年创作的《组织部来了个年轻人》，其情怀依然是对青春的心灵絮语，但不经意间已经带上了现实主义创作的敏锐和忧郁。

‖王蒙：《组织部来了个年轻人》是1956年（创作的）。我当时才21岁半，但是跟一般的青年团员、大学生已经有很大的不同了，因为我已经

入党好多年，而且当时我已经是团的区委副书记。我觉得相对来说，我是真正知道什么叫“革命”，什么叫“领导”，什么叫“党的机关”，这些东西我是知道的。而这些东西我同样是用一种很诗化的心情来感受它，所以我是想把这种“诗情”和现实很复杂的党委工作能够结合起来，顺便我也表达了一些在这种机关单位（工作）的青年人会有的困惑。我想我是以那种心情来写这部作品的。

小说讲述了一个对新中国和革命事业抱着单纯而真诚信仰的年轻人林震，来到中共北京市某区委会组织部工作后，所遭遇的矛盾和困惑。

这一年王蒙22岁，一名具有八年党龄的“少年布尔什维克”，共青团北京市委的干部。但是这篇小说的发表，一下子把王蒙从理想的高端推向了现实的底层。

批评越来越严厉，甚至专门召开会议讨论这篇小说。然而，这些批评惊动了毛泽东主席，他站在了王蒙一边。

‖ **王蒙：**当然，毛主席他不是专门从文学的角度，他是首先从政治上，说这个作品反对官僚主义，我就支持。说王蒙也不是我的儿女亲家，但是他反对官僚主义。有人说北京没有官僚主义，北京怎么没有官僚主义？中央还有王明嘛。而且他还说了一句，他说“我看王蒙有文才”。这是毛泽东的语言，他不说才华或者其它，他说“有文才”，有文才就有希望嘛。他也对这个作品提出了一些批评，他说缺点是正面人物写得不好，正面人物，那个意思是太不坚强了，我们对他要一保护二批评，大概就是这个意思。当时这对我来说，是起了很大的保护作用。

即使如此，也没能改变王蒙的命运。随后，他被错划为右派。1958年后到京郊劳动改造；1962年调北京师范学院任教；1963年起远赴新疆，这一去就是16年。

‖ **王蒙：**被彻底封杀了。所以那个时候写作已经变成了一个可望而不可及的梦。从1958年到1978年基本上已经沉默了，可以说沉默了20年。但是到了1978年，一下子燃起了巨大的希望。

1979年到1981年，是王蒙恢复写作的非常重要的一段时期。用王蒙先生现在的话讲，就是“十年生聚、十年教训，一旦自己又拿起笔，就是一种井喷的状态”。

‖**王蒙：**从我开始写《青春万岁》的时候你们就可以看到，我的作品并不是最注意写很刺激或者很离奇的故事，我更多是想写心灵的感受，(希望) 写出人们在那样一个剧烈起伏和变迁的时代当中的内心世界。

这一段时间，他陆续发表了中篇小说《布礼》、《蝴蝶》、《如歌的行板》；短篇小说《歌神》、《悠悠寸草心》、《夜的眼》、《春之声》、《风筝飘带》、《海的梦》、《深的湖》……以及一大批散文、评论集等作品。

‖**王蒙：**实际上更重要的还是应该从1978年11月，我想是23日，《光明日报》用一个版的篇幅发表了我的一篇小说叫《夜的眼》，这个《夜的眼》并没有得过奖，甚至也还有人对它表示不感兴趣，但是这个小说实际上对我非常重要。举例来说，当时和中国关系并不太好的苏联，在停止(交流) 了十几年以后发表的中国的第一篇文学作品就是《夜的眼》。苏联科学院的一位专家，叫托洛普采夫，他曾经著文说看了《夜的眼》，觉得中国的文学又回来了，又有了文学了。在美国，“文革”以后出版的第一个中国当代文学的集子，叫做《玫瑰与刺》，里边选的我的作品也是《夜的眼》。作家赵玫曾经说，当时她在大学看了《夜的眼》（之后）忽然感觉到生活又变得不一样了，原来世界上还有这样的写法。然后紧接着就是《海的梦》、《风筝飘带》，此前还有《布礼》、《蝴蝶》等等，所有这些我就是想写出一个大时代的内心来。

王蒙的小说一般以智慧和潇洒见长，很少耗费自己的血肉，即使那些以自己为模特的小说，王蒙也大都以过来人的通达自嘲了之。

但就在此后，王蒙小说中出现了一种让我们感到了疼痛的东西，那就是1986年的长篇小说《活动变人形》。这是王蒙第一次以家庭作为背景来写作小说，以东西方文化的冲突和对峙为契点，回溯了他上一代知识分子的命运和不堪。

‖**王蒙：**那个是我童年的，可以说也是非常刻骨铭心的印象，在某种意义上说那是中国要发生大的变革的一个前奏。《活动变人形》里头就是（写了）一个接受了新的思想的知识分子，但实际上在现实生活当中，包括在家庭当中，他没有出路，他痛苦得不得了，我相信我是写出来了。而这样一个记忆对我来说是太沉重了，如果我要不把它写出来的话，这将永远压在我的身上。

同样是在1986年，王蒙达到了他政治生活的一个高点，他担任了中华人民共和国文化部部长。

从1946年，在12岁时与中国共产党北平市地下党取得联系，王蒙的政治生活已经整整40年。40年政治生活与文学创作之间，会产生怎样的影响呢？

‖**王蒙：**1982年我已经当选为中共中央候补委员，1985年提前又转成了中央委员，所以我的一辈子都是在政治生活当中的。但是我跟您说实在的，从我的个人性格上，我又真是一个作家的性格，我比较喜欢想象，喜欢语不惊人死不休。我有一点和那种纯粹的作家不很一样，因为有时候我很清醒，这些事我能够考虑到这一面我也能考虑到那一面，所以1986年到1989年期间，我每天在文化部上班，我在我的岗位上，实实在在地在完成着每天上级所交给我的任务，我也在努力为中国的文化事业做出微薄的贡献。

1989年，王蒙辞去文化部部长的职务，专职写作。

而此时，他萌生了创作系列长篇小说的念头，试图回望从上世纪50年代初期到十年动乱结束的长达三十年间，一群集革命者和知识分子于一身的“少年布尔什维克”，在共和国的风雨历程中的命运沉浮，悲欢离合。

这个在当代中国文学史上具有开创性的、大规模的历史画卷，就是后来的“季节”系列长篇小说：《恋爱的季节》、《失态的季节》、《踌躇的季节》和《狂欢的季节》。

‖**王蒙：**我就想把我自己能够为中华人民共和国的建立和发展——我有个最喜欢的词儿，就是提供一份儿证词，因为我亲自参与了、看到了、经历了我们新中国的这些起起伏伏，我这里边既写出了新中国带来的希望，它的光明；也没有回避在初期的时候一些人所表现的那种幼稚，那种乌托邦，那种天真，以及某些方面的极端和偏执；那么我在它的曲折当中，既没有回避当时的一些很不正常的状况，也没有回避这些当事者的责任。

在《踌躇的季节》里，主人公钱文有这样一段自白：“永远革命，永远前进，永远改造自己，永远与人民肩并着肩，与党心连着心！往者已矣，光荣已矣，自豪已矣，耻辱已矣，罪孽已矣，除了前进没有别的选择！这就是人生，这就是爱情，这就是脚印与方向，这就是激情，这就是诗。”

‖**王蒙：**我常常说，我说我并不是一个审判者，我无意在作品当中说谁对谁错，哪件事做对了哪件事做错了。相反我是把它作为一个生活的整体，我回忆它我怀恋它，我也有叹息我也有追悔。我觉得我的这些东西和一切那种按照黑白两种颜色来描写中国历程的作品都不一样。

在王蒙的笔下，革命、爱情、诗歌，再加上虽然坎坷但仍然让作家永远激动不已的青春，构成了“季节”系列的“关键词”，构成了作品的时而慷慨激昂时而低回宛转的色系。

‖**王蒙：**在这四个“季节”里面，有叙述，也有描写，也有反讽，也有大量的议论，也有梦幻，真正把历史的风雨当中那种被风吹倒的感觉，被雨打着的感觉，被阳光照耀的感觉，被清风抚摩的感觉，都写出来了，这无论如何对我来说是一个重要的事情。

2003年，王蒙先生年近古稀之际，完成了一部颇具深长意味的著作：《王蒙自述：我的人生哲学》，这部书是他对自己在多年起落沉浮之后，对人生的表白。

‖**王蒙：**我其实是一个相当感情化的人，但是我有一个好处，就是（无论）我处在激动的状态、愤怒的、负面的状态，或者是难过、沮丧的状态——这些状态我都有过，一夜失眠我也有过，但是很少有超过48小时的。一般情况下，比如说今天有点什么事使我特别地愤怒，特别地沮丧，甚至于今天晚上一夜都没有睡好。那么明天晚上我一定是会睡一个大觉的，睡得香甜无比，而等到这大觉睡完了以后，整个世界观又一片光明了。我是能够排遣自己调剂自己的，不会使自己陷入焦虑、沮丧、悲观、愤怒中，不太会是这样。

74岁人生跌宕、60年革命理想、55载文才锦绣、30年卷帙华章，在王蒙先生恢复文学创作30年后，三卷本《王蒙自传》诞生，并且再一次将人们拉回历史、拉回那些特殊的年代、特定的时刻、特别的纪事中。

‖**王蒙：**这自传早就有人提了，外国的出版社也提过，但是我当时就有一个说法，我说70岁以后再写。70岁以后我觉得有点内容了，也有点厚度了，（可以）实打实地给历史一个交代，而且（也可以）把很多真相告诉读者。（第一部）《半生多事》是从我出生写到1978年，写到十一届三中全会前后。（第二部）《大块文章》是从1978年写到1989年，这个时间并不是太长，但是这11年正是一个遍地开花的阶段，又是出各种作品、担任各种职务等等的阶段。然后第三部《九命七羊》是从1989年至今，“今”当然就是写到2007年吧。

作为见证自己、同时也见证新中国成立以来历史的一代，《王蒙自传》以亲身的生活经历和思想历程，在为自己做回忆与总结的同时，也是在为新中国的文化史立传。

王蒙先生强调，这三部《王蒙自传》有四个关键词，即“真实、真相、反省和信息量”。

‖ **王蒙：** 说老实话，我们看到的各式各样的自传也非常多，但是每个人有每个人的写法，不过人们一般是愿意写自己的“过五关斩六将”，不愿意写自己的“走麦城”，这是第一个原因。第二个原因呢，社会已经形成对一些人和事情的看法，它对这些人对这些事情的看法是非常不愿意改变的，所以你要是想把真相告诉别人非常困难。有时候别人不但不相信你的真相，而且反过来你等于向公众挑战。譬如说一般的写“反右派”的模式，就是反过来说把“右派”写成一些很神圣的人，为了事业而做出牺牲的人，脑袋上戴着光环的人，而把迫害他们的人写成一批坏蛋。但是我既写出了迫害别人的人的那种无知、那种软弱、那种愚昧、那种昏聩，也写出了在特定的情况下，被迫害的人所表现出来的那种狭隘，那种把事情往坏里引导的倾向。所以我提出来，我希望有自醒的真实，我所谓信息量也就是要有和社会已经掌握的那些知识，那些看法不一样的看法。另外我还希望有全面的真实，但是从我来说我也不能说自己完全没有倾向，但是我会努力做到客观、超脱、全面等等，在这些方面我来尽我的力量。

在《王蒙自传》的最后，王蒙先生以自己2007年创作的一首诗来结尾：“连珠嬉笑未轻松，写到悲时意渐平。七十三年成数卷，凭君解释凭君听。”

我们说：七十四载悲欣日，微妙笃诚踏莎行。

从王蒙先生的作品中，我们读出一种大方无隅的超然；从王蒙先生的话语里，我们听出一种大象无形的坦然；从王蒙先生的眼神中，我们触摸到一种大音希声的淡然；从王蒙先生的思想里，我们对接到一种上善若水的欣然。

无论读他的作品，还是读他的人，总能在一种真诚、明朗的感召下，迸发精神的愉悦和舒畅！

有一位读者曾这样写道：生于清，当见雪芹；生于明，当见李贽；生于宋，当见东坡；生于唐，当见李白；生于魏晋，当见嵇康；生于当代，我们当见王蒙！

刘震云：寻找《一句顶一万句》的知心话

当我们剩下一个个体的时候
你会发现他眉宇间露着一丝忧郁
忧郁的种子
在时间稍微长了的时候
会长成一棵树
这棵树不叫忧郁了
叫孤独

——刘震云

刘震云，当代著名作家，1958年出生于河南延津，1973年参军，1978年复员回家乡当中学教员，同年考入北京大学中文系，毕业后分配到《农民日报》社工作，1982年开始文学创作，以短篇小说《塔铺》崭露头角，主要作品有《单位》、《一地鸡毛》、《手机》、《温故1942》、《故乡面和花朵》、《我叫刘跃进》等，多次荣获各种文学奖项，《一句顶一万句》为其最新长篇小说。

几年前，冯小刚的那部电影《手机》可谓红遍大江南北，而“手机”和“手雷”这个讨论似乎也还一直不绝于耳。但是今天，我想说的并不是这本《手机》当中关于“手机”和“手雷”的探讨，而是它封底的一句话：世上有用的话，一天不超过十句。这句话谁说的呢？刘震云先生。看完这句话很多人就一直想问他，难道我们这一天说了那么多句话，只有十句顶用吗？那岂不是好多话都白说了？我们一直在等这个机会，今天终于等到了，我们终于可以把心底的疑问问到他的身上了。好了，就让我们掌声欢迎刘震云老师做客我们的《读书》节目，欢迎刘老师。

‖**王宁：**终于给了我个机会问您啊，难道我这么一个“话唠”，说一百句可能只有十句顶用吗？

‖**刘震云：**如果人的话呢，一天能说出十句有用的话就已非常了不起了。

‖**王宁：**什么叫做有用的话啊？

‖**刘震云：**以天来计算，十句有用的话大部分是指实用的话，比如，说饿了要吃饭，困了要睡觉。但是呢，这些实用的话还不是特别有用的话，因为从人的一生这种长度（来看），如果一辈子能够说出十句有用的话，这个人肯定是伟人。但是，一般人的话，如果一辈子能够说出五句有用的话，已是非常卓越的人了。

‖**王宁：**那我知道了，其实您的意思是，您最近推出的这本新书，“一句顶一万句”这话，就是有用的话。

‖**刘震云：**有用的话确实是一句顶一万句，一句顶一万句的意思呢，并不是说这句话有多么难找，而是因为这句话非常难（找到一个）能说出去的地方。

‖**王宁：**就是我想找一个掏心窝子想跟他说这句话的人很难找。

‖**刘震云：**对，所以呢，这句话指的是怎么说出去，而不是这句话它本身。中国有古语讲，一生能够找到一个知心朋友，就足矣。可见，话想找一个“唠处”是非常非常难的，我觉得一句顶一万句关键是它的“唠处”。

刘震云说《一句顶一万句》在某种意义上可以定义为人与人之间寻找“唠处”的一部作品，说白了，就是找一个能说得上话的人。小说的前半部写的是过去，孤独无助的杨百顺失去了唯一能够“说得上话”的养女巧玲。为了寻找，他走出了自己的故乡延津。小说的后半部写的是现在，巧玲的儿子牛爱国同样为了摆脱孤独，寻找“说得上话”的朋友，走向延津。一出一走，延宕百年。刘震云说，他也和这祖孙俩一起上路，寻找着自己的知心朋友。

‖ **王宁：** 您到目前为止找了多少个这样的“唠处”？

‖ **刘震云：** 对一个作者来讲，就是他的“唠处”如果在生活中寻找不到的话，（那么）他在书中是可以寻找到的。

‖ **王宁：** 您在书里找到了您的“唠处”。

‖ **刘震云：** 书中的话呢，就是这个“唠处”首先要找到一个人，（而）这个人首先要跟你说知心话。

‖ **王宁：** 您书里的角色都跟您说的是知心话。

‖ **刘震云：** 而且这些知心话呢，一般都不是常人平常说的话，或者（即便）是常人说的，但也是非常不平常的话。

‖ **王宁：** 那《一句顶一万句》里边这杨百顺跟您说的知心话是什么呀？

‖ **刘震云：** 这句话就在这个书里边藏着，但是呢，现在我还不能说。因为杨百顺告诉我，还是等大家看了书之后，由大家跟杨百顺去交流比较好。

有人说《一句顶一万句》实则是一个关于“两个杀人犯”和“五个潘金莲的故事”，两个杀人犯是杨百顺和牛爱国，他们为了找到能说得上话的知心朋友，不惜“挥刀杀人”。五个“潘金莲”则隐喻那些为寻找“知音”而背弃儒家治下纲常伦理的女人们。在刘震云的笔下，她们的出轨都有着各自情有可原的理由。

‖ **王宁：** 很多人会说《一句顶一万句》是您写了“两个杀人犯”和“五个潘金莲”的故事，我一看到这个简介就笑了，这是很多网友写的，您认同吗？这种概括。

‖ **刘震云：** 当然这个说法很“雷人”了，有时候出版社出了一本书，它总要找到一个能够吸引大家来买书的……

‖ **王宁：** 噱头。

‖ **刘震云：** 这样一个关注点吧。当然，对一本书有多种的角度，就是可以（有多种角度）概括一本书。

‖**王宁：**那您帮我概括概括。

‖**刘震云：**我觉得“两个杀人犯”、“五个潘金莲”的概括就是准确的。首先，“两个杀人犯”当然说的是杨百顺和牛爱国了，杨百顺和牛爱国其实他们在生活中没有杀人，但是他在心里则确实杀了很多人。我觉得比杀人更重要的，是因为他跟身边的人是从来没有话的，这有时候就会延展到离他最近的人身上，于是这个没话它就从外延逐步往内走，（包括）跟他自己的老婆没话。当然这就出现了像《水浒传》里边的西门庆和潘金莲（的故事）。

小说中的杨百顺和牛爱国有着共同的遭遇，就是自己的老婆成了“潘金莲”，和“西门庆”私奔了。尽管千百年来《水浒传》中的潘金莲和西门庆一直被当做不贞不伦的典型，饱受诟病，可在刘震云的笔下，西门庆和潘金莲的故事却被演绎出一番新解，难怪有人笑说，刘震云是要给西门庆和潘金莲“翻案”啊。

‖**刘震云：**因为从男女关系的角度来讲西门庆和潘金莲是应该杀的，《水浒传》就是这么写的。但是，如果从有话没话的角度讲，从知心的角度讲，杨百顺和牛爱国从来没有跟自己的老婆说过那么多的话，西门庆和潘金莲他们谈话的方向、谈话的内容、谈话的深度对牛爱国和杨百顺来讲，突然出现了一个特别陌生的领域。这个领域是（一个）他跟自己的老婆从来没有去过（的领域），但是西门庆和潘金莲已经到那儿了。那个地方他们那么地津津乐道，两个人说了一夜话，一个人说咱说点别的，另外一个人答道说点别的就说点别的。他突然发现，不但是没去过的这个地方是陌生的，（而且）他自己过去所有的生活，见过的所有人，包括他自己都变得特别陌生。当熟悉变成陌生之后，这个人一定要从这个陌生到一个更陌生的地方去，到那儿干吗去呢？还是想找到一个人说上一句知心的话。

为了寻找能和自己说得上话的知心朋友，素未谋面的祖孙俩杨百顺和牛爱国各自在属于自己的时空上路了，尽管并无至亲的血缘关系，但是在“说话”这个问题上，两人却真正达到了超越时空的统一，那就是无论如何也要找到和自己“说得着”的人。

‖**王宁：**下面这个问题我觉得说起来可能会话多一点，就是杨百顺跟牛爱国之间，因为这是我觉得最重要的两条线索，是主角。他们两个我认为，首先年龄跨度，然后生活背景的跨度都那么大，而围绕着延津，一个是进一个是出，这又是很大的地理环境的差别，但为什么他们两个人却会就想说句知心话？怎么就契合在了一块呢？

‖**刘震云：**这是《一句顶一万句》的最主要的人物关系结构了，因为杨百顺跟牛爱国相差百年，其实如果牛爱国要找杨百顺的话，他是找不到这个人的，但是当他遇到了和杨百顺同样问题的时候，就是当这个知心话没有“唠处”的时候，当在人间已经找不到知心话的“唠处”的时候，他便突然觉得，能不能放到百年之前杨百顺身上，因为杨百顺是他的姥爷嘛，他们俩的命运有些相同。我觉得命运的重复，不管是对于一个人、一个家族，或者是一个民族来讲，是经常发生的事，其实重复本身有时候会是一场悲剧。

‖**王宁：**历史重演了。

‖**刘震云：**历史重演，当然这种重演的历史，如果是战争、是霍乱，我觉得是一回事，但是有比战争和霍乱更大的悲剧，可能会是人的内心。

顺着祖孙俩一路寻找的足迹，小说延展出另外一条重要线索，就是和杨百顺同时代的一位牧师留给他的一张教堂图，背后写着一行神秘的谶语：“恶魔的私语”。若干年后，正是这张图使牛爱国和早已谢世的姥爷之间产生了某种特殊的感应。

‖**刘震云：**当这个图纸历经百年又被牛爱国看到了之后，他发现在

（牧师）老詹那一行字下面，杨百顺又写了一句知心话，这句知心话也很凶险。

‖ **王宁：** 是吗？也跟恶魔有关吗？

‖ **刘震云：** 比恶魔要深入，他说：我不杀人，我就放火。因为老詹（牧师）只看出来有恶魔在私语，他要动刀子、要动火，因为他从小是个杀猪出身的人嘛。牛爱国就是看到这句话的时候，心灵受到了非常大的震撼。真正的震撼有时候未必是特别外在的大事，往往是一个细节、一句话、一个气氛、一个味道、一个场合。

‖ **王宁：** 是不是也说出了他心里不敢说的、没敢想的话？所以他震撼。

‖ **刘震云：** 没有想过这个方向，就好像西门庆和潘金莲谈话的方向、内容和深入的程度来讲，其实它已不是西门庆和潘金莲的事了，已是对于生活的态度的事了。这种对于生活的态度，有时候我们可能一辈子也没有想到，确切地讲，就是态度这个问题是个极大的问题。

姥爷留下的一张图纸改变了牛爱国对生活的态度。刘震云说，我们有时候忽略了态度对我们的影响。从某种意义上说，态度更多的是反映着我们的眼睛、我们的目光。

‖ **王宁：** 这态度有好坏之分吗，您觉得？

‖ **刘震云：** 我觉得态度没有好坏之分，但是确实，态度有时候不单反映了是非这个层面，更反映的是眼睛，就是你到底能看多长，看事情。一个人看事情的话，比如讲只能看十天，还有一个人能看十年，还有一个人能看百年，他们面对这个事情的态度是非常非常不一样的。过去对于我们这个民族，鲁迅先生曾经总结过精神胜利法，哀其不幸、怒其不争。如果是这样，那么我也想给老詹那句话后面再加上一句话。

‖ **王宁：** 您加什么？我想听。

‖ **刘震云：** 目光短浅。目光短浅其实比精神胜利法和哀其不幸、怒其不争对于我们而言更重要，有时候它会反映在我们每一个人的身上。比如修下水道，你到法国去你会发现，他们的下水道还是大革命时期的，用了二百多年。但是我们社区的下水道每天都在扒，其实这个下水道才埋下去五年或者不到十年，发达国家的高速公路修完之后呢，几十年是不动的，而我们头一年修的高速公路，第二年又在修。我觉得这不单反映了目光短浅的问题，它反映的是一个面对生活态度的问题，我们看事情就看这么近。包括我们身边的朋友，有时候你会发现，他做事情就是爱占小便宜，占小便宜有两种，一种是占人物质的便宜，还有占人精神的便宜。一辈子什么都吃过，就是没吃过亏啊！这是目光短浅的一个极大的反映。其实《一句顶一万句》想传达的就是一句和一万句的最大区别——一句是一个目光长远的话，而一万句有时候则是目光短浅的话，其实我觉得这正是对《一句顶一万句》的一个很好的注解。

刘震云说，话找话比人找人还困难，为找到一个能和自己说得上话的人，杨百顺和牛爱国寻寻觅觅、矢志不渝。“说得着”的人何以如此珍稀珍贵呢？《一句顶一万句》的编辑安波舜道出了中国人千年孤独的文化根源，与人对话的中国文化和浮生百姓极端注重现实和儒家传统，而由于其社群、地位和利益的不同，其人心难测和诚信缺失，所以，能够说贴心话、温暖灵魂的朋友并不多。

‖**王宁：**您说这人和人之间去说上一句知心的话，或者说一句真的不是目光短浅的话，就那么难、那么重要吗？我们都是普通人。

‖**刘震云：**非常重要。普通人之间有时候会更重要，因为你要说一句知心的话。知心的话一般都是看得特别深入的话，看得特别长远的话，深入和长远的话一般来讲不是特别亲热的话，它有时候会是一句特别凶险的话。你要想说知心的话，首先你（要找的）那个人也得目光这么长，看事情也得这么深入，就这两个人碰到一起有时候都是非常非常困难的。杨百顺跟老曾最后师徒之间掰了，就是本来学杀猪，结果掰了，而掰了也是因为一句话，这句话也是知心话。他把这句知心话说给了第三个人，因为那个人是他的朋友，但是时间、地点、人物如果发生变化的话，（比如）那个人变了，或者你变了，或者是生活变了，那个人马上就不是朋友了。他会把你的知心话告诉给你的师傅，这个时候你跟人说的知心话会像一把刀子一样，回头又扎在了杨百顺的心里。从那之后，杨百顺话少了。他知道话是不能乱说的。

‖**王宁：**我们都经常说：病从口入、祸从口出，他深刻体会到了。

‖**刘震云：**王宁的体会像杨百顺一样深刻，我估计以后河北卫视《读书》栏目，王宁主持节目的时候，话也少了许多。

‖**王宁：**那这节目不能看了。

‖**刘震云：**也许更有味道了。

刘震云说，当一个人在说表面话的时候，他的话语是滔滔不绝的，是铺张的、张扬的，比如酒桌上的笑话。而一个人找另外一个人，一句话找另外一句话，因为它是心里的话、知心的话，就会比较朴实、比较真实、比较知心，朴实、真实、知心是最有力量的东西，不需要外在华彩的渲染。

‖**王宁：**您近期说过这样的知心话吗？我们不想知道另外一个人是谁，就想听话儿。

‖**刘震云：**知心的话都写在《一句顶一万句》里了。

‖**王宁：**只能去看书了。

‖**刘震云：**其实有时候作为一个作者来讲，最好的知心朋友肯定是书中的人物，因为他有时间，有时间把这个问题和话说得很深入。现实中的朋友有时候都是很忙碌的，来不及坐下来深入地把一个事情仔细地思量和叙述一遍。我在写老曾和老裴的时候其实不是老曾和老裴，还有我呢。我们三个一起在谈话，当然话语的表现是他们两个，但是我发现他们两个谈话的深入的程度，比我在生活中跟朋友谈要深入。当我写到这里的时候，我自己是非常感动的。老曾就跟老裴的话相遇在了黄河边，好朋友啊。老裴呢是个剃头的，他看到老曾的头发长了，老曾啊，就在这黄河边给你剃了吧。头发长了嘛。因为老曾还要去杀猪，他说我得去杀猪啊。又想了想，剃了也行，我剃了，那畜生也多活一会儿，那不是猪嘛……剃了头呢，这叫朋友知心的谈话，我写到这个地方还真是有点如痴如醉的，这是两个朋友之间特别知心的这种谈话。

小说中所有的情节关系和人物结构，所有的社群组织和家庭和谐，乃至于性欲爱情都和人与人能不能对上话，对的话能不能触及心灵、提供温暖、化解冲突、激发情欲有关。话，一旦成了人与人唯一沟通的工具，那寻找和孤独就会成为一种宿命。心灵的疲惫和生命的颓废，以及无边无际的茫然和累，便如影随形地产生了。

‖**刘震云：**我觉得就是这种话语的缠绕和氛围，有时候是我们这群人，我们东方的这群人孤独的原因之一。这个孤独有时候是跟西方有宗教国家的那种孤独是非常非常不一样的，因为它随时有一个神随时可以把自己这种痛苦的话、忏悔的话说给他听，而且神他的嘴是严的，不必担心他会把你的话再捅出去。但是他的孤独会是倾诉之后的孤独，我们的则是没有倾诉的孤独，没有倾诉地方的这种孤独。有时候，从文学作品中也能够看到这一点，比如像莎士比亚，他写哈姆雷特的孤独是生和死的孤独，这是一个整体嘛，生和死整体的孤独，但这个孤独（如果）放到我们这个民族身上它都不是个问题。生和死不是问题

‖**王宁：**什么是问题？

‖**刘震云：**如何生着和活着是个问题。怎么活着也不是个问题，怎么活着像个人是个问题，怎么活着像个人还不是个问题，怎么活着像自己是个问题。杨百顺正是因为想活得像自己，但是，为了活得像自己，最终反倒更不像自己了。他改了四个名字，一开始叫杨百顺，后来叫杨摩西，最后叫吴摩西。最后，当他发现他自己生活过的所有地方、见过的所有人、包括他自己都变得特别陌生的时候，当他离开故土和亲族的时候，（才最终发现）他是顶了别人的名字活了一辈子，这个人是他从小崇拜的一个人，是个在丧事上喊丧的一个人，叫罗长礼。当他选择罗长礼的名字的时候，

我想，杨百顺的心情是非常悲凉的，那是一个送丧人，每天喊出的都是那样的话。难道那样的话就是他想说的话吗？就是一句顶一万句的话吗？

‖ **王宁**：在跟您谈论的过程中，您会提出来一些小小的人物，可能在这本《一句顶一万句》里有一些小人物，在这个戏里面没有展开，但我就在想，可能很多很多年之后，这些小人物就会慢慢长成一棵大树，又会变出来另外一个故事，又会长成另外一部小说。所以，在您心里肯定长着很多很多的枝丫，而这些枝丫会慢慢地变成一棵又一棵的树，也再次感谢刘老师做客我们的《读书》，也希望您有更多好的作品带给我们知心的话。谢谢您！

周国平：善良，丰富，高贵

我为人心的冷漠感到震惊，于是我怀念善良；

我为人们的心灵的贫乏感到震惊，于是我怀念丰富；

我为那些人的灵魂的卑鄙感到震惊，于是我怀念高贵。

——周国平《善良·丰富·高贵》

周国平，1945 年生于上海，1967 年毕业于北京大学哲学系，现为中国社科院研究员。已经出版各类著作数十种。主要作品有：纪实文学《妞妞：一个父亲的札记》，随感集《人与永恒》、《风中的纸屑》、《碎句与短章》，散文集《守望的距离》、《各自的朝圣路》、《安静》，学术著作《尼采：在世纪的转折点上》等。

在大学里，或者说在青年学子中曾经流传着这样一句话，叫“男生不可不看王小波，女生不可不看周国平”。

以哲学的体验思考日常生活，以日常语汇表达自己的哲学体验，周国平的文章其实不光是“女生不可不看”，事实上很多人都在读着周国平的文章思考和经营着自己的生活。但近年来，周国平的生活和心境都不太平静，办了退休、过了本命年、打了三个法律官司、还有更多的笔头官司缠身，这使他开始更多地关注一些社会上正在发生的“时事”，进而加以批判和评论。

从他的散文集《守望的距离》到《各自的朝圣路》再到《安静》等这些题目中，我们也能探寻到周国平的一些心路，如今周国平正在以什么样的状态思考人生呢？

今天，我们为大家带来的便是周国平的第四部散文集《善良·丰富·高贵》。

‖ **王宁：** 周老师，特别高兴能够采访到您。我们都觉得文学是美的，看到一篇好文章可能就会击节赞叹。数学其实也挺美，因为这种追寻的过程让你觉得探询是快乐的；不用质疑，艺术也是美的，因为它可以让人感觉到智慧和灵性。但是您觉得哲学很美，我特别不能理解。对于我来说，我觉得哲学可以教人怎么样生活，教人生活的方法，但却不理解它美在哪里。像您这样的一些哲学家们，肯定对哲学有着一种浸润骨子里的热爱，所以我特别想让您解释一下，哲学美在哪？

‖ **周国平：** 说实话，你看我，从 17 岁开始进北京大学哲学系，学哲学，研究哲学，可以说是一辈子的事，但是我觉得我真正了解什么是哲学还是后来的事，还并不是从哲学系的课堂上了解的。后来我发现真正的哲学是什么，实际上就是，一个人如果你真正热爱生活的话，你会有很多困惑，然后你要去想，（要）去把它想明白，那个过程其实就是哲学。

‖ **王宁：** 去想怎么样更了解生活，更贴近生活？

‖ **周国平：** 这么说还不是特别确切，不完全是一个贴近生活的问题，因为每个人其实都是在生活的过程中，（都会）有一些这样的疑惑，它是自然发生的，那个时候你就要去解决它。

‖ **王宁：** 比如说？

‖ **周国平：** 比如说人为什么要活着，活着到底有什么意思？这个社会上的压力那么大，诱惑那么大，应该怎么生活？像这些问题，幸福的问题、信仰的问题，还有关于生死的问题，我觉得这些问题可能是每个人都会有的困惑，所以你要说哲学的美的话，实际上就是那个过程。你（要）去想明白，（等）你似乎想明白了，那个时候你就会感觉到一种解脱，一种轻松。

‖ **王宁：** 所以我看到有人形容读您的书，说合上书抬头看月亮，顺着您的这些提示，自己去想，想自己的生活，并最终得到某种思考，他觉得挺美。

‖ **周国平：** 我觉得是这样。其实哲学不是知识，起码不是纯粹是知识，哲学就是一个满足好奇心的过程，其实你说人最快乐的事情是什么？我觉得是人的最重要的那些能力，比如说好奇心啊，思考的能力啊，探究未知事物的兴趣啊（等等），这些东西得到满足其实是最快乐的事。那么我想在哲学中，其实哲学和科学都差不多，都是这样的，就是让人这种最重要的能力得到发挥，最重要的需要得到满足，这个过程应该是很快乐的。

‖ **王宁：** 您觉得这是哲学在这么多的学科当中独立存在，同时又是能够指导人生活的一个重要的意义所在吗？

‖ **周国平：** 最重要的功能就是让人思考，就是让人（通过）头脑，对大问题、根本问题进行思考，（让头脑）始终处于一种活跃的状态。

‖ **王宁：** 那对普通人来说，我觉得生活对于我就是最简单的一种满足感，那哲学是不是能够带给我（这种满足感）？

‖ **周国平：** 我觉得哲学不能。当然我觉得你说的这种情况也是一种特别好的境界，就是很简单，没有那么多的困惑，（是）一种很朴素的快乐，我觉得这也很好。但并不是人人都能达到那种地步，（因为）这是一种比较原始的快乐，不是人人都能达到的。我想可能很多人甚至是多数人都会有困惑，那这个时候你还要保持那种原始的快乐就很难了，所以这个时候你就需要另一种快乐，那就是哲学给你带来的快乐了。就是（要主动）去想那些问题，不要去回避，把它想清楚想明白了，这也是一种快乐。

周国平曾在《守望的距离》里写道，“有的人喜欢用哲学的语汇表达日常的体验，我喜欢用日常的语汇表达哲学的体验”，也许正是这个原因，我们在读周国平的文章时，既能感受到哲学的快乐，同时也能使自己得到快乐的哲学体验。

周国平的几部散文集，《守望的距离》收录1983年到1995年的文章，《各自的朝圣路》收录1995年到1998年的文章，《安静》则收录1998年到2002年的文章，新散文集《善良·丰富·高贵》收入了他自2002年8月到

2006年12月所写的文章。

‖王宁：《善良·丰富·高贵》是你的第四部散文著作，前面有《守望的距离》、《各自的朝圣路》还有《安静》。其实我翻看了一下题目就觉得，好像这些名词，比如说从守望再到朝圣，再到安静，然后（联系）到您对于人生的善良、丰富、高贵的理解，似乎正是您个人成长、认识的一个发展（过程）。

‖**周国平：**对，可以这么说，就是我的认识的发展。但是我没有做到，我没做到。但是我的思路是有连贯性的。

‖王宁：能不能跟我们具体说说，就是这些阶段里面您的那种认识，比如守望的时候，你的心态是什么样的；而到了朝圣，又是一个什么样的环境和一个什么样的认识和成长过程？

‖**周国平：**因为这四个东西，很难说是我的发展的不同阶段，它们同时都是，仍然是（同时）有效的，并不是说有的已经过去了，（并不是说）"守望"的阶段已经过去了，现在到了"丰富、高贵"的阶段了，不是这样的，它不是一个前后的直线式的关系。那么从最近来说，我想得比较多的确实就是"善良、丰富、高贵"这个问题，这主要是因为我真的觉得，这些年来我们社会上这个东西太缺了，就这些最美好的品质，人类从来都认为的一些最重要的品质，在我们现在的人们心目中没有地位了。

《善良·丰富·高贵》的书名取自集子中一篇同名的文章，但这其实也是他贯穿全部集子的一个中心思想，善良、丰富、高贵六个字总结了作者这些年的思考，表达了其对社会与人性的最深切关注和对人的精神状态的最迫切的期望。

‖王宁：我们怎么理解您在这个文章当中所提到的"善良"？

‖**周国平：**“善良”我是指，比如我说，人身上最宝贵的是什么东西？有三样东西，生命、头脑、灵魂。那么我讲的（善良、丰富、高贵）这三种价值三个概念，实际上是对应这三个宝贵的东西的。善良对应于生命；丰富对应于头脑；高贵对应于灵魂。就是人都应该有那个（本性）。我觉得人应该爱自己的生命的，这样你对他人的生命就会有一种同情，所谓的善良就是生命和生命之间的同情。但是这个前提是确实对自己的生命要敏感。

‖**王宁：**善待自己的生命才会去感知别人的生命，才会去善待别人。

‖**周国平：**有个印象特别深的（事），我一直记着。我曾收到过一封读者来信，是个女孩子，写得非常好，她的意思就是说，我读你的书啊，不是把你当做一个散文家，不是把你当做一个学者，我是把你当做一个生命，你是一个生命，而且你是一个善于静静倾听别人的生命，我也愿意作为一个生命来倾听你。最后她没有留名字，就留了一句话叫“生命本来没有名字”。我看了以后很感动，就想给她回信，然后我找信封，信封上面也没有地址，邮戳是河北怀来，结果就始终没有找到她。后来我就写了一篇文章，就用她的签名，她的署名，叫“生命本来没有名字”。我这里表达一个观点就是，实际上我是受了她的启发，的确生命本来没有名字的，我们每个人本来生下来都是没有名字的，是吧，都是一个生命。但是后来我们就忘记了这一点了，把自己看做是身份、是地位、是名字所代表的这些东西，而很少把自己当做生命看待。（事实上），人和人之间往往也是身份和身份的较量，利益和利益的较量，我觉得非常可悲，真的应该回到生命。那么回到生命，你当然就要爱自己的生命，要对自己的生命负责任，同时你应该对别的生命真是要有同情心，这就是善良。但是这个东西在我们当下，尤其是这几年来，我觉得真是太缺了。

我为人心的冷漠感到震惊，于是我怀念善良。善良，生命对生命的同情，多么普通的品质，今天仿佛成了稀有之物。中外哲人都认为，同情是人与兽的区别的开端，是人类全部道德的基础。没有同情，人就不是人，社会就不是人呆的地方。人是怎么沦为兽的？就是从同情心的麻木和死灭开始的，由此下去可以干一切坏事，成为法西斯，成为恐怖主义者。善良是区分好人与坏人的最初界限，也是最后界限。

‖ **王宁：**精神的丰富，是什么样才算丰富?

‖ **周国平：**精神的丰富，我的理解是这样的。一个就是思考了，要用自己的头脑去想事，不是人云亦云，接受人家现成的看法，就是要独立思考，这是精神丰富的一个很重要的内容。这一点其实现在很缺。另外一点，我觉得一个人他不光是要思考问题，还应该有体验，人在生活的过程中，不应该把自己的生活经历一次性消费掉，我现在过完了也就没了，我认为应该要用心灵去体验。我强调一个词，叫灵魂的在场，就是说你过生活过日子的时候灵魂是在场的，你得体会那些东西，体会这些事情对你的意义。这样的话，时间长了以后，其实你内心的感受就会积累得越来越多，我觉得人的心灵就是这样丰富起来的。

‖ **王宁：**看多了贫乏所以你才希望去寻找丰富。

‖ **周国平：**对，比如我写作，我是有这个写作的习惯的。但是对我来说，其实我觉得真正的写作是那些我写给自己的东西，（而）不是发表的东西，那是真正的写作。那些东西对我是最重要的，为什么重要，因为这样的写作过程就是我过日子，我就喜欢这样。今天我有什么苦恼，我有什么快乐的事情，我遇到什么人真的给我感触很深，人和事啊，我都愿意把它写下来，记下来。你重新去体会了一遍你的生活，实际上你就能把那些生活外在的经历变成你内在的财富了。

我为人们心灵的贫乏感到震惊，于是我怀念丰富。丰富，人的精神能力的生长、开花和结果，上天赐给万物之灵的最高享受，为什么人们弃之如敝屣呢？中外哲人都认为，丰富的心灵是幸福的真正源泉，精神的快乐远远高于肉体的快乐。那些永远折腾在功利世界上的人，那些从来不谙思考、阅读、独处、艺术欣赏、精神创造等心灵快乐的人，他们是怎样辜负了上天的赐予啊，不管他们多么有钱，他们是度过了怎样贫穷的一生啊。

‖**王宁：**您刚才说到灵魂的高贵。

‖**周国平：**灵魂的高贵。

‖**王宁：**又代表什么呢？

‖**周国平：**灵魂的高贵，我的意思就是说，人和人之间作为生命和生命互相对待，这是善良，这是同情；人和人之间，作为灵魂和灵魂互相对待，这就是高贵。就是说人是有灵魂的，不光是生命，不光是生物，而且它是有神性的，它有比生命更高的东西就是灵魂，就是它有一种精神追求。这个东西真的是人身上的神性。

‖**王宁：**比如说？

‖**周国平：**包括道德、宗教、信仰这些东西。道德和信仰，这确实是人的尊严之所在，所以我说的高贵，实际上你要意识到人是这样一种东西，它是有灵魂的，它是有精神追求的，意识到以后你就自然会有一种人的自豪感，这是人的尊严，那么我说的高贵就是这个。

我为某些人的灵魂的卑鄙感到震惊，于是我怀念高贵。高贵，曾经是许多时代最看重的价值，被看得比生命还重要，现在似乎很少有人提起了。中外哲人都认为，人要有做人的尊严，要有做人的基本原则，在任何情况下都不可违背。高贵者的特点是极其尊重他人，他的自尊正因此得到了最充分的体现。人的灵魂应该是高贵的，人应该做精神贵族，世上最可恨也最可悲的岂不是那些有钱有势的精神贱民？

这是周国平在谈到高贵时的一段话。他的哲理散文一向如此，可谓独树一帜。其风格平易，文字简练浅白，贯穿着对人生重大问题的严肃思考和对现代人精神生活的密切关注，而更有价值的是其中向人们所宣讲的许许多多为人处世的真谛，可以让人很安适地沉浸在哲学的干净和凝练中。

因此，读过周国平文章的人都应该承认，受到过他对自己心灵思考的影响，然而，说到周国平的时候，我们不能不提起另一个人，因为这个人曾经影响了周国平的人生！

他就是郭世英！

‖ **王宁：** 其实我们刚才也看到了，身为一个哲学家，您的这些思考。但我觉得除了您的这个社会角色之外，您还是一个特别好的朋友，而且您也有自己特别好的朋友。说到朋友我想说说郭世英，因为这肯定是我们谈话当中不得不提的一个问题了。我觉得善良、丰富、高贵这三个词好像都能够用来形容他。

‖ **周国平：** 完全是，完全可以。实际上他真的是我人生道路上碰到的第一个，能够让我从他身上感觉做人的那种光彩，做人的那种美好（的人）。他确实是一个无比善良的人。

郭世英是郭沫若先生的第六个儿子。

1962 年，年仅 17 岁的周国平考上北京大学，因而结识郭世英并成为好朋友。周国平在《我的心灵自传》中回忆说，“只要他在学校里，我们几乎形影不离。我们住同一寝室，早晨一同漱洗，一同上食堂。去教室上课，往返路上，他骑自行车，我就坐在后座上。我们还常常一同逃课，躲在寝室里看书或闲聊。晚上熄灯后，我们会在盥洗室里逗留一会儿，他压低嗓音向我发表各种感想。”

这些交往，为周国平打开了一个新奇而又新鲜的世界。

‖ **王宁：** 反正我知道，进入哲学这个殿堂好像是他给您的一些启示。

‖ **周国平：** 对，我就说可以说他是我的启蒙老师，真的，他是我的启蒙老师，因为我认识他的那个时候也正是我自己一个关键时刻，是最容易接受外来影响的时候，最需要有人指导的时候。实际上我们当时的关系不是说他来指导我，不是这样一种关系。

‖ **王宁：** 在北大？

‖ **周国平：** 在北大。就是好朋友、同学，但是他比我大几岁，大三岁吧。我以前很幼稚的，上高中的时候我很爱读书，但我真不知道该读什么书。因为我最早的时候，是被那个被雨果的《悲惨世界》吓住了。

‖王宁：太难懂了。

‖周国平：太难懂了。小学啊，我小学刚毕业，拿了准考证，要考初中了。（当时）拿着那个准考证可以上上海图书馆，而我就进去借的第一本书就是《悲惨世界》。

‖王宁：大部头。

‖周国平：一看，完全看不懂啊，我就还掉了，从此以后不敢碰外国文学。然后直到十七岁进入大学，我看到他的那个桌子上面、床上堆了很多这样的书，我就拿来看，一看我就看得放不下了。然后他一看我那么爱看书，就说："小家伙，你爱看书啊？那我家里书多的是。"（从此）他就不停地给我拿来。

2004年，周国平在59岁时出版了自传《岁月与性情——我的心灵自传》，这部试图站在一种既关切又超脱的立场来看自己怎样一步步从童年走到今天的著作。在写到大学生涯时，他提及了他和郭世英交往的一些往事。

‖周国平：后来我那本书《岁月与性情》出来以后，他的中学同学找到我，要跟我座谈。十几个同学在郭沫若纪念馆举行了一次座谈，几乎每一个同学都谈到这一点，他的善良，待人的真诚，乐意帮助别人，而且他这种帮助别人太自然了，让你一点都感觉不到压力。他就是这么个人，他也很愉快，他帮助你之后他很愉快。

"真正说来，我是崇拜世英的，这是一个少年对一个富有魅力的青年的情不自禁的崇拜。他比我大3岁，现在想来，当时也只是一个20岁的大孩子而已，但那时在我眼里就算一个大人了。他的外表非常帅，一米七八的个儿，体格匀称结实，一张轮廓分明极具个性的脸，很像一张照片中的青年马雅可夫斯基。他经常穿一件中式对襟布褂，风度既朴素又与众不同。当然，更令我折服的是他的精神素质，除了思想上的真诚之外，他又是一个极善良的人，对朋友一片赤忱，热情奔放，并且富有幽默感，顽皮而善于说俏皮话。我是在最容易崇拜一个人的时候遇见他的，然而，即使在已经度过了大半生的今天，我仍然敢说，他是我今生今世遇见的最具人性魅力的一个人。”

‖ **王宁：** 其实我觉得好朋友最珍贵之处就在于给你一个思想的土壤，你们共同去生根发芽，有共同交流的这么一个空间。我特别想听听你们两个人的（故事），就是他怎样给你这种成长当中的土壤，思想上的土壤。

‖ **周国平：** 这些东西都是不经意的，从当时的情况来说，我比他幼稚得多。我在上海生长，从来没有离开过上海，圈子也很窄，很狭小的。在上海中学读书时，我对人生的想法也很简单，就是学问，就是要做一个有学问的人，（认为自己）将来肯定就是走学者道路的，就是这样的一个想法。但是认识他以后，我就觉得其实学问不是最重要的，一个人生活得有意义才是最重要的，真诚地生活是最重要的。用他的话来说就是，内心的充实。就是你不光要有知识，内心也要充实，这是最重要的。你要说他学问很高，他的学问也并不是很高，从知识的角度来说，虽然他看的西方文学的著作比我多，但是我的理工科比他好得多，数学、物理……物理考试的时候他都抄我的。但是我觉得他看清了我的文学方面的才华了。

但这样的快乐是很短暂的。在那个特殊的年代，即使郭世英作为郭沫若的儿子也没有摆脱那些别有用心者的迫害。1968 年，也就是这张照片拍摄后不久的 4 月 19 日早晨，郭世英被非法绑架关押，22 日，从楼上跌落而死，年仅 26 岁。

‖ **王宁：** 他可能真的是把您的心打开了，让您看到了（许多）。他的离去给您的思想造成了什么样的影响？

‖ **周国平：** 当然，对于我来说这是我一生，起码到那个时候为止，是我从来没有过的人生打击。我真的觉得，一下子觉得真是天塌的感觉，我当时第一个行动是什么，我把我的全部日记都烧掉了。

‖ **王宁：** 为什么？

‖**周国平：**当时感觉就是要为他殉葬，觉得我的过去没了。当时就是这种感觉，（想让一切）跟他一起走了。但事实上不是了，我跟他在一起的那些日子我是忘不了的，但当时的感觉就是没了。后来，很多年，我真是觉得我缓不过来，老想他，老梦见他，经常梦见他，梦见他的时候都是栩栩如生，可最后突然发现他是个死人，或者是头上有个窟窿，或者是怎么样。反正都是很奇怪的那种意象出来了，然后我就意识到他已经不在了，每次都是这样，然后就哭醒了。

‖**王宁：**您说过，即便是过了大半辈子，他仍然是您遇到的，让您觉得最有人格魅力的人。

‖**周国平：**最有人性魅力的人！真是这样，最有人性魅力的人。我现在特别后悔的就是把那些日记烧掉了，真是太后悔了。他（说）的那些话语，那些细节（都在里边），这个是没有办法恢复的，完全没有办法恢复。因为我记忆中的东西毕竟是一些印象，而且是片段的。

‖**王宁：**足见它有多珍贵。您把跟他在一起的应该说是点点滴滴（都记录进去了）。

‖**周国平：**对，点点滴滴，很细致的。像这种东西呀，就是这种细节的东西你是没有办法再造的。这个日记烧掉以后真是后悔呀，我觉得又死了一次。

谈起郭世英，周国平说得最多的就是庆幸。

其实，一个人最庆幸的事情，莫过于在思想成长成熟的关键阶段，碰到一位良师益友。郭世英就扮演了一个这样的角色！

周国平在《岁月与性情》中写道："我永远感谢郭世英，在我求知欲最旺盛的时候，他做了我的引路人。"

然而，周国平还要庆幸的是他从事了哲学研究，这多少使他面对生活时洒脱了许多。

那么对于普通人，哲学的意义又在哪里呢？

‖**王宁：**哲学对于普通人的意义（在哪里）？（它）

能够带给我们在这个时代当中的一些收获，最大的是什么？

‖ **周国平：** 就是让人活得明白一点吧，这是它的一个意义。你说我们普通人，其实所有人都是普通人，就包括哲学家自己吧，所有的普通人其实都是会经常遇到一些烦心事的。

‖ **王宁：** 有的人就会觉得，我活了大半辈子了，当我明白的时候突然发现时间不够了，晚了，这可能是大多数人都会发出的一种感慨。但因为我年轻，我就一直不知道这种明白到底是一种什么样的明白，明白了什么呢，人生需要去明白什么？

‖ **周国平：** 其实明白是一个过程，而且是没有底的。我觉得是在任何时候都可以（明白），任何时候都不晚，这个就是孔子说的“朝闻道，夕死可矣”。永远没有完，只要你死以前能够闻道就行了，你明白了就行了。（明白了，）你就会有一种豁然开朗，就会觉得这一生没有白过。

‖ **王宁：** 它会不会让人变得特别诚实，越明白越诚实？

‖ **周国平：** 对，这是一种根本的诚实，是对自己的诚实，而不光是面对别人的诚实。其实我觉得最重要的诚实是面对自己，因为我们经常是会自欺的，但是不喜欢反思。反思的时候会比较痛苦了，但是我觉得哲学的功能、哲学的用途就是这样的，它可以让你从这些具体的事情里面跳出来，看看在这个世界上活着的这些具体的人，这个日子过得对头不对头，它应该怎么过。所以我就说，哲学实际上等于是一种分身术，能把一个人分成两个人。我自己经常有这种感觉的，我在这个世界上活着，我是这个家庭的成员，我有孩子，有老婆，而且我是这个单位的人，我也做着那个单位的事情，搞研究啊什么的。在这个过程中当然你会有快乐，也经常会有苦恼。但是哲学呢，当我真的从事哲学思考的时候，实际上我（又是）从我生活的局部里面跳出来了，（又）站在那么一个全局的比较大的位置上，从人生的整体这么一个位置上去看这个局部。

正如周国平所说，“跳出生活看问题”。读他的文章，我们总能从中感受到，似乎，他并不在他所评论的生活中，而是一个“冷眼向洋”的旁观者，这种冷静是他故意刻画出的风格，还是出自他早已心知肚明的原则呢？

‖ **王宁：** 我们经常看到，您会对一些社会问题发表或赞扬或批评的一些看法，但是总觉得，其实您有时候有点冷眼旁观，是和这个世界保持一定距离的。

‖ **周国平：** 是，不管是哲学家也好，是一个思考者也好，你必须有这个角度，就是和这个社会和这个现实有个距离，我觉得这样才能看清，什么事情都是这样的。你说旁观也可以，用我的话来说叫做“守望者”。我说的“守望”，实际上就是守护人们那些最根本的价值，然后再去遥望人类精神生活的走向到底对不对，就是去看它的大的线条。如果你不管那些大的线条、大的轮廓，光是去细部做文章的话，（那么一旦）你根本的东西错了，细部文章做得再对也没用。那么拉开距离就有这个好处，就是能够让你看得更明白一点，（能看清）他整体的情况怎么样。

‖ **王宁：** 但要做到真正地跳出来很难。

‖ **周国平：** 是挺难的。

‖ **王宁：** 尤其是遇到当自己也身在这些是非当中的时候。

‖ **周国平：** 对，这尤其难。但是，越是这样的时候，越是需要跳出来，不能沉溺在里头。

‖ **王宁：** 您现在非常欣赏，或者说您愿意一直坚持这样的态度吗？

‖ **周国平：** 其实我并不是永远总是能做到这一点的，但是我觉得这是给自己的一个有意识的定位，因为我觉得只有这样才能够获得一种认识的自由。

‖ **王宁：** 在您心目中是不是觉得，比较不错的哲学家都应该有这样的距离？

‖ **周国平：** 我觉得所有的，不光是哲学家，只要是思想者，只要是知识分子，都应该有这样的角度。知识分子可以关心社会，可以投入到社会潮流的中间去，但是不能光是这样，我觉得不能光是这样。如果光是这样的话，我觉得总体上他是不清醒的，还是应该有抽身出来站在更高的角度来看问题的这样一个时候，应该有这样的一个角度。

周国平说，他写书的目的是为了与人分享，与那些和他面临过同样的问题、困惑的人做心灵对话，希望和他们产生共鸣彼此启发慰藉。因此，创作最大程度上是为了解决自己的问题，用哲学的体验把自己的内心整理清楚，使自己更明智，更了解自己和身边的事物。

‖ **周国平：** 可能主要还是因为我这个人问题太多，我问题太多，然后我又认真，总想解决自己的问题。所以其实我的很多文章都是这样，都是在开导自己。正因为我不是在写文章，而是在开导自己，所以我觉得（写得）比较真实。这样一来，可能和我有同样问题的人，他们看了以后就会受到启发，但是我并不想当一个心灵导师，不想当一个布道者，我是解决自己问题的时候，（顺便）对别人来说有参考的作用（而已）。

到这里，我们节目结束的时间快到了，我们已经没有多少感喟的话作为结尾了。在这里，就把周国平先生最近的博客文章《与命运结伴而行》中的一段话奉献给大家，以资共勉：

“就命运是一种神秘的外在力量而言，人不能支配命运，只能支配自己对命运的态度。一个人愈是能够支配自己对于命运的态度，命运对于他的支配力量就越小。”

其实，对命运的态度无外乎六个字：善良、丰富、高贵！

余秋雨：《借我一生》去找寻

只有不完满的人才是健全的人，只有创建中的人生才是响亮的人生，只有探索着的艺术才是壮阔的艺术，只要还有创造的余地就有无限的可能、无限的前程。

——余秋雨

浙江余姚，位于长江三角洲的南端，素有“东南最名邑”、“文献之邦”的美誉，文化浸润深厚。这里出过隐士严子陵，走出过哲学大师王阳明，还走出过文化泰斗黄宗羲。1946年，余秋雨出生在一个叫车头村的普通宅院里。因为故土的温润和母亲的谆谆教诲，少年余秋雨在心灵深处逐渐植下了把掌握的文化再传输给大地的种子。余秋雨毕业于上海戏剧学院，曾经担任过该院的院长职务，后来开始旅行写作，是我国考察研究人类文明的学者中亲身经历考察世界三大文明现状的第一人，也是迄今为止全世界深入实地考察三大文明的少数人士之一，代表作品有《文化苦旅》、《山居笔记》、《霜冷长河》、《千年一叹》、《行者无疆》、《借我一生》等。

余秋雨先生的散文可以说是别具一格，他敢于在感性抒情见长的散文里张扬理性精神，并且引起了读者的浓厚兴趣，显示了现代城市文化品格的多元发展，满足了界于精英文化和通俗文化之间的另一种对雅致文化的精神需求。很多读者都读过他的散文，从《文化苦旅》到《山居笔记》到《霜冷长河》到《千年一叹》，再到《行者无疆》，再到他的新作《借我一生》。

相信读过余秋雨先生《霜冷长河》的朋友可能还会对我们《读书》在三年前对余秋雨先生的那次专访有印象。十几年时间，他一路走来，对于他文风的长短和作品之外的议论可以说评者无数，有人厌烦，有人执着，然而更多的是人们心中莫名的感慨。今天，我们再次请到余秋雨来做客

《读书》，请他和我们大家一起来探讨他的散文观、他的文化情节、他的人生之路。

‖ **主持人：** 余秋雨老师，您好！非常感谢再次做客《读书》，接受我们的采访。您曾经说过，历来都不赞成在创作过程中个人的情绪过于激动，但是在写《借我一生》这本新书里面，您却好几次泪流满面，为什么？

‖ **余秋雨：** 因为有一些片段当我年纪大了以后再重新体会的时候，觉得我为什么当时当地没有感到这件事情本身的沉重。我现在终于感觉到了，我理解了我的爸爸为什么做这样的选择，我妈妈为什么做这样的选择。当只有成年人才可以理解到的时候，要对我爸爸说一声对不起，或者重新感受已经没有这个机会了，所以就经常会掉眼泪。

‖ **主持人：** 为什么要起个这样的名字——《借我一生》？

‖ **余秋雨：** 爸爸和妈妈他们是无名之辈，但是他们用各种方法，借取各种力量要养活自己的女子，其中包括我。一会儿让我们借住在农村，一会儿让我们借住在上海，为的是让我们有一个尽可能好的生活，或者尽可能好的教育，所以我过去一直认为自己好多（成绩）是奋斗的成果，其实不。有我们的父母亲向苍天大地借取了我们生命的理由，但是又有好多他们的动作，是我们到今天也不知道的。那么只能说，我的生命和整个空间的关系是非常暧昧的，好像是借住在这个世界上，而且借住的理由呢，是长辈们提供的，是朋友们提供的安全保护，是很多我不知名的有恩的人提供的。所以这种情况下，我对生命产生了一个巨大的困惑，我到底凭着什么生活在这个世界上？正是这种困惑，正是这种借的感觉，使这本书具有了某种文学价值。所以很多人说起来，（如果）基于文学，（那么）文学两个字是不是带有某种虚构的意义？其实不是，虚构是文学的一种技巧或者说是末技，比较重要的是你在这么一个作品里承载着什么样的精神求索。

‖ **主持人：** 那么当时写《借我一生》这样一本书的最初想法是什么呢？

‖**余秋雨：**最初的想法是我爸爸去世了，去世以后我在他的抽屉里找到很多文稿。我由这个文稿出发开始采访我的妈妈，采访我的舅舅，采访我的长辈，然后又和我的弟弟们、表妹们大家一起讨论，结果就重新激起了我的很多很多记忆。那么我以这个记忆开头，再以最后把爸爸的骨灰盒送回到我家乡的山里作为终结，所以这本书的起点和终点，其实就是以爸爸开始，以爸爸结束，以家乡的山开始，以家乡的山结束。

父亲的山也就是书中提到的吴石岭，它不是一座普通的山，这不仅因为它紧挨着的上林湖曾是中国青瓷的文化圣地越窑的旧址，而且它还像是一个包容四方、无墙无盖的“综合祠堂”，是这里世代居民的集体归宿。余秋雨从小就喜欢进山，因为可以在山路上奔跑，可以采摘杨梅，可以捡拾历史遗留的片砖碎瓦，童年的许多乐趣就在这样的奔跑中制造着和流逝着。若干年以后，也许连他自己也没有想到，行走的习惯迈出了学者思考人文历史的最佳状态。屈原说“悲时俗之迫厄兮，愿轻举而远游”，卢梭也说“我静止不动时几乎不能思索”。余秋雨亦同此感，于是他辞去行政职务，开始行走考察中国文化。

‖**主持人：**回想您当年从那样一个小招待所里，非常小的一个桌子上，借着蜡烛那么一点点儿的灯光写下《文化苦旅》这四个字的时候，您给您的散文定了一个什么样的调子？

‖**余秋雨：**第一，它一定是写远古题材，是我们祖先远祖的废墟。但是古代的东西，如果由古来论古的话，“(如今在）改革开放，我们处于一个要摆脱灾难的时代，这个时候呢，当代的愁虑和远祖的废墟联系在一起，我相信这个古今的组合会有一种宏伟的感情。然后由什么笔调来写呢？我相信我们过去太习惯于集体话语，就是说我们往往不是从自己内心深处来挖掘，挖掘我个人，余秋雨这个人站在这个废墟里边的感受，我们不会。我们总是站在民族的立场来写我们民族多么骄傲，我们对拿走我们的文物多么多么气愤。不，我从我个人的角度来写一己之感触，但是这个一己感触呢，一定是要我们当代的同胞能感受到的，所以一定又是大众的话语，世界话语，人世间的话语。所以我就找到了一个古代和现代情感上的结合点，一己和大众之间的表述上的结合点。

‖**主持人：**我们第一次看到您的《文化苦旅》的时候，就发现原来还有这样一种散文，作者可以把他多年来研究的一些学术成果融合到现场的发现中，并且用一种非常有诗意、非常美丽的语言表述出来，在文章中我们甚至还能感觉到弥漫到字里行间的一种淡淡的忧伤。我看到这本书里您当时有这样一句话，您说很多的读者都能够感觉到您对中国文化的这种恭敬和忧伤，能够感觉到您这颗非常诚恳的心。

‖**余秋雨：**是，这是我的一种自信。这自信就是我相信我和观众、我和读者交流总是有自己的资本，这个资本猛一看是你的学问，是你教授的名号，其实不是。光凭着学问，光凭着教授的名号，其实未必能够和广大民众沟通。观众（如果）长时间接受一个人，他（就）一定能感受到他的内心。那么我的什么样的内心能够被广大的读者接受，这就正是我要把文章写下去的一个凭据，我相信我对自我的一个判断就是我真的很诚恳，在这个诚恳过程当中，又不是个人的诚恳，这个诚恳里边有很宏观的东西。宏观的东西是什么呢？就是我对中华文化的一种恭敬和忧伤。恭敬就是自从我在甘肃那儿接触到敦煌、接触到唐代所留下的像阳关，像许许多多（这样）的文化古迹的时候，我那个恭敬是无与伦比的。它们开创了东方文明的一个非常巨大的高峰，让我们这些人从小得到儒雅，我们背唐诗，我们能够读唐代的散文，我们想起唐代就感到骄傲。这个东西是我非常恭敬（的），但是这种文明的骄傲并没有一直保持下去。即使到了唐代的废墟里边，你还会感觉到，唐代永远只是唐代，唐代后面好像就没有什么繁华（可以）去和它的废墟延续的。

‖**主持人：**比如说您在《文化苦旅》的开篇《道士塔》那篇文章里，（让人）就感到不仅仅只是忧伤动人的问题了，那么我读到那里的时候，感觉到是一种气愤。

‖ **余秋雨：** 因为在《道士塔》里边我写了敦煌莫高窟的藏经洞。它（被）打开的那个时候，正是在遥远的北京，八国联军开始烧圆明园，这个时间相隔不远。那个火光照射着这个民族巨大的屈辱。但是就在巨大屈辱时候，西北的一个洞窟却告诉大家，一个洞窟的门打开了，伟大的唐代留下了文字记载。这个真实不能不（让人）感到既恭敬又忧伤。多少年下来，我们那么伟大的民族的那么一些遗迹都已经被人家烧掉了。我们当时很气愤，这个时候就总觉得我们中国这个不行那个不行。（但是就）在我们民族感到非常非常沮丧的时候，那么敦煌提醒我们，我们不是一直这样的，我们曾经有过伟大的过去。所以当时我走在沙漠里边，开始写《文化苦旅》的时候，心中最大的感觉就是想要告诉我们今天的同胞，就是我们曾经伟大过，伟大的证据就在我们身边，我们随时可以到达。但同时，失去伟大的证据和衰败的证据也在我们身边，我们要到这些地方多走走，（要）知道我们中国人是怎么样一些人，中华文化到底是什么样的文化。但是如果我们沉下心来，想一想远方的话，（如果我们）用我们的脚印去抵达伟大的证据和失去伟大的证据（的话），这个时候我们会真实地、很沉静地想一想我们今后该怎么办。我很想把我这个感觉告诉比较浮躁的同胞，因为我也比较浮躁。（现在）我是这样沉静下来了，我希望我的同胞们也能够这样，所以我就开始写。

我心中的中国如同茅舍舟楫的家乡，漫长的文化历史如同童年无鞋的脚印，一切由我个人体验和吞吐，一切皆是五尺之躯的偶撞、偶遇、偶感、偶思，绝不接受任何异己的指摘——余秋雨任凭自己的脚步奔波，走出喧嚣和浮华，在敦煌莫高窟的藏经洞，他悲叹着、搜寻着，终于从唐、五代和北宋千年的傲视余光中，捕捉到了开始文化散文写作的灵感，只有轻快才有广阔，只有广阔才有浩叹，从藏经洞写到整个莫高窟，从阳关雪写到整个唐代，再从唐代写到了上下五千年。于是，一篇篇文化散文在笔下泉涌而出。

‖ **主持人：** 在您的《山居笔记》这本书当中，您写过一篇文章叫《苏东坡突围》，这篇文章给我们读者的印象很深，至少通过这篇文章后我们感觉到了另外一个苏东坡。您在书里提起苏东坡，他应该是很多读书人一个通用的电码，只要一说到他，我们心中都会有一种心照不宣的愉快的感觉，但是看完您写的那篇文章之后，我们心里却很难过。

‖**余秋雨：**我在香港中文大学图书馆里边看到古人留下来的，有关这个案件的全部的历史档案，看完以后心里确实很沉重。因为我们简单描述的时候，一般就只讲苏东坡被流放过，且苏东坡这个人整天乐呵呵的，充满了诗情画意。其实完全不同，所以我一旦投入到这些档案的时候，才知道他是多么脆弱。当人家要来逮捕他的时候，逮捕的原因完全不知道，（后来才知道）逮捕的原因就是他牵涉到一个什么诗案里边了。抓他的时候他胆小到这个程度，就是他不断地问周围的人，他们来抓了，问我（犯了）什么罪，（我自己也）一点都不知道，（那么）我今天出来的时候是该穿普通老百姓的服装还是穿官员的服装？因为两头都不对，穿官员的服装的话，你是罪人怎么能穿官员服装？如果我穿老百姓的服装的话，那还没有给你宣布罪，你为什么不忠于职守？有很多很多问题，所以后来人家对下面的人说，什么罪还不知道，你还是穿着官员的服装吧。他就发抖地穿上了官员的服装。你想他那么浑身发抖、不知进退地被押走了，（可见）他不是个坚强的人。他乐观是后来的，因为他不知道怎么办。后来在半路上也还是不知道自己什么罪，他跳水自杀，幸好被人早发现救了起来。否则一旦跳水成功，这可能性很大，就是一口气的事情，一口水的问题，那中国历史上非常辉煌的一页就不见了。就是说我们的文化的破坏机制和文化的辉煌机制、文化辉煌的建设机制之间的关系就那么地不平衡。后来我又进一步地看到，是谁在折腾他。折腾他的并不是皇帝，我觉得简单来说就（是）几个小人。这些小人折腾以后说他这个有问题，那个有问题，还给皇帝不断地解释。皇帝呢，这个人讲倒没什么，第二人又这么讲，第三个人又这么讲，而且看起来都还是有文化的人，有的人年纪还比他大，说那就查查看吧。可是找谁查呢，当然是揭发的人查。结果事情就越闹越大，闹的结果只能流放啊。流放之前关在监狱打，你想苏东坡被打，我们心里都受不了，幸好被边上的一个囚犯写下了在监狱里边的诗，说晚上最不能听到的是那个太守被打的时候哀号的声音。太守就是苏东坡，你可以想象那个情形。他后来全承认了，是脆弱的人全承认了，（说）我是有影射，这就是骂皇帝。其实哪是呀？其实他是受不了那个打了。所以一个文化人，在一种政治还算清明的皇帝的那个时代，他所遭受的文化灾难也是实实在在的，哪怕是苏东坡这么一个欢快和乐观的、充满了宗教意识的人，他应该是很开脱的，（但）他也没有能够开脱起来。直到他最后流放黄州的时候，心里还是非常难过。那么多朋友都不理他，他多么希望有朋友给他写写信。他一封一封写出来，从来没有回信。所以我当时有质感的感觉，我说朋友们你们就凭苏东坡写给你们信的书法，你们都应该回一封信。他是中国第一流的书法家，他过去是你们最尊敬的朋友，现在流放了给你们写信，而且流放证明他没有死罪，他的罪已经定了，一封回信都没有。后来只是一个和尚从很远的地方去看他了，从苏州出发去看他，这我也非常感动，所以我老是（在想），比如在追踪苏东坡心理历程的时候，我也一直在研究中国的文化灾难是怎么造成的，中国古往今来的那个文化灾难是怎么造成的。苏东坡的弟弟曾经讲过，苏东坡无罪，他只有一个罪就是名声太大了。他的弟弟，本身也是个文学家——苏辙，他所做出来的判断，就是名声太响。大家非常希望名声响的人能够和自己处于平等地位，所以把他的名声降下去。第二呢，要打击一个名声响的人，就容易让他取得另外一种名声，另外一种名声是正面的负面的他们就不管了，他们觉得名声就是一切，负面正面无所谓。所以在这种情况下，中国就出现了很多这样的人，他的诗文完全不能和苏东坡比，但是他们写揭发苏东坡、批评苏东坡的文章的本领却相当得大，而且往往从一种苏东坡无法防备、无法解释的角度去对付苏东坡。那么最关键呢，中国历史上一直没有一个公正的文化法庭，就是审判苏东坡的人，（同时）也是揭发苏东坡的人。

‖**主持人：**您给这篇文章取名叫《苏东坡突围》，这个名字用的是“突围”两个字，您是怎么想的？您觉得他成功地突围的是什么？

‖**余秋雨：**他突围了。他的突围是一种精神解脱，解脱他的原因是摆脱了原来的荣誉坐标。他本来一直跟人家辩的是什么呢？（就是）总觉得自己对于政治有发言权，于是写了很多策论，写了很多建议，结果到后来发现我哪里懂政治，他最不懂的就是政治了。自以为在这方面很有才华，其实不是。所以当一冷静下来，当朋友圈也不理他，自己也心凉了，就像是一个山村野夫一样在那里走来走去（的时候），他自我回归了。我是谁？那个最质朴的声音回来了。但这个我是谁，他毕竟并不是乡村的人，（因此）所有的文化素养使他的生命和在自然接壤的过程当中，产生了巨大的艺术传播，所以我们就有了《念奴娇·赤壁怀古》。

‖**主持人：**再比如说我们大家都很熟悉李清照，您在《霜冷长河》这本书里边也写到李清照，说您看到了另外一个李清照。

‖**余秋雨：**她当年主要是被一个名誉的世界所困扰，她一直遇到名誉的事件，不知道上天给她一个什么样的惩罚。最早的时候，上辈已经有名誉事件了，（原本）就需要她去承担。她和赵明诚结婚以后，赵明诚寿命不是很长，但是她要为丈夫恢复名誉。丈夫（身上是）一件非常小的事情，好像是见过一个当时正好在敌对的一个金国的使者，但是是不是使者还不知道，反正给他交换过物器，所以她就千方百计地想说明，我的已经死亡的丈夫其实没有成为叛徒，也没有成为和他们的人有交往的人。（说）叛徒还太重了，也就是和他有交往的人。（她）不断地（想）说明这一点，不断地写信，不断地去求官，可谁也不理她。最后甚至到了她把家里所有的玉器装在船上、装在车上，就跟在皇帝的背后。意思皇帝你要，你全拿去吧，我的丈夫怎么会为了一件玉器去跟我们敌对的人有交往呢。这个时候李清照已经很老了，在慢慢地老去（的同时），她一直在为自己的名誉和自己丈夫的名誉而跋涉。

‖**主持人：**她三十多岁失去丈夫，去世的年龄是65岁。

‖**余秋雨：**对。中间当然有过一次非常糟糕的婚姻，所以（可见）最后她已经可怜到什么程度？当时为了保持家庭的安定，（规矩）就是谁离婚，不管你有理没理就要关两年。她宁肯关两年也要离婚，已经对这个婚姻气到这个程度了。后来当然通过一个亲戚想办法，她关的时间不长，很快就被救了出来，但是反正在那个时候，她丈夫的名誉，再加上她当时再婚，嫁给那个商人——这也是名誉的事情，（加之）长辈的名誉等等，（已经）把这个诗人的头压得完全抬不起来。她有一百张嘴也说不明白每一件事情，任何一件事情她都说不明白了。如此苦恼，所以就会写出那么悲哀的好多词。她没想到在无限的悲哀当中，在实在难受的时候随手写出来的词（竟）流传千古，成为东方美的最高标志。这个使我们有一种感觉就是，你眼前所关注的名誉可能很不重要，但是你投下了全部的心血；而你完全不在意的地方却可以给你，给你的性别，给你的民族带来最高的荣誉。

这种结论不知道是历史的偶然，还是必然。在作者的散文中，我们读到了中国古代文人的无奈、叹息和沉重。关注中国文化的社会灾难是作者散文创作的重要话题，当以太守之身身陷囹圄的苏东坡，因难以承受严刑拷打之痛，撕心裂肺的哀号穿出牢狱时；当本该身在深闺，世事不闻的李清照为国破家亡而呼喊出“生当作人杰，死亦为鬼雄。至今思项羽，不肯过江东”时；当疏狂不羁的嵇康在刑场仰天长叹“《广陵散》于世绝矣”时，这些在学者心中便凝结成了一个结，这个结一头连着历史，一头指向未来。

‖**主持人：**因为我们是《读书》节目，而您两次做客我们这个节目，所以很想听一听您的读书经验是什么。

‖**余秋雨：**我讲的读书经验是课外阅读，不是说学生课程里边有关课程的读书。课外阅读我有几个要求：第一个要求就是一定要读最好的书。我也是从中学生过来的，其实我们一生读书的时间很少，我们功课很多，能够让我们自然阅读的时间更少。读一本一流的书和读一本第二流的书、读一本第三流的书花的时间是差不多的，而且按照我的经验，读第一流的书花的时间还少一点，为什么呢？因为它思路清晰，大手笔写的。第二流第三流的书，为什么是第二第三流，它已经乱了，你跟着它去乱，花的时间更多。那么另外的就是当你占领这本书的时候，这本书也占领了你。你的青春那么珍贵，你的时间那么少，你的头脑那么纯净，让第二流第三流的书占领了你的生命的不可重复的那一部分，多么可惜呀，所以在这种情况下，要有老师和旁人推荐，说好书，第一流的书是哪些。一旦有补课式地来进行阅读的情况，（这）就是一个非常重要的秘诀。第二条，第一流的书很多，第一流的书如果读不下去，不要读，读不下去不要读，也就是说第一流书当中，有好多和你的生命没有缘分，我们的土话讲没有缘分，用理性的话来讲，叫生命结构是不一样的。生命结构不一样的书你不要去读，尽管我知道他是了不起的大师，但是我怎么看了几遍看不下去，那就不要硬看下去了，强扭的瓜不甜。你硬看下去的话，对不起自己也对不起它，人家明明是大师（之作），但没有缘分的一个人用这种奇怪的目光一直是苦恼地去读，那是不行的。你知道，有的时候是生命没有缘分，有的时候是生命的火候还不到家，也就是说说不定到你大学毕业以后，或者你再过几段年纪一读就读进去了。

苏东坡先生曾经说过这样一段话。他说：大凡为文，当使气象峥嵘，五色绚烂，渐老渐熟，乃造平淡。原来书和人都不是三言两语能够讲得明白、讲得清楚的。记得余秋雨先生在创作他的散文集《文化苦旅》之前，出版过一本学术著作，叫做《艺术创造工程》，他在扉页上这样写道：只有不完满的人才是健全的人，只有创建中的人生才是响亮的人生，只有探索着的艺术才是壮阔的艺术，只要还有创造的余地就有无限的可能、无限的前程。冥冥之中似有天意，此话可能暗示了他这十五年来走过的路，回头想来，余秋雨的每一部新作品的诞生，文坛随即都会哗声一片，笑也好，骂也罢，实际上也都不是余秋雨个人所能够左右摆动的，他所能掌握的最后还是手中的一支笔，尽管这支笔已经疲惫得用他的话来说就是不想再写了。

那么从《文化苦旅》、《山居笔记》，再到《行者无疆》、《千年一叹》，可以说我们一方面领略着作者飘逸俊美的散文风格和历史的信号，同时也体尝着贯穿在他所有作品当中作者对传统文化的思考以及探究。在许多人看来，中华文明的延续和发展是必然的，但是走过了巴比伦文化的遗址，波斯文明、印度恒河文明的源头的余秋雨先生却认为，这其实是一种错觉。他认为不延续是必然的，延续千年倒是一种罕见的奇迹，那么这种奇迹中包含着什么呢？

就在余秋雨即将踏上“千禧之旅”的前一个晚上，妈妈把一双他刚出生时穿的红缎虎头鞋交给了妻子马兰，其实，妈妈并不知道儿子这次远行的路途是怎样的遥远、艰辛。就这样，一个穿着红缎虎头鞋在中国浙江农村下地的人要去寻找国土之外的遥远的废墟了。从家乡吴石岭弯弯的山路到闪耀着人类祖先无限辉煌的山川河谷，余秋雨一路走去，随行的是他的感慨，他的凝思，他内心的冲撞与飞翔。

‖**主持人：**其实从《文化苦旅》那本书开始，很多人都在关注您，大家好像都很好奇，余秋雨先生到底是个什么样的人。您的母亲应该说给您的滋养更多一点。

‖**余秋雨：**其实我的童年对我影响最深的是母亲，因为母亲带着我在农村。她不是土生土长的农村人，她是地道的上海女孩。她下嫁的时候也不是说嫁给一个农民，就是她的丈夫也在上海，只是上海当时兵荒马乱，她就下去啦。下去以后就遇到了文明和文明的冲撞，本来这是一块非常有文明的信号的土地，但是由于几百年的战乱，使它已经没有文化了。没有文化导致没有人识字了，所以妈妈作为一个上海文明的代表者，又是一个文明女性的代表者，突然来到了这个乡村里边。我对她的认知现在回想起来，就不仅仅是一个孩子对妈妈的认知，我现在可以知道妈妈当时是多么孤独地拥有了文化，而且她是如何地想把这个孤独变成一个文化行为。所以她不断地写信，不断地记账，这其实是很难的一件事情。所以在这个过程当中，我觉得我的妈妈很不容易，我只看到了这个不容易，但给我带来的一个非常好的心理结果就是文化是应该讲义务的，你只要有比较高的文化，你就要向你所在的土地负责。

正是基于这种对于文化的责任感，余秋雨怀着一种对中华文明的思索与探究，与凤凰卫视的电视人一起出发了。在埃及，装甲车的护卫已经令他们感受到安全的重要性。临别这片神秘的土地时，埃及的电视同行听说他们还要前往考察伊拉克、伊朗、阿富汗等地区时，竟然肃然起敬，特地在金字塔下开了一个欢送会，并把这一行称做“东方英雄”。这段路硝烟弥漫，枪林弹雨，这一路考察的前方路漫漫。

‖**主持人：**《文化苦旅》、《山居笔记》、《霜冷长河》到《千年一叹》到《行者无疆》，再到这本《借我一生》，您究竟分别在每本书里想解决什么问题？

‖**余秋雨：**《文化苦旅》呢当时我就是想，想把我当时在考察文化的过程当中所遇到的那种碎片，我作为一个现代的中国人，面对这种碎片的恭敬和忧伤，能够告诉当代的读者，所以文章也是以碎片形式的，一段一段，因为我要说明是我个人的感觉。我还写了一些童年的回忆，加在一起，就是一个当代的中国人面对着曾经辉煌的碎片和失去辉煌的碎片的证据(的感受)。然后接下来的《山居笔记》呢，是把这个已经开始的旅行系统化。有好多中国历史上的大问题，不是那些短篇的小文章能够解决的。我本来是个学者，那么我思考，我有没有可能做个边缘事业，把我的学术思考和我的散文比较做个结合。这样的结合很可能失去我《文化苦旅》的全部读者，他们会觉得你文章太长太枯燥。但是我也想做个实验，我有没有可能用我已经拥有的那么多读者的优势给他们讲一些更重要的话？我做了后一种选择。那么《山居笔记》这本书的畅销证明，就是我的读者是愿意接受更宏大的话题的。两个（都写）完了以后，我有一些读者，特别是年轻的读者给我写信，问了好多有关人生的问题。那么我就以写信的方式作回答，有的信里包容不下的，比如关于荣誉等各种各样的问题，我就写了《霜冷长河》，等于是给广大读者的一种有关人生的通信。然后我知道，前面两个考察还要继续，就是说，生在庐山不识庐山真面目，中华文化，我该走的一些穴位都走到了，那么它到底什么样，我还要离开它，在外层的对比当中来了解它，所以我就走了。从中东到中亚到南亚，这条路走完以后，我知道了中华文明真是了不起。和那些破败的文明一比，我们是相当了不起，这种文明活下来了！但是也有一些文明，比如像欧洲文明，它从希腊的文明开始，在罗马复兴以后，它完成了比如宗教改革、工业革命、启蒙运动等等灿烂的形态，这有好多东西都是中国赶不上的。那么我有没有可能再把欧洲走一遍，一路上对比中华文明，找中华文明的弱点。上次找优点，这次找弱点。我走了 96 座欧洲的城市，走完以后，就写了《行者无疆》。《行者无疆》是讲欧洲，其实里面隐含着好多和中华文明的对比。这种对比的方式，可能好多读者在看的时候会迷失，所以我在《借我一生》当中又把它做了一个简单的提炼。这样的话，我几乎把文明考察在我的生命当中的任务完成了。中国两本外国两本，抛物线可以落到地了，就感觉是这样。所以最后就是把我这么一个人，从灾难当中出来的这么一个人的精神跋涉写一本书，写完以后就想，可以啦。

考察快要进入中国国土时，在喜马拉雅山南麓，余秋雨天天想，天天写。他常常关掉旅馆的电灯，轻轻地点燃一支蜡烛。烛光下，他写下了这样的文字：我从尼泊尔的丛山间进入国境时，产生了一个有关母亲的联想。本来把祖国比做母亲是一种做腻了的小学生作文题目，但我在如许年龄产生这样的联想却有另一番苍凉之情，那就是我们过去太不懂事，总是在左顾右盼之间责怪母亲的诸多不是，一会儿是缺少风度，一会儿是她不够富裕，直到访遍她同龄人的种种悲剧，才让我从心底里默认，母亲这一路走来真不容易。

‖ **主持人：**您从废墟向废墟行走的过程当中，大概是走到了哪一站，突然间感觉到中华文明几千年的延续，其实是一种非常罕见的奇迹。

‖ **余秋雨：**我走完中华文明的时候，这个感觉还没有产生。那么我到哪些地方去看它呢？我是到曾经和我们中华文明同样的古老，同样的伟大，同样的曾经辉煌、名传于世的那些文明里去看。于是我就去看了埃及文明，去看了希伯来文明，去看了巴比伦文明，去看了波斯文明，这些文明曾经都是气壮山河，有的文明比我们中华文明还要古老，还要辉煌，譬如两河文明，就是后来的巴比伦文明，更辉煌了。应该说当它们已经是夕阳西下的时候，中华文明才露出曙光，对这样的文明一个个看下来以后，看它们的废墟，看它们的记载，看它们各种各样的文物遗迹以后，我才明白，中华文明能够活到今天是个奇迹。

‖**主持人：**中华文明有几千年的历史，我们一直认为，我们可以有充分的理由这样一直继续辉煌下去，但是没有想到中间会经历什么，会通过什么样的代价才能够获得今天这样的辉煌。

‖**余秋雨：**其实和我们一起站在地球上的那些大文明，不知道在哪个山口上它倒下了，不知道在哪个河边它死亡了，但是我们的苍老的母亲，她一直走下去了，走了一条险路，不是走了一条大路。另外死亡的信号太多、太多，她走到现在，可以说是一路风餐露宿。这当然是个象征了，没有那么长寿的母亲。但就从文明来说，这是非常不容易的，所以当时在埃及，在约旦河边上，特别是在两河流域，在充满了危险的巴比伦脚下，我的这个感触特别深。金字塔到底怎么回事，现在全世界也研究不清楚；卢克索太阳神庙，大柱上的那些文字，那些象形文字研究起来更是困难；在这么一种情况下，我突然警觉到，这个文明就是死亡，我们的死亡不是荡然无存，白茫茫一片，不是这样的。那么由这个事情我突然想到，先秦诸子的文章，我们就像读外公给我们写信一样，我都可以看得清清楚楚，这就叫文明的延续，就是不费力气地可以读到。那么这个时候就想到有个记述语言——文明语言。

‖**主持人：**秦始皇当年统一了文字是多么重要。

‖**余秋雨：**对，秦始皇统一文字非常重要。秦始皇统一文字以后，使得战乱频频的中国不会因为这个小国家打败那个小国家，就能够把它的历史灭掉。灭不掉的，文字成了通码。我这只是举个例子。其实还有很多很多了，譬如像战争，现代战争，我现在还没有太大的把握，但是对于已经过去的历史，我们可以得出这么一个结论，就是任何军事远征对于文明来说，都是文明的自杀。

余秋雨说，在欧洲大地上探索中华文明的不足之处，这样的课题就深度和广度而言，在他此生已经无法多次承担。于是他急急地寻找一个个对比点。在他三十多个对比点上，其中有这样八个具有代表性，那就是有一行字母，有一片墓地，有一份图标，有一个城堡，有一个座位，有一群闲人，有一块巨石，有一面蓝旗。就是这些看上去并不是很大甚至有些琐碎的点，但它恰恰牵连着两种文明深层经络系统，作者在感性的片段里捕捉着整体灵魂。

‖**主持人：**考察了欧洲文明之后，您觉得它会给我们中华文明带来一个什么样的启迪？这个欧洲文明，它正是经历了我们没有经历的几次非常大的改革，就是我们谁都知道的文艺复兴、宗教改革、工业革命，后来特别是启蒙运动，启蒙运动按照康德的说法，是把理性融化到日常生活当中。这个我们中国一直没有做到，这一点通过您这么多年的考察和行走，您觉得如何在废墟上重建文明？

‖**余秋雨：**你这个问题非常重要，其实我走到后面的时候，也一直在想这个问题。后来沿途不管是在中东，还是到了欧洲其实都在想这个问题，就是在我们的废墟上怎么来重建辉煌。好多人以为是建设一些文化的硬件，譬如我们有宏大的博物馆，我们有宏大的图书馆，我们有宏大的剧院，这些要不要？要的。文化的硬件总需要。但遗憾的是，文化的实际的实现方式不是这些，首先要有作品，那才能进入这样的剧院。但有作品是不是就能在废墟上建立起文明了呢？也未必。好像还必须有人，有它的代表人物，文化代表人物。但（即便）有了文化代表人物，可整个文明气场如果不行的话，那文化代表人物也一个个死亡了，都枯萎了，都孤立了，都灭亡了。也就是说，这个辉煌的一个整体的标志就是集体的那种文明意识的觉醒、增强，并让它变成一种自然的秩序。每一个文明时期都有这个特点，我就觉得在唐代有过，甚至于在宋代也有过。我认为，宋代好多大文人、好多君子有的时候正是受到民间的那种欢呼和保护。如果是有文化硬件的话，就还必须有文化作品，文化作品背后还必须有文化大家，文化大家必须有文化土壤，否则文化大家根本站不住。必须有文化土壤，而这个文化土壤是一种集体心理，这个集体心理是会建立的。我觉得欧洲这个集体心理就比较好，欧洲好多国家有一种非常好的气氛，就是大家都尊重它。有个指挥他生病了，全城音乐爱好者就在他的阳台底下的马路上，把自己家的地毯铺着，希望过往的车辆的声音轻一点，让他多睡一会儿。有这样的故事。你想想看，第二次世界大战刚刚结束，大家其实还是家破人亡，都在废墟里边，但就都来到一个破损的音乐厅里边，用掌声欢迎劫后余生的音乐家给人们演奏——我们在你身上看到文明还存在着，没有被炸死，然后有你的声音能够提醒我们。在战后的欧洲到处都出现这样的情景，哪怕是战败国德国也是如此。这个是文明延续的一个非常重要的一个气氛，如果当这个气氛不存在的话，那么我说就没有大家，也就没有作品，而且硬件也是空的。所以我认为重建辉煌对我来说，更重要的是呼唤人们心灵深处的文明素质的觉醒。

《借我一生》这本书有作者创作文化散文的背景故事，有中华文明延续至今的原因，还包括了余秋雨浓浓的红楼情结。“那天叔叔有空，把我招呼过去，问我课外读过什么书。我报了几本，就问他：‘我能读《红楼梦》吗’？他好像吓了一跳，眼睛一亮，忽然又摇摇头，说：‘别去读。’‘长大了再读吗？’我追问。‘长大了也不读，那书太悲苦。’”（摘自余秋雨《借我一生》）

‖ **主持人：**我们都知道您对《红楼梦》有着独到的认识，给我们讲一讲，您怎么理解宝黛之间的爱情悲剧。

‖ **余秋雨：**贾宝玉、林黛玉肯定是《红楼梦》里边的最重要的人物，这是毫无疑问的，他们两个是真正的知心，他们是以精神的战友的身份相遇的，都那么敏感，那么欣赏对方。就在这个时候开始，曹雪芹遇到了一个非常大的题目，就是他热烈地歌颂了他们的爱，描写了他们的爱，但是他又无可挽回地告诉每一个读者，他们的婚姻一定是个悲剧。但是这个悲剧不是外人来破坏，你说是贾母来破坏吗？你说王熙凤来破坏吗？贾母其实对这两个人都是非常心疼，她没有理由毁坏他们的爱情。当然有个薛宝钗好像是第三者，（其实薛宝钗并不喜欢贾宝玉），哎，并不喜欢贾宝玉，但是我们撇开薛宝钗，我们就讲林黛玉和贾宝玉这两个人，我们能想象结婚以后的他们吗？谁也不能想象。我们无法想象一个做了丈夫以后的贾宝玉是个什么样，我们也无法想象一个做了妻子以后的林黛玉是什么样。那么就意味着一个非常美好的恋爱面临着一个非常糟糕的婚姻，即使没有外力破坏，必然也是如此。于是在这个时候，曹雪芹碰到了一个人类学意义上的悖论，就是极端美好的追求很可能无法完成自己的任何一步，就是自我都完成不了，所以这个悲剧是必然的。不是说有贾母出现乱点鸳鸯谱的悲剧，不是，没有贾母，他们也必然是悲剧。如果是让他们真的结婚的话，(将是）极其平庸的东西。（这对宝玉和黛玉来说是太可怜、太可怕的事情。）现在不可怕，贾宝玉虽然结婚但那是一次假结婚，然后去赶考了。考上功名以后又失踪了，功名不高失踪了。贾政去把贾母的灵柩扶送回去的半道儿上，大雪漫天，船上只有贾政一个人，他的下面的用人啊，到岸上去告诉岸上的朋友，我们老爷的船经过这个地方，由于雪太大不能来拜访了，我只是投一个名片来致谢……船上只有贾政一个人，他突然看到岸上有一个和尚，年轻的和尚，穿着猩红的袈裟在向自己跪拜。他一看，怎么有和尚向我跪拜呢？仔细一看，好像宝玉，失踪的宝玉，他脚下很滑，想追出去通过跳板说：是宝玉吗？宝玉似笑非笑。他的边上出现有一个僧人，有一个僧人裹卷着他，唱着谁也听不懂的歌就走了。这是一个非常深奥，也是非常美丽的结局。

‖**主持人：**那您觉得曹雪芹写《红楼梦》究竟在写什么？

‖**余秋雨：**哲学要寻求答案，物理学要寻求答案，文学是寻求那种没有答案的情感结构，但是说找不到答案，你为什么还要去写它呢？那么就是这样，就是人类的历史上有很多的问题，贯穿着我们人类的始终，我们的祖先的祖先也在思考，我们的父母也在思考，我们也在思考，我们的后代也在思考，但是代代都因它而高贵，代代因它而卑微，只是永远没有简

单的答案。答案到了的时候枯燥开始，人类的终极又开始了，这就是文学的最终极的意义，也是非常了不起的意义。

余秋雨先生的第一本文化散文《文化苦旅》试图以一种新散文的范例来揭示中华文化的内涵，可以说新意十足、清新扑面，得到了很多读者的喜爱，那么15年来，他从废墟走向废墟，始终以中华文明为圆心，在比较分析已经衰败的巴比伦、古埃及、波斯文明的同时，也在探究着欧洲文明对中华文明有何启迪。这长长的跋涉，可以说历尽艰辛，走得的确是不容易。文化是民族之树枝繁叶茂的水分和土壤，一个没有文化的国度是苍白的，是没有生机的。余秋雨先生对文化对历史的思考也在一定层面上像钥匙一样开启了我们的思考之门。

吴淡如：时间·管理·幸福

管理好自己和时间的关系，不是为了做更多的事、更加忙碌，而是为了有足够的时间享受生活。

——吴淡如

在台湾，女作家吴淡如堪称是畅销书排行榜天后级的作家了，她曾经连续几年获得台湾畅销书女作家排行榜的第一名。除了写作之外，吴淡如在台湾还是家喻户晓的电视台、电台的节目主持人，夸张一点儿说，吴淡如算是台湾曝光率最高的作家了。打开收音机，你可以听到她的声音；按下遥控器，你可以见到她的身影；逛书店，你可以看到她的书籍。尽管身兼电台节目、电视节目主持人和作家这双重的身份，但是生活和工作却被吴淡如安排得井然有序，因此很多人曾经发出过这样的疑问：她究竟有什么样的秘诀呢？而吴淡如的新书《时间管理幸福学》就恰恰对于这个问题进行了回答，用电视节目主持人蔡康永的话来说："由三头六臂似的吴淡如来谈时间管理，再适当不过了。"

你是不是觉得自己很努力，完成的事却不多？你是否觉得老是很忙，却没有对等的收获？一个人的时间管理，都和什么有关系呢？

其实吴淡如的作品大多以励志、爱情为轴心，甚至围绕两性课题展开，但目的都是给人以通向"幸福"的建议，而在新书《时间管理幸福学》中，一如既往同样的"幸福"方向，不过角度却更生活化了，就是"时间管理"。

‖ **吴淡如：** 其实我本来并不觉得我的时间管理做得好，可是被很多人问到很多问题后，比如说"为什么你这么忙还有时间写作"，所以我开始思考。因为很多人会在电视上看到我，（那么）在我最忙碌的时期，他可能一天会看到我三个小时，而且是星期一到星期五。就算是现在，（观众）

看到我也至少每天都有一个半小时。为什么人们老是觉得没有时间，因为"没有时间"是我们很多事情没有完成的借口。这个没有时间，那个没有时间，可是仔细想来这五年你到底做了什么事？答案其实常常是一事无成，一件大事也没做成。所以我才在思考，（思考）我在时间管理上的运用到底跟别人有没有不一样的地方，那答案其实是有的，而且道理其实很简单。

《时间管理幸福学》以吴淡如亲身经历和所见所闻的生动的小例子，讲述了"时间管理"这个看似枯燥、深奥却又充满童趣和快乐的主题。吴淡如说，尽管她现在看起来在管理时间方面游刃有余，但她却曾经是一个非常浪费时间的人。

‖ **吴淡如：**我是有一点儿小聪明，所以每次到考试时，我都可以考得很好，总是可以考到最好的学校。可是我心里非常清楚一件事情，（那就是其实）我就学的大部分时间是被我浪费掉的。很多人很早慧，可是我一直到三十岁的时候才恍然悟到说，事实上大概是从青少年到三十岁这一段期间，我的人生是没有成长的。我除了每天持续在写作之外，很多人生有趣的事情我从来没有学过、没有玩过。玩，没有好好地玩；工作，没有非常尽兴地工作，所以到三十岁之后，我就决定每年去学一样新东西。

时间就像海绵里的水，只要愿意挤总还是有的。这看似是在追求有效利用时间的一句话，也很容易造成人们对于时间的误读，那就是认为时间只要挤就会使用不完。吴淡如一度也曾这样认为，但是发生在她祖母身上的事，却使她改变了这种看法。

‖ **吴淡如：**我其实是我祖母带大的。我出生时我祖母不到五十岁，大概四十多吧。一直到我大学毕业为止，她都比我高、比我壮、比我有力气，所以我被我祖母养成了一个四体不勤、五谷不分的孩子。我一直看到她充满了能量，比如说她八十岁的时候，还可以骑单车到公园去跳土风舞，去打太极拳。可是我看到她的历程，就是她从八十岁以后，就慢慢慢慢很像一个消气的气球，身体功能一年比一年变得差。从她的身上，我发现其实时间真的不是用不完的。但是很可惜，青少年，尤其越年轻的人他越觉得自己离死亡和衰老都很远，所以特别会浪费时间。你最常听到抱怨无聊的是谁？就是青少年。所以他们每天都想要杀时间，打电玩杀时间，中年人玩麻将杀时间，打扑克牌杀时间。当然这些也是你可以的娱乐，可是你有没有想过，就是这些事情让你没有好好运用时间，然后一事无成的呢。

什么人最需要做时间管理：感觉时间有限而工作无限的人，努力工作却收不到成果的人，努力工作却不是很快乐的人，想要趁早实现自己理想的人，常连吃饭都没有时间但不想过劳死的人。（吴淡如语录）现代人的生活是忙碌的，如果只是忙而不乱姑且还好，但如果在忙的时候同时心也是乱的，那就十有八九说明你的时间管理出问题了。既然出了问题，那就要解决问题，因此吴淡如在书的第一部分就探讨了如何在时间夹缝中寻找空间，如何把时间立体化，而这其中最有效的莫过于就是累积时间了。

‖**吴淡如：**累积时间是很重要的，我其实不是一个很会计划人生的人，我唯一做对的一件事大概就是每天都花费很多时间在写作，我有提过这是受前辈林清玄先生的影响。很多人都会误会我的话，以为我是受了林清玄先生文风的影响，其实没有啊，我写的跟他的派别完全不一样。但是我很年轻的时候出来当记者，然后我就采访林清玄先生，他就告诉我说，他每天都写三千字，也许有的字永远不会出现在出版物上面，可是他从二十岁开始，就一直这样子在练笔。我那时候就深受启发，心里想，他写三千字，所以他可以把文字写得非常顺畅，好像就是那个文字已经不会跟他做任何的反抗，然后就（变成）从他心里涌出来的泉源一样。那要练到这种功夫，我想作者还是要靠练习，不能全靠天赋，否则其实小学的时候作文写得好的人很多啊。所以我就开始每天大概写一千五百字，有时候我会写超过了，但是有时候有一两天呢，我也没有到达这个字数，可是几乎是没有间断的，一直到现在，大概也快二十年了。这二十年间，我一直在做同样的练笔的工作。

就算你没有天分，但只要你愿意每天花一点时间做同样一件事情，不知不觉间，你就会走得很远。日积月累是笨功夫，但也是最聪明的事。

‖ **吴淡如：**你每天都看到别人的得意之处，看到别人成功之处，其实每一个人，尤其是每一个专家，都（需要）付出很大的代价，但是很多人的心态很奇怪，尤其在网络的世界，你有没有发现？当一个人开始有一点发光之后，一定会有很多人批评他。事实上，我其实蛮赞许每一个在他的专业上有专长，而且可以发光的人。你要去学习别人的优点，他到底是花了多少的力气才能变成这样。一个有钱人，你以为他的钱都是天上掉下来的吗？为什么一个小学毕业生可以很成功？曾经有一个调查，说中国的百大富翁里面，有很多根本只是小学生，中学根本都没有念毕业，对不对？你每天在批评别人为富不仁，或者在歧视有钱人的时候，你为什么不学习一下，他是花了多少时间、花了多少努力才到达这里呢？所以，每一个人至少要向成功者学习，而不是去向成功者泄愤，我觉得这种心态很重要。

压力大是每个现代人切身的体会，工作压力、家庭压力、社会压力，我们每天似乎就生活在压力之下，人们也因此而经常抱怨。而在吴淡如看来，压力也可以变成自己的好朋友，没有一点压力未必是什么好事情。

‖ **吴淡如：**很多人都怕压力，女性常常遇到一些挑战性的工作的时候，最常做的一件事就是固步自封。你有没有发现？交给她一件她没有做过的事情，她就说，我不会啊，这怎么办啊？然后就每天在那里慌张，没有去想 how to do，怎么去解决这个问题。其实有压力，人是可以有进步的。以我自己为例好了，如果我从早上起床一整天都没有事做的话，那我自己也常常会在电脑上混了老半天，然后一篇稿子也没写。可是如果，比如说我中午的时间也许有跟朋友约好，要去吃饭，那我早上九点钟起床，我就会提醒自己说，你现在只有三个小时，你可不可以把什么事做完，（这样一来）通常我进行得都会顺畅一点。压力是一种进步的力量，你有没有发现，比如说平常老师讲课，（只是）讲一讲，那你会随便听听就过去了，什么都没记得。但考试却是一种压力，它强迫你记得一些你这辈子没有办法忘记的东西，对不对？所以其实你是要把压力当朋友，不要把它当敌人，这样你这辈子就会好过一些。

人性是很奇妙的，如果你太没有压力，常常会把不该由自己承受的压力也承揽到自己身上来。其实，压力不是坏东西，适当的负面压力可以砥砺你，适当的良性压力也可以砥砺你。吴淡如说，当一个人处在“理想压力”状态，他才能够真的有洞察力，对别人有同理心，积极、冷静，而且会具有创意。压力太高者，必须得降低压力，压力太低者，有时候最好的做法是提升压力。

‖ **吴淡如：**我的压力感比较低，我想这也是后天训练得来的。我本来并不是一个真正外向的人，但我最大的压力感，现在是来自于（人际），比如说在台湾地区大家都认得你，你连出去逛街都不方便，我大概在人际方面就有这样的压力感，这种压力感有时会让你无法放松，因为你必须注意自己的表情、仪态，不可边走边吃之类的，但是对于工作的压力，我觉得我倒是能够欣然接受。如果你习惯慢慢地接受压力，我相信你的抗压性就会越来越大。

《时间管理幸福学》的“时间管理”是一种方法或者手段，而目的是要达到“幸福”。在书中，吴淡如特别强调了“独立”在时间管理中的重要性，尤其对女性来说，她说，独立可以使一个人完成他想要完成的事情，但女人常常没想到，有些事情是自己可以独立完成的，她也因此浪费了很多时间。

‖ **吴淡如：**如果你参加过旅行团之后又自己自助旅行的话，你会发现，你想要看的景点啊，博物馆什么，如果是自己去旅行你会看的比较详尽一点，而跟旅行团你花了很多时间在做什么？答案是集合。那人也是这样，比如说如果你什么都要呼朋引伴的话，你一定什么都没有享受到。我记得有一次我自己去看电影，在电影院里边就遇到我一个老同学，那个老同学就跟我说，你在这儿干吗？因为是早上嘛，我看第一场的。我跟她说，我来看电影啊。她就开始埋怨起来。她说，我好久没看电影了，我每次叫我老公一起来陪我看电影，他都不肯。我跟她说，你误会了，我是自己来看的。其实没看电影，你不要怪你老公，很多事情如果你喜欢，可以自己做。什么事情如果一定要别人陪着你的话，那什么东西都会错过。

如果你是一个有耐心、喜欢等待的人，请享受众乐乐的乐趣；如果你天生耐心不足，与其发牢骚怪罪别人——“都是他妨碍了我的人生”，那么，不如渐渐学会独立完成某些事情。

人生最易失去的是青春，而青春最易浪费的就是时间了。如何合理地利用时间，如何在时间夹缝中寻找空间，吴淡如特别强调了“取舍”二字。把自己放在对的地方非常重要，找到适合自己的时间表也是很重要的。“取舍”是时间管理必须有的智慧。

‖ **吴淡如：**我有一个朋友，他雇请了一个司机，要求这个司机每天都来接老板上班。这一天，老板很急，他九点钟要开会，八点钟就得出门，但这司机一直到八点半还没到，老板就很生气，因为他才上班第二天就迟到。结果到了八点四十分的时候，这个司机来了，他一脸忠厚老实，然后就跟老板说，这是我太太为您煮的红豆汤，对不起，我迟到了。只是因为她那个红豆汤还没煮熟呢，我叫她煮烂一点，所以才迟到了四十分钟。老板很生气，还是把他 fire 掉了，叫他下了岗。那为什么呢？因为其实他没有搞清楚，他的任务不是为老板煮红豆汤，他是要载老板准时去上班。

最浪费时间的事：不断重复某一种游戏规则相同的事，包括工作或娱乐；常常进行闲聊八卦、东扯西扯的下午茶，喝完后通常很空虚，对吧？沉溺于电脑、电视、电话、报复；与某人缠斗不休；不断找东西。

‖ **吴淡如：** 人生很多就是像这样的例子，充满了取舍。我相信，很多职业妇女也是一样，她必须要取舍，到底她是要哪一件事情先做，才能达到最大的效果呢？可是很多人她会（有类似经历）：也许她有洁癖，她看不得地板上有任何一根头发，于是她很可能饭也没做，就先去拣地板上的头发，等大家回来之后她才开始做饭，这就耽误了大家的时间，其实这些道理都非常非常地简单。

为了更好地管理好自己的时间，除了有效利用时间外，还要尽量避免浪费时间，因为不浪费时间本身就是节约时间了，因此吴淡如总结出“杀死时间”有八个“刽子手”，而找到这“八个刽子手”，很重要的一点就是要学会“放下”。因此，“放下”也被吴淡如看做是时间管理的最高技巧。

‖ **吴淡如：** 我很喜欢看运动比赛。看运动比赛时，比如说看棒球或者是看网球，这时我当然不可能想说我怎样成为顶尖高手，我想的都是另外的问题，比如说网球我以前很喜欢桑普拉斯还有阿德西，知道这两位名将也常常打败仗，那打败仗的时候，或者是有一球明明就从自己的网子旁边擦过，其实他可以打到的，但是他失误了，他没打到。那一般人，如果你不放下的话，你的脑袋就永远（停留）在前面的那一颗球。那作为球员，他们就必须要放下，然后才能去全神应付下面那一颗球。所以我觉得运动员都是了不起的，你要放下的是你上一场的成败，是别人对你负面的意见，而你要专注的永远都是你当前的比赛，我想这个对一般人也有所启发。

在吴淡如所提出的八个时间刽子手中，大多都是我们生活中很常见的，但又往往被忽略的细节。比如，有的人“不会控制时间节奏”，针对这一类人，吴淡如在书中给出了自己的建议。其实，控制时间节奏，就如同吃比萨，一个比萨看起来大得很恐怖，但若将它一片一片切开，你就可以慢慢地、较不费力地把它吃掉。

‖ **吴淡如：** 节奏本身你只能自己来掌控，但是有些人是这样的。他立了很大的志愿，可是他没有掌握节奏感。比如说，我可能要花七天才能做完这件事情，可他不是，他有一点点像我们以前写过的暑假作业、寒假作业——第一天回家的时候看到作业，哎呀，好开心啊，也许有一百页，他就很高兴地写了二十页，心里想着说，我这一下高枕无忧了吧？结果剩下的所有的天数他一页也没写，一直到快要收假的前一天，他还是只写了那二十页，这就是时间的节奏感没有抓好。所以你其实要有一些计划，然后不要超出自己今天应该负荷的量，比如说你总共有三十天，那这一百页如果你一天写四页，你也是会在假期之前完成啊，你顶多写五页好不好？其他你去玩嘛，所以这就叫“时间的节奏感”。

找出浪费时间的原因：什么事让我忙到抓狂？是否有什么习惯，让我替自己制造麻烦？什么人让我很烦，又必须频频应付？我做了什么浪费别人时间的事？时间管理，说到底就是要处理好自己与时间的关系。从人们做事情的时间习惯来说，吴淡如把人分成三类：提早型，就是什么事情他都要提早做；精确型，希望一分钟不差，不迟也不早；拖延型，就是什么事都迟做。当然，不同类型的人就要有不同的控制时间方法。

‖ **吴淡如：**精确型的，本身就已经很精确了，他就是一个一丝不苟的人，什么时候他都觉得稳稳当当的，也没有什么建议可以给他。但是提早型的人，要注意有时候做事情会比较粗糙，我有这个毛病，有时候我自己写稿子，错字我自己校不出来，所以我必须要请别人帮助。我一定会告诉出版社，说求求你请一个很好的校对，有些字我也不知道为什么会写成这个字，而且我自己看起来都是顺的。拖延型的人自信程度其实比较不够，就是他不相信在短时间内我可以把一件事情做得很好，然后他比较笃信慢工出细活，所以这样的人有他的好处，他确实比较慢工出细活，可是问题是到底出不了出得了这个活。有时候你必须要告诉自己说，你一定可以做到，那你可以在比较短的时间内大体先完成，然后再回来查找哪里有瑕疵。

有管理就应该有效果，有效果也就应该有奖励，为了使自己管理时间更有效率，吴淡如在书中还介绍了不少自己独创的方法，比如定期颁给自己股票和红利就是一种，不过这些股票和红利，可不是我们平常所说的那种股票和红利，而是对自己有效管理时间的一种“特别奖赏”。

‖**吴淡如：**把自己当成一家公司来经营跟投资，这是一个蛮好的理念。我常听很多人抱怨说他的人生都是苦的，那是因为，其实他有权利给自己奖赏，可是他没有。很简单，有时候我会这样告诉自己说，来，你把这一篇写完，你看，只剩下五百字了。你写到那个地方的时候，我们去喝杯咖啡，好像我当自己的朋友或当自己的老板，或者我们去吃一顿好饭……你要给自己奖赏，你不能够又要马儿跑又要马儿不吃草。

在吴淡如看来，管理好时间的最高境界，应该是把工作和娱乐融为一体。就像她在最后一章所说，我不是教你摸鱼，只是教你给自己一点小空间，改变一下心情，这样你才能为你那有趣的工作更卖力。

‖**吴淡如：**我所谓的玩，也未必真的是游山玩水。有时候你必须要运动。我自己曾经做过一个实验，如果我早上可以拨出一个小时运动的话，那我一整天的工作效率反而会提高，精神也会比较好。所以，即使你工作压力很大，也不要忘记去（运动）。每天都在劳心，所以你还是要锻炼一下你自己的体力。你可以把它当成玩，也就是你要有一些身心的均衡。

什么样的人做得好时间管理：愿意思考原则的人；可以分清轻重缓急的人；有行动力的人；专心的人；不怕独立完成一件事的人；想过充实人生的人。尽管电台、电视台、出版甚至演讲等工作繁忙，但吴淡如说，自己是幸福的。我们想，她的幸福就在于利用自己的时间管理，让工作和生活充满着欢乐，让欢乐充盈着生活和工作。生活就像一条河流，我们顺流而下，只要用心去体会，就不会错过两岸任何一处美丽的风景。

‖**吴淡如：**每一个人的性格不一样。对我而言，我的幸福可能必须还要有一点成功。也许不要说成功，是必须要有成就感。如果完全没有成就感，（即便）每一天有人把我养得好好的坐在家里，我想我也不会觉得真的很幸福。我觉得真正的幸福还是发挥所长。女性其实只要能够发挥所长，她就可以得到她的幸福。

在书的扉页，吴淡如说了这样的一番话："管理好自己和时间的关系，不是为了做更多的事、更加忙碌，而是为了有足够的时间享受生活。"让我们拥有一个既充实又舒畅的人生，在很多人认为，科学管理时间只是为了做更多的事的时候，吴淡如的这番话无疑是值得我们细细回味的。或许，这也正是吴淡如把自己的书命名为《时间管理幸福学》的原因吧。

席慕蓉：原乡·梦土·草原路

父亲曾经形容草原的清香，让他在天涯海角也从不能相忘；母亲总爱描摹那大河浩荡，奔流在蒙古高原我遥远的家乡。如今，终于见到这辽阔大地，站在芬芳的草原上，我泪落如雨。河水在传唱着祖先的祝福，保佑漂泊的孩子，找到回家的路。

——席慕蓉《父亲的草原母亲的河》

席慕蓉，原籍内蒙古察哈尔盟明安旗，是蒙古族王族之后，她的外婆是王族公主。席慕蓉的蒙古名字全称叫“穆伦·席连勃”，意思是浩荡大江河。在父亲的军旅生活中，1943年席慕容出生于重庆，随后辗转香港，飘落台湾，蒙古高原的概念于她已经非常渺茫。然而，血液中流淌的毕竟是祖辈们延续了几千年的风骨，在父亲、母亲以及外婆思乡情切的感染下，对那片故土的好奇和向往不时侵袭着席慕蓉。

很多人都特别喜欢这样的一首诗，它的名字叫做《一棵开花的树》：“如何让你遇见我 / 在我最美丽的时刻 / 为这 / 我已在佛前求了五百年 / 求佛让我们结一段尘缘……”

这首诗的作者今天将会做客我们的《读书》，让我们念出她非常美丽的名字——席慕容。

‖ **王宁**：其实我们很多人读这首诗的时候，都会有一种莫名的感动。而您曾经说过一句话，可能写散文您是主动的，而写诗是被动的。

‖ **席慕蓉**：对，我比较有这种感觉。写散文我自己可以知道我要写什么，大概稍微努力一下就可以写出来。可是诗是它自己来找我，有些东西在我心里面绕着不走，我就想它到底是什么，我就去找比较对的字把它给引出来。所以，通常是写出来了，我才知道我想要写什么，因此我是比较被动的，在写诗方面。

上个世纪八十年代，席慕蓉的诗犹如一阵清风，飘过浅浅的海峡，撩动起无数少男少女的心弦。《一棵开花的树》、《七里香》、《无怨的青春》等等作品影响了几代人。其实，席慕蓉的主要职业是专业画家，曾担任台湾新竹师范学院教授多年，然而近年来她又以传神细腻的散文，描摹着那飘浮在塞外风沙中的乡愁，同样打动着众多的读者。《追寻梦土》与《蒙文课》这两部散文作品，便源自于她执着于寻找蒙古高原原乡的探访之旅。

‖ **王宁：**我们看到，其实《追寻梦土》和《蒙文课》虽然都是写您原乡的文字，但是却有所不同。因为《追寻梦土》里面我们看到的更多是您个人的经历、家人的故事，还有对于原乡的一种渴望，但是《蒙文课》是您真正身处这块土地当中的这种对于土地的探寻、这种热爱，您个人觉得它们之间有什么不同呢？

‖ **席慕蓉：**应该是一个，是我的渴望吧，我希望见到我父母亲的故乡。因为我是一个插枝存活的人，所以总是有一种比较惶惶然的感觉，我很希望找到我的位置，我到底在哪里？所以回到原乡以后，我比较能够知道我是在（什么样的）时间跟空间的点上，我在哪里。所以让我区别的话，虽然这都是我的一条路，一直在走，但区别就是，也许，在《追寻梦土》里面，我还在乡愁、在对自己的一种渴望里面，那等到了《蒙文课》，我觉得就是游牧文化对我的吸引力，我觉得我求知的欲望特别强。

‖ **王宁：**您说它（内蒙古高原）不是您的故乡，是您的原乡。

‖ **席慕蓉：**故乡，大家很容易享有，那是有一代人，像我这个年龄的一代人，是来不及给自己准备一个故乡的。故乡是什么呢？它除了是一个空间，它还必须有时间，必须是你祖先都住在这里，你父母都要住在这里，然后你在这里生。所以你如果长到九岁或者十九岁、二十九岁你走了，就已经有了一个故乡，就是你回头可以去到的地方。我们没有，我们只有家乡，就是每一个接纳我们的地方、让我们留下来的地方，都是我们的家乡。我应该说我父母的故乡是我的原乡。

‖ **王宁：**但是这个地方是没有您个人任何的成长经历在里面的，为什么它会变成您写作的源泉呢？

‖ **席慕蓉：**就是，本来我自己也不知道。但是现在这么多年了，我感觉到我以前以为的那个我，就是（除了）生下来、受教育的那个我是我（以外），我当然也知道后来我身体里面还有我母亲、父亲和他们整个家族的那个，也是我。可是等到在蒙古高原走了20年了，我现在知道那个族群，比我父亲、母亲更庞大的一个族群，比我的祖先还要更久远的祖先，也是让我变成今天的我。

‖ **王宁：**这就是传说当中或者我们经常会说到的"血脉"。

‖ **席慕蓉：**是的，我想是的。

"追寻原乡 / 在岛上感触乡愁 / 为什么 / 为什么 / 我可以锁住我的笔 / 为什么 / 却锁不住爱和忧伤"。

小时候，父母都是用蒙语交谈，席慕蓉只能听懂可怜的几个单字，而外婆也曾对她说，土生土长的蒙古族孩子，生来骑得好马，唱得好歌，说得流利的蒙古语。外婆的口气带着几分遗憾和惋惜，于是，原乡的故事，原乡的风土、原乡的惆怅以及原乡的古老言语，终于不可遏制地袭上心头。

‖ **席慕蓉：**其实我有一首诗也叫《蒙文课》，那首诗的开头是这样的：斯琴是智慧，哈斯是玉，赛痕和高娃都等于美丽。如果我们把女儿叫做斯琴高娃和哈斯高娃，其实，就一如你家的美惠和美玉。我想，其实就是这个意思。

‖ **王宁：**听您在说这些蒙古语的时候，虽然我不理解是什么意思，但是听这个美丽古老的颤音就觉得特别打动我，我觉得很温暖。

‖ **席慕蓉：** 是，譬如：恩格尼那，是悲伤；巴亚斯纳，是欢喜；海色愣，是去爱；加能，是去恨。如果你们是有悲、有喜、有血、有肉的生命，我们难道就不是有歌、有泪、有渴望、也有梦想的灵魂吗？这是我的第二段，我不要再念了，占了你们太多时间了。

‖ **王宁：** 没有没有，我们知道有一首特别著名的歌叫《父亲的草原母亲的河》，这个歌词就是您写的。我们知道您跟您的父亲，或者您的外婆都共同喜欢一首歌。

‖ **席慕蓉：** 哪一首歌？

‖ **王宁：** 我可能会说得不太好，叫“采热那亨查干纳”。

(席慕蓉哼唱这首歌)

‖ **王宁：** 哦，真好听！这个应该是您外婆当时就很(喜欢的)。

‖ **席慕蓉：** 对对，您是我的读者啊，您读到（过）我的那几篇，父亲教我的歌，其实是我外婆在我五岁的时候就教会我了。

1989年的秋天，席慕容终于踏上了自己的故土，由此，心中珍藏了近半个多世纪的乡愁被瞬间点燃，从此一发不可收拾，那一年，她46岁。从此，她不再是写《七里香》时的席慕蓉了，她满心装着的是她的蒙古高原，是父亲的草原、母亲的河。

‖ **王宁：** 在寻访这段原乡的过程当中，其实是个寻梦的过程，我想知道，当您第一次踏上这个让您渴望的、魂牵梦绕的地方的时候，第一印象是什么呢？

‖ **席慕蓉：** 我看到草原的那一刻——我们要从北京坐火车到张家口，完了再坐车到张北，从张北之后就开始上坝，就是上蒙古高原。一直这样，走一段爬坡，走一段平路，再走一段爬坡，走一段平路，上到最后，慢慢地，当接近到我们内蒙古的草原的时候，那是八月时分，草原正好的时候，然后我就一直在车里叫。我的朋友在旁边，我说：我见过，我见过。可是，其实我是到一个我从来没来过的地方，但是我说我见过，我就一直说怎么我见过，等到说不清楚的那一段时间过了以后，隔了很久，我忽然想到那句话就是：其实我是走在我自己的梦里。我真的是走在我自己的梦里，我说人很难有这样的经验，所以有人问我说：你还记得吗？你刚刚到草原的感觉，到蒙古高原的感觉。我心想，这怎么可能忘记。

‖ **王宁：** 但您觉得您的那个乡愁，比如第一次踏到草原时您觉得跟梦里一样吗？其实（对）这个原乡的感情一直蕴含在心里很多年了，那您和您父亲的乡愁是一样的吗？

‖ **席慕蓉：** 不一样，不一样。我父亲那个时代是一个大时代，所以我常常觉得他们那个时代、他们的勇气、他们的遭遇，他们硬生生被切成两半的生命，我在想，我没有那样坚强，可以面对这么多的颠沛流离，还有很多决断的什么事情。

‖ **王宁：** 您可能还是那种渴望。

‖ **席慕蓉：** 我没有负担，我没有记忆，虽然这是我的缺点。我没有记忆，但这在我回来的时候是我的优点，我没有负担，我不像我爸爸那么害怕，我爸爸他抱了那么多年的故乡的影像，我没有。

父亲的乡愁也许比她更浓烈，但因为害怕记忆中故乡的改变，抑或是对记忆的哀惋，最终，没有再回到故土去看一看。儿女的乡愁只是在父亲母亲的那些回忆与描摹中，但已经和大部分异乡游子一样疏离。

‖ **席慕蓉：** 很可惜母亲过世了，但是（好在）1989 年我回到蒙古高原时，能够跟我父亲分享他心里的家乡。一直到 1998 年我父亲 88 岁过世，这中间有九年，我们父女两个有了一个可以共同分享的话题，这个对我来讲，我觉得也很幸运。因为我母亲已经过世了，但是我还有父亲，我可以跟他分享他的故乡、我的原乡。我在台湾的读者找到一本，好像是一九三几年的日本的考古学者，到内蒙古高原后出版的叫《蒙古高原横断记》的摄影集和书，那里面有我父亲的家乡、我们自己家族的敖包山的敖包。

‖ **王宁：** 哦，我在这个书里面好像也看到一张（类似的）照片。

‖ **席慕蓉：** 那个是我去拍的，那是1989年。但是（日本学者）拍的是一九三几年，那个时候我父亲的父亲还在，那些访问者就到了我父亲的家里面，因为我的二伯父当时是总管，所以他们到了那个地方受到了很好的接待。我二伯父不在家，我的祖父出来接待，在这本书里面他们还用日文形容了我的祖父，就是用了很多好的形容词，说这位老人怎么怎么了不起。然后就拍了我们家族的敖包山，就是我1989年拍的那一个敖包山，但是当年的样子跟我八九年（拍的）有一点差别。所以（得到）那一本书，我高兴得要命，读者给我的书，我带去像献宝一样给我父亲。结果，我父亲一个晚上一直在翻，一直在看，后来我很后悔，那是他珍藏了那么多年的故乡，虽然是黑白照片，可是光影分明，都是他从前去过的地方，但是我也觉得我并不知道我父亲看到这个照片（的心情），我相信一定比看到我拍的那个照片要激动很多。

这里是不是那最初、最早的草原？这里是不是一样的繁星满天？这里是不是那少年在梦中骑着骏马、曾经一再重回、一再呼唤过的家园？如今，我要到哪里去寻觅？心灵深处，我父亲珍藏了一生的梦土，梦土上，是谁的歌声嘹亮？在我父亲的梦土上啊，山河依旧，大地苍茫。

回家的路盼望了许久、想象了许久、思念了许久，但，浅浅的海峡，却隔断了关山万里。1989年，46岁的席慕容终于能够第一次踏上了蒙古高原的故土。

‖ **席慕蓉：** 是因为我在公立的学校教书——我是新竹师范学院的专任教授，（所以当时）不准回去。一直到了1989年8月1日，开放了。我八月二十几日就到了我父亲的草原，中间还有几天我飞到德国去找我父亲，说我要回去了，再告诉我一些我该怎样面对（的东西）。

‖ **王宁：** 他有说什么吗？

‖**席慕蓉：**他帮我介绍一位尼玛老师，是他的忘年交，比我大几岁，我叫他尼玛大哥。我父亲告诉我说，让尼玛带你回家。

故乡的歌是一支清远的笛/总在有月亮的晚上响起/故乡的面貌却是一种模糊的愁惘/仿佛雾里的挥手别离/离别后/乡愁是一种没有年轮的树/永不老去

——席慕蓉《乡愁》

‖**席慕蓉：**我看到草原就走，看到森林就走，看不够了。总想，还有什么？还有什么？因为你想那草原，尤其夏天内蒙古的草原，有香草，所以你走一步，那香草被折断以后，它那个香气就上来，所以我父亲说的多少年没有闻过的草香，我就真的闻到了，就有点像提神醒脑，你就希望一直走下去。到森林里面也是，觉得森林好像这么走、这么走，你会觉得前面还有很好的。我朋友带我去鄂温克的红花尔基沙地樟子松保护区的时候，他不让我进森林。那个沙地樟子松保护区是无边无际的再生林，我朋友说，你进去会迷路。我说为什么。他说，（里边）只有一种树种，都长的一样，他说不到几分钟你就再也出不来了。我说那你拿根绳子牵着我嘛，后来他们说，好，我准你进去躺十分钟。我就觉得我坐飞机、坐火车、坐越野车、走路，最后到了这个森林里面，我只能躺十分钟，还得给人家用绳子牵着，好悲哀啊。我躺了十分钟，看看，没办法，我出来吧。然后又回去，又坐车、坐火车、再坐飞机，回台湾。我说，我有什么毛病。我常常觉得，我长途跋涉从这么远来，就是为了在这里躺十分钟，而且腰上还有一根绳子被你牵着。

四十多年来，她是家里兄妹四人中，第一个见到了父母故乡的孩子。那真是长城外才有的清香，嗅见草香气味那一刻，席慕蓉说，她懂了父亲。以前在欧洲旅行时，父亲总嫌远山妨碍视线，当她站在天苍苍、野茫茫的原野上，终于有了同父亲一样的感叹。草原就是那么辽阔，一眼就可以看到地平线。

‖**王宁：**躺的那十分钟你可能会希望，它能够蕴含千年的、百年的感悟给你。

‖**席慕蓉：**这是我祖先的土地，我心里踏实得很。很奇怪，我在台北，或者在别的国家里面，如果晚上遇到黑或者怎么样，我会害怕的。但是我在蒙古高原上再黑、再晚、路再远，我都不怕。

‖**王宁：**反正这是我家了。

‖**席慕蓉：**这是我家，而且这是我祖先的家，我觉得在我们蒙古族萨满教的信仰里面，祖先是永远在我们旁边保佑我们的。而且英雄，英雄过世了以后，一定是他的族群的保护神。所以，对我们来讲，从小我的父母就说要感谢祖先的保佑，所以我回到老家一点都不害怕。

‖**王宁：**看到您对于您的原乡这么迷恋，我突然间想到还有一位作家曾经写过您的原乡，就是鲍尔吉写过《寻找原野》，听说您也特别喜欢这本书，是吗？

‖**席慕蓉：**写得太好了！

‖**王宁：**好像曾经您的朋友张晓风说过一段让您有点尴尬的话。

‖**席慕蓉：**因为我读了鲍尔吉·原野的文章以后，我简直是爱慕他、崇拜他、喜欢他，想要拥抱他。一个人把内蒙古写成这么好，很多东西我都说不出来，他说得真是好。然后我就把书给了晓风，因为我们之间常常有交换书的经验，通常两个礼拜，她会跟我说她喜欢或者不喜欢。结果一个月她都不理我，那我打电话去问：你看了没有？好不好看？张晓风就说：不好意思，很尴尬。我说：什么意思？她说：我不好对你讲啊。我说：什么意思？她说：鲍尔吉写得太好了。你写的比不上人家写的。

‖**王宁：**太直白了。

‖**席慕蓉：**我很高兴，因为她说鲍尔吉是牵着你的手，把你带到蒙古高原上，带到蒙古高原的家庭里。那你呢，你是东找西找、东凑西凑，啊，这是蒙古人啊，这是蒙古人。有点着急的感觉。人家鲍尔吉从从容容地把你带进来，让你看到所有的蒙古族文化的美好。她的意思是说她不大好意思跟我讲，可是她没有想到，我其实跟她是一样的想法。

“石头里流出泉水，心也能。心里的泉水都遮不住，洒了满怀。在有的人手里，泉水变成了诗。”这是鲍尔吉·原野的文字，席慕蓉说，他的文字充满了草原的芬芳。“请为我唱一首出塞曲／用那遗忘了的古老言语／请用美丽的颤音轻轻呼唤／我心中的大好河山”，这是席慕容的诗，诗中一样的情景，却沾染了不同的个性，像一条长长的路，通向她草原般辽阔的文学世界。

‖**席慕蓉：**在台湾的朋友说，你这个人真有毛病，老回去。在这里的，有时候朋友说，你怎么老来呀？我只是求知欲很强烈，那个求知欲能够得到解答，给我一个很大的满足感。所以，我就老来，对不起，有时候都很……1994 年我去鄂伦春，2000 年我去鄂温克，鄂温克的一位女朋友，我很喜欢的一个女孩子跟我说，那好吧，再见的时候，我希望你五年之内再来一次吧。结果我五年里去了五次，我看到她都不好意思了，对不起了，我又来了。

‖**王宁：**这种不断地追寻，可能不仅仅是因为您的一种创作，也许已经变成生活的一部分了。

‖**席慕蓉：**对对对，可能就是说我的渴望吧。我想要做，为什么我也不知道，我就是想要去。我对故乡来讲，是一个迟来的旁听生。这是我一首诗里面说的：在故乡这座课堂里，我是一个迟来的旁听生。

童年记忆／永远的插班生／父亲啊／母亲／在故乡这座课堂里／我既没有课本／也没有学籍／我只是一个旁听生

——席慕蓉《旁听生》

‖**席慕蓉：**后来我念这首诗，大概是 2006 年吧，有一次，在一个访问里面也是这样，我就把这首诗给念了，完了以后我的一位内蒙古朋友说，行了，我们收你做插班生。

对于上世纪70年代和80年代出生的许多年轻人来说，他们就是在席慕蓉诗歌的陪伴下，走过了那段青春的岁月。虽然有一天青春终将离我们而去，但是，席慕蓉的诗却留在了我们心灵的某一个角落，永远让人难以忘怀。如今，从她的心底、笔端流出的这些文字有了不一样的情怀，却同样如她的诗歌般真诚、细腻、直率和达观。是的，山河依旧，大地苍茫。她的诗情、诗心、诗意、诗境将在大地上，像父亲的草原一样年年青翠，像母亲的河一样岁岁流淌。

‖**王宁：**但大多数喜欢您的人都赞成，希望您永远都是您心里的那个年龄，虽然我不知道，您心里觉得自己应该多少岁？

‖**席慕蓉：**这个很难讲，我相信我的心理年龄应该跟我的身体年龄也差不多，但是我求知欲的年龄，有朋友说过，说我们这些人差不多跟战后婴儿潮（一样），我们永远希望能够再多学一点，多学一点，明天会知道得更多一点，这些人的年龄，不是只有我一个人，是在28岁。我想我自己的心理年龄，我自己也有孩子，孩子也都长大了，我当然不可能相信我自己是28岁，可是在求知欲上面，我大概还是那个28岁（的状态）。希望我多懂一点、多知道一点，也许这个世界会更好一点。

谢谢席老师让我们看到了一个有着28岁学习年龄的您，也希望您能够带着我们在您的文字里面，看到更多的您的原乡，了解更多我们不了解的东西。很多人都说席慕容老师的文字是以最温柔的方式，却如同最锋利的刀锋刺向我们内心当中最柔软的部分。即便再坚固的你，也是不堪一击的。我们看到46岁的她，踏上了她的原乡，能够在过了半生之后找到了她的父亲和母亲的故土。而我们知道，这个追寻只是一个开始，而我们也真的盼望着这个回家有点晚了的孩子，能够继续她的寻梦旅程。让我们祝福她健康、平安！

莫言：穿越《生死疲劳》，觉悟身心自在

《生死疲劳》第一次使我的作品有了一种宗教感。

——莫言

一份长长的书单仿佛一条与莫言生命同行的河，源起于1981年发表的处女作短篇小说《春夜雨霏霏》。1985年，著名作家张洁访问德国，记者问她当年中国文坛最具标志性的大事，她说，出现了作家莫言。那一年，30岁的莫言发表了成名作，中篇小说《透明的红萝卜》。

1988年春天，以莫言小说改编的电影《红高粱》荣获柏林电影节金熊奖，这不仅让张艺谋、巩俐等影人扬眉吐气、一夜成名，也让莫言迎来了羽化成蝶的辉煌时刻。而2006年出版的《生死疲劳》则是这条奔腾的河流上最新的航标。

在中国当代文坛，莫言无疑是最具创作活力的作家之一。从20世纪80年代令他声名鹊起的《红高粱家族》，到《丰乳肥臀》、《檀香刑》，再到最新力作《生死疲劳》，动辄洋洋洒洒、四十几万字的作品充分印证着作家春秋鼎盛的创作灵感与激情。而高密东北乡这片故乡的“血地”也因此风雷激荡、气象万千。莫言说：如果把他的作品比做高密东北乡版图上的建筑，那《生死疲劳》就是最具标志性的那座，珍惜之意溢于言表。今天，就让我们和莫言先生一起解读这部从六道轮回阐释农民与土地命运，充满玄幻色彩与空灵寓意的《生死疲劳》。

评论家说，《生死疲劳》是一部向中国古典小说和民间叙事的伟大传统致敬的大书。说它古典，大概是因为作家采用了古典小说的章回体结构；那说它民间呢？或许源于“草根”娱乐拙朴天成、妙趣横生的民间气质。就像月朗星稀、白露为霜的秋夜，乡亲们聚在打谷场上听书，生旦净末丑，神仙老虎狗，讲的是古，喻的是今。每到紧要处，先生便一拍醒木：欲知

后事如何，且听下回分解。

‖ **王宁：** 莫言老师，特别高兴能够采访到您。我们看到这本《生死疲劳》是四十九万字，但是您说，您是用四十三天写了四十三万字，那计算一下就是一天一万字了。

‖ **莫言：** 现在我想（这）也是一个非常不明智的说法，就是不应该把写作的时间透露出来，这东西使自己招惹了很多的批评。我们大家都一贯认为一部文学作品应该要用很长很长时间，十年磨一剑或者二十年磨一剑，一辈子写一本书，认为这样才可能写好。要像曹雪芹那样字斟句酌，写十年，修改十年，然后再磨十年，再拿出来。

‖ **王宁：** 那这一天一万字的概念是什么呢？您是不是每天会把所有正常的生活都抛弃掉，完全投入到写作当中，每天只有一个状态，就是写。

‖ **莫言：** 我刚才讲了有这个原因，就是我用笔来写作，用电脑我觉得写得很慢，因为老想在电脑里面一会儿玩个游戏，一会儿上网搜索点什么事情……结果时间一下子就全过去了。那么用手写呢，用纸和笔就（只能）非常专注坐在那个地方，一天坐十几个小时，白天八个小时夜里再坐三四个小时，每天的写作时间平均在十二个小时左右吧。

人们常把今天的书市无奈地比做汪洋大海，一本新书的命运往往就似石沉大海般波澜不兴。而《生死疲劳》却创造了令人艳羡的销售业绩，三个月内售空首印12万册。是什么俘获了读者变幻莫测“像雨像雾又像风”的阅读口味呢？文学的主题总是相近的，而叙述的手法却千差万别。《生死疲劳》秉承了莫言作品一贯的华美、丰富、热闹和趣味。驴折腾、牛犟劲、猪撒欢、狗精神，谁能想出这样的文本结构和冠名方式？恐怕只有莫言！

‖ **王宁：** 确实看到您的文字，也包括您的写作速度都是像行云流水一样，是不是很多《生死疲劳》的故事在您心目当中已经酝酿了许久，就只待下笔了？

‖**莫言：**（我）六七岁上小学的时候，许多人物就从我们学校的门前走来走去。这里边第一个主人公实际上写了一个单干户，就是在上个世纪我们人民公社时期，农村里边这个人就一直坚持单干不加入生产队，不加入人民公社。这样一个人在当时的社会背景下被大家认为是一个老顽固，逆历史潮流而动的这么一个顽固分子。他实际上个人承受着非常大的社会压力，政治地位甚至比地主富农都不如。这个人我太熟悉，我（稍微）一想他（就会）栩栩如生地出现在我的眼前。他讲话的声音，他讲话的腔调，他讲过的某些很经典的话，都不要我编的，很现成。

莫言说，自从1984年秋天，他在一篇题为《白狗秋千架》的小说里第一次战战兢兢地打起“高密东北乡”的旗号，从此便开始了“啸聚山林，打家劫舍”的文学生涯。他成了文学的高密东北乡开天辟地的皇帝。发号施令、颐指气使，饱尝了君临天下的乐趣。曾经有人不无讥讽地说：莫言的小说都是从高密东北乡这条破麻袋里摸出来的。莫言却说这是对他最高的嘉奖。因为这条破麻袋里藏着一座宝山。

‖**王宁：**您曾经打过一个特别形象的比喻，说如果您的作品都像高密东北乡版图上的建筑，那《生死疲劳》就是标志性的建筑。那为什么不是《红高粱》或《丰乳肥臀》？如果是我的话我可能会想《红高粱》是标志性的建筑。

‖**莫言：**《红高粱》应该也算。我觉得从时间长度上来讲，《生死疲劳》确实是我集中地写了1949年到当下这五十多年的历史，另外就是《生死疲劳》第一次使我的作品有了一种宗教感。

‖**王宁：**这是您希望它所实现的一种？

‖**莫言：**当然原来我构想的时候希望能够赋予《生死疲劳》这本书某种宗教的感情，这是我过去的作品里边确实没有过的。

从1950年土地改革铺展开来的这段历史，始终吸引着作家追寻、探究与思索的目光。在曲折的历史际遇中，农民与土地的命运不但成为乡土文学恒远的主题，更因为叙事手法、切入角度、文本演绎的推陈出新而保持着新鲜的脸孔和蓬勃的生命力。从这个意义上说，莫言的《生死疲劳》也许是最独树一帜的尝试。在土改中被枪杀的地主何止一个西门闹，但唯独他从此驴、牛、猪、狗、猴生生不息地一路轮回，执著地守望着他的土地与后代子孙。当现实的素材与作家非凡的想象力碰撞到一起，会迸发出怎样的火花呢？

一本静静的书宛如一个静默的人，虽无语，却每一处细节都传递着生命的讯息和意念。《生死疲劳》扉页上的四句话选自《八大人觉经》：第二觉知——多欲为苦；生死疲劳，从贪欲起，少欲无为，身心自在。经书上说为佛弟子只要常于昼夜，至心诵念“八大人觉”，就可以永断生死，常住快乐。在莫言所有的作品中，《生死疲劳》这个来自佛经的名字恐怕是最空灵庄严，也最意味深长的。

‖**王宁：**其实看到这本书，无论是从它的装帧还是从它的内容，我们都会首先被一种非常神秘的宗教氛围所吸引。那是一个什么样的契机让您从这种佛教的世界里面去寻找，解构这部小说的灵感呢？

‖**莫言：我也不是一个真正的虔诚的佛教徒，我对佛教经典也没有研究，但我觉得佛教还是揭示了很多人生非常深刻的道理，它教人一种平和的、和谐的心态，教人怎么样面对自己怎么样生活下去的一种人生的大智慧。关于这六道轮回，是我在承德的庙里面看到的一个非常形象的图饰。**

‖**王宁：**这是不是您解构这个小说的灵感？

‖**莫言：对，这也是个重要的灵感来源吧。**

佛学教义博大精深，从古至今，“六道轮回”的譬喻恐怕是最深入人心，最普及于民间的佛学。天、人、阿修罗、畜生、饿鬼、地狱，从天堂到地狱，无非是警示人们从善弃恶。人在做，天在看，天理昭彰，终极审判面前人人平等。

‖ **莫言：**后来我得到了一个，我自己感觉是令我比较信服的一个关于“六道轮回”的解释，就是2005年的时候在马来西亚，碰到了马来西亚的一个对佛学深有研究的人，黄先生。我说，黄先生，关于“六道轮回”，作为我们这种俗人怎么样来理解它比较合适？他说，实际上人每天每时每刻都在“六道”当中轮回——当你在某一个时刻看到了食物突然去暴饮暴食的时候，那么这个时候你已经堕入了“饿鬼道”；当你在某个时候动了贪欲贪污了公款的时候，这个时候你可能已经堕入了“畜生道”，所以人在每一天的每个时刻都有可能堕入到地狱里去。这就要求每一个人确实要按照佛经的教导不断地去修身、养性，不断地用各种各样的正确的理论来引导自己，来提示自己，比如说经常写到什么制怒、修身、养性、爱仁等等，这都是一种暗示一种提示，以防止自己在某个时刻突然动了坏的念头。他这个解释还是令我比较信服的。

在人间勤劳致富、急公好义的地主西门闹，被冤杀的仇恨并没有在终极审判中得以昭雪，他不仅悲惨地堕入畜生道，而且生生死死险些不得超生。

‖ **莫言：**第一个就是想表达仇恨跟记忆的关系，就是时间的问题。“六道轮回”实际上就是时间，你看他一会变猪，一会变狗，最后变猴子，最后又变成人，好像是非常繁复非常复杂的，但是你放在时间长河里面一看，它就是时间的几个片段。

西门闹变成了西门驴。驴眼看天下，它和人一起感受着新时代的意气风发和“大跃进”后刻骨铭心的大饥馑。被饥民残食的西门驴托生成一头牛，它无怨无悔地追随全中国唯一的单干户蓝脸，捍卫着土地所有者的权利和尊严，最后悲壮地倒在蓝脸的一亩六分地中。

“文化大革命”的见证者是西门闹的第三世猪十六，它在全民的荒谬与疯狂中享受着“猪王”的幸福生活。

换一种视角看世界，莫言让严肃的阅读移步换景、充满新鲜的乐趣。

‖**王宁：** 在看您这部《生死疲劳》的过程当中，我觉得您是在讲一段历史，因为您用了“六道轮回”这种方式，所以让我们觉得这部书是非常有特色的。那这种“六道轮回”的表达是不是您试图去尝试的一种创新呢？

‖**莫言：** 如果我们不是通过这么一些不同的动物的眼睛来描写这一段生活的话，那可能这部书没有这么样的阅读的趣味了。把这么一个亡灵，这么一个被冤死的冤鬼让他不断地有牛、猪、驴、狗这样不同的动物之眼来看这个人间的社会，可能我想这个小说，第一个写的时候，作为一个写作者我本身会感觉到很有乐趣，另外我也希望读者能够从这样不断变化的视角里面得到一种阅读的快感和轻松感。

地主西门闹含冤而死，在畜生道里生生不息、一路折腾。当年被他在大雪里捡回来的小长工蓝脸，却在人道里被时代潮冲击得跌宕起伏身不由己。

‖**王宁：** 蓝脸是贯穿这五十三章的核心人物，我们知道您曾经说过，这个人物其实在您的现实生活当中有存在过，就是小时候（天天）从您家门口溜达的那个人。这个人和您小说当中的人物，最终的命运有什么不同呢？

‖**莫言：** 蓝脸这个人物我对他实际上是寄予了非常深的感情。现在我也检讨一下，就是在上世纪 60 年代，当我作为一个六七岁的小孩子看到这个人的时候，我跟所有人一样，曾对他充满了愤怒和痛恨，我们甚至都拿着石头像小说里面所描写的小孩一样，从后面偷偷地用石头投他、打他。那么随着时间的推移，尤其到了上世纪 80 年代农村改革以后，尤其到了最近这两年，我越来越认识到这个人确实是一个非常了不起的人。一个人物

能够承受那么大的压力却始终坚持自己的个性，坚守自己的信念，这太宝贵了。

地主被指为恶霸枪毙了。翻身做了主人的蓝脸不仅分到了土地，而且还“分”到了西门闹的二姨太迎春。然而，他并没有感恩戴德与西门家族划清界限。他不但抚养了西门闹的一对儿女，而且还继承了西门闹对土地的执著。他坚决抵制入社，说：一群杂姓人，混在一起，一个锅里摸勺子，哪里去找好?

‖莫言：全县就只有你一个单干户，后来就是全省，甚至说全国只有你这么一个人在单干，你就是顽固不化，这个压力太大了。他一直没有投降，但真实当中的这个人最后还是被打得受不了自杀了。他说，我自杀了，以死抗争不肯加入合作社。他所付出的勇气，他所承受的压力，是我们这些人现在都无法想象的。

有人说，莫言的作品总是充斥着一种“血腥”的美学，就像电影导演吴宇森的“暴力”美学一样，有人追捧有人排斥。据说当年，《檀香刑》中精彩的“血腥”描写给了文坛不小的震动，而莫言似乎也因此与茅盾文学奖失之交臂。时隔五年，在他的《生死疲劳》中已嗅不到任何“血腥”的气息。他让西门闹轮回成人，让蓝脸这个曾经全国唯一的单干户最终成为土地的主人，字里行间洋溢着幽默和温暖。从“血腥”到“慈悲”，或许正是莫言参悟生命的另一种方式。

那个时代的记忆是色彩斑斓的。极致的神圣与荒谬，无比的苦难与幽默并行不悖、相辅相成……

‖王宁：《生死疲劳》应该说是一个宏大的，沉重的主题，从我们年轻的角度去回望那段历史，我们绝对是笑不出来的，但是在您的作品当中我们还是笑出来了，因为在某些章节里面我们看到了弥漫着童话般的幽默感。

这是一种您的艺术处理呢还是当时人们的特别真实的生活状态？

‖ **莫言：** 我作为一个孩子当时感受到的，就是一方面这个生活处处充满了压抑，处处充满了不安全的危险因素，但另外也到处都充满着冒险精神和狂欢的精神。你想想，每天几十个村子的人集中到一块，要么开什么盛大的会议，要么游行示威，要么批斗“走资派”，作为一个七八岁的孩子，没有太多的政治标准和是非观念，你就是感觉到一种狂欢、一种热闹。所以当“文化大革命”宣布快要结束的时候，我们这么多孩子就感觉到，这还有什么戏看，没有戏看了。所以它是一个戏剧化，非常戏剧化的时代。

莫言在蓝脸的故事中插空儿讲了个小段。一个卖鸡的老太太，倒提着一只鸡，站在供销社门口，胳膊上也戴着一个红袖标。有人问她：您也入了红卫兵？她噘噘嘴，说：闹红嘛，哪能不入？您老是“井冈山的”还是“金猴奋起的”？“别跟我说这些没用的，要买鸡就买，不买滚蛋！”

‖ **王宁：** 我们看到，其实您的很多作品都对那个时代有着非常深切的记忆，比如说在《会唱歌的墙》中您就有非常详述的描写，也很有乐趣。那我们想知道，对于那段岁月您最深刻的记忆到底是什么？

‖ **莫言：** 第一个感觉，我想就是伴随我大概十几年的这么一个很痛苦的记忆。最早的记忆是跟食物有关系，那是人民公社的时候吃公共食堂，全村人家里的锅碗瓢盆都给砸碎了，然后都加入到公共食堂一块来吃饭。后来上世纪60年代初期，六零、六一年，可能这两年是最最饥饿的时候。

‖ **王宁：** 也有人说很多的记忆都是在饥饿里面去书写的。

‖ **莫言：** 我们这些经过饥饿考验的人或者有过饥饿经历的人，确实是对粮食有着非常深的感情。我看到粮食就感觉到特别亲，逛超市的时候一逛到粮食市里面，它不是有很多敞开的箱吗，绿豆、豌豆、黄豆、玉米各种粮食，我就感觉到留连忘返，老在那个地方把那个粮食抓来抓去。所以我对粮食确实有一种特别深厚的感情。每次出去参加宴会，我都会让自己吃得很难受，撑得很厉害。就是看到粮食浪费了很难受，别的菜丢了我不心疼，馒头、面条、饺子丢了我特别心疼，我拼命地吃。所以我想在《生死疲劳》最后这一章里面描写了蓝脸用粮食把自己掩盖了，就包含了我这么一些想法在里面。

蓝脸寿终正寝的时候，他的后人将缸里的麦子、绿豆和口袋里的谷子、荞麦以及梁上吊着的玉米，抛撒到他的墓穴里，让这些珍贵的粮食，遮掩住他的身体和面孔。在蓝脸的墓前立了一块墓碑：一切来自土地的都将回归土地。

西门闹结束了狗的一世，重又回到阎王面前。面对已经没有仇恨的西门闹，阎王却让它在畜生道里再轮回一次，只不过这一次将是灵长类。用阎王的话说，离人类已经很近了，这一次是猴。只有两年。只要它在两年里把所有的仇恨发泄干净，便可以重新做人了。至此，所有的爱与恨，因与果，罪恶与救赎都得到了圆满的结局。

‖**王宁：**是不是要以圆满的结局来表达一种慈悲的境界？

‖**莫言：**我基于现实的一些联想啊，像我们现在，世界上很多地区的这种冤冤相报，永远没有终止，任何人都不会退一步，每个人都是你今天发射两枚火箭弹，我明天派一辆坦克去炸掉你一栋楼房。就是冤冤相报，一环扣一环，结果使我们作为一个旁观者也失去了是非标准，究竟谁是谁非？那么我想在这个情况下确实需要来一点宗教的精神吧，宽恕的精神，退让的精神，在时间的长河里面总要有个人先退一步，总要有个人忍辱负重，这也是当今世界文学当中许多作家所表现的一个很深刻的主题，就是我们的下一代人，有一个要跳出来说我要为我的祖先来承受苦难。

合上这本49万字的《生死疲劳》，我们似乎获得了某种迥然不同于以往的阅读体验。漫长的历史跨度、纷繁的叙事格局、复杂的人物脉络使它无法跻身“枕边书”之类轻松读物的行列。尽管“西门驴”的传奇经历已经足够吸引眼球，“猪十六的幸福生活”也凸现了“莫式幽默”的语言功力，但是历史烟云的飘忽不定、人物命运的不可掌控仍然使阅读充满了玄机和紧张感。一定要从一本书中捞点什么似乎过于功利，但我们还是记住了莫言写在扉页上的那句佛教箴言：生死疲劳，从贪欲起。少欲无为，身心自在。

毕飞宇：《推拿》人生的残缺与整全

一切情感，一切表达，它的前提就是平等。

——毕飞宇

毕飞宇，生于江苏兴化，做过教师、新闻记者。上世纪80年代中期开始小说创作，出版有《毕飞宇文集》四卷，另有小说集多部，代表作有《地球上的王家庄》、《青衣》、《玉米》、《平原》等。早期作品《摇啊摇，摇到外婆桥》曾被张艺谋改编成同名电影，《青衣》被改编成电视剧。主要作品有英、法、德、意等十多个语种的译本，曾获鲁迅文学奖、庄重文文学奖等诸多奖项。他的最新长篇小说《推拿》，系国内首部以盲人为题材的文学作品。他用直指人心的笔触一点点抵达了都市中的特殊人群——盲人推拿师们的内心世界，并深情地诠释了他们的黑暗与光明。

2008年10月13日，《推拿》的新书发布会在北京召开，或许是为了让参会者能更真实地感受一下盲人的世界，出版方把发布会安排在一家黑暗餐厅举行。包括毕飞宇在内，所有参加人员都由盲人服务生带入伸手不见五指的黑暗餐厅，在里面吃东西、喝水以及相互交流。

大约一个小时以后，当发布会结束，所有人走出黑暗餐厅时，每个人似乎很难说出自己的感触，但毕飞宇说的一句话，或许代表了所有人的一个心声。

‖毕飞宇：在某种特定的情况底下，在有光的世界里面，盲人是盲人；在无光的世界里面，盲人是健全人，我们是盲人。

从《玉米》到《平原》，毕飞宇近几年的创作一直是以乡村题材为主，努力营造着自己心中的“王家庄”。那么缘何在这次新作中，他笔锋一转，瞄准了城市中盲人推拿师这一特殊群体呢？

‖ **毕飞宇：** 其实一个小说家写什么，必然性有，偶然性也很大的。写《推拿》说到底还是因为在生活当中我的盲人朋友多。

由于写作给身体落下的“职业病”，毕飞宇经常去盲人推拿中心做颈椎等部位的推拿，这使得他经常和盲人推拿师打交道，并和其中的很多盲人成为了好朋友。

‖ **毕飞宇：** 你知道现在每一个城市里面都有大量的这个盲人按摩中心，很多很多，我们家附近就有好几家。那么处的时间长了嘛，有时候我甚至也不用去做颈部推拿，我去了以后就跟他们在一起抽抽烟，你递我一根烟我递你一根烟，然后聊聊天。我喜欢跟他们在一起玩，处得特别好，就如好朋友之间经常聊天吧。

原本毕飞宇并不想写作一部有关盲人的书，但由于好多盲人建议他来创作一部关于盲人的书，他有些动摇了，但真正使他下决心来动笔的，却是因为一件小事给他的感触。

‖ **毕飞宇：** 有一天这个深夜，我在他们房间里面玩，其中我一个朋友就跟我讲，毕老师啊，今天晚上我女朋友想请你去吃大排档。我们就去吧。其实他们是要和我商量别的事情。我说，好啊，那就去吧。去了以后，门一开，那小伙子就去换鞋子去了，他的女朋友就站到那个房门口，把门一打开来，外面的路灯不亮，一片漆黑。出于本能我就去拉她的手，我就想扶她下楼，因为当时我们在五楼。可当我蹭到楼梯口的时候，我在那儿很犹豫，结果这个小女孩她走下去一步拽着我，毕老师，我带你走。啪啪啪啪，我们从五楼一直走到了一楼，到了楼底下的时候她跟我说，毕老师，你不如我了吧！你知道我讲这个故事的时候可能过于平静，其实这个故事里面有非常感动我的东西，但是最后的结果我可以告诉你了，就是我决定写这本书，写《推拿》。

主意已定，但书写盲人对毕飞宇来说并非易事。之前在写作农村题材作品时，毕竟他有在农村的生活经历，而这次不同，虽然有很多盲人朋友，但毕飞宇毕竟是健全人，如何能正确地把握盲人的生活和内心无疑就成为了他写作的最大困难。

‖**毕飞宇：**虽然写的时候是充满信心，觉得应该是这样。但到底是不是这样其实我不知道。你们所看到的是最后的结果，比方说这篇文字，是这样的。但这个文字从哪来的？经过几翻周折？我如何去变动它？这个过程你是不知道的，麻烦就在这些地方，你得揣摩，用心去揣摩，怀着善意或者怀着恶意，或者用平常心去揣摩，尽可能地抓住你所认为的那个真实。

一个小小的盲人推拿中心，一个大大的人生舞台，一个特别有尊严感的生命，他必须要付出更多。盲人之间是怎样一种关系，他们又是怎样来看待健全人的？《推拿》是国内首部以盲人群体为题材的文学作品。既然写的是一群盲人推拿师，我们就先来说说盲人推拿师这个职业吧。作为一个特殊群体，盲人从事的职业也并非仅限推拿这一项，但是毕飞宇却说，对于大多数盲人来说，做盲人推拿师仍不失是他们最好的选择。

‖**毕飞宇：**第一他特别敬业。他学了这一行以后他告诉自己，我这一辈子就干这个了。我再去卖西瓜去，我再去卖报纸去，我再去做鞋子去，我再去做牛奶去，这样的机会人家不多。等到好不容易把这门手艺学到，一般来讲他是舍不得放弃的。第二个，跟他的这个生理特征有关系，他特别专心。他眼睛看不见，所以他的触觉各方面来讲比我们健全人要敏锐得多，你看人家可以用一个指头，就一个个小点子，人家可以读盲文，所以对你身体的这个穴位在哪儿，啪一摸，啪一下就给你拿到了。

《推拿》的故事发生在“沙宗琪盲人推拿中心”。在这个小小的“沙宗琪盲人推拿中心”，毕飞宇为盲人搭建了一个大大的人生舞台，小说里的人物悉数登场，这里没有主角配角，也没有缠来绕去的复杂关系，有的是生活的磕磕碰碰和生活的甜甜蜜蜜，一曲终了，另一曲开场，每个人都有“故事”，每个人都尽情地本色演出。这里既有重感情、实在的“推拿中心老大哥”王大夫和他的盲人老婆小孔，也有因为“小孔嫂子”身上的芳香而萌动欲望的小马。既有认为一个人就足以面对世界的商人沙复明，也有把恋爱谈得“哗啦啦”响的金嫣和徐泰来，更有容貌漂亮得令电视剧导演都叹息连连的都红。

‖ **毕飞宇：**（王大夫和他的盲人老婆小孔是）生活里面我们最需要的最常见的那样一种，也比较正面的一种人。那么小马，无疑他是一种耽于幻想的。沙复明肯定是那种雄心勃勃的，也可以说野心勃勃的，（他）永远充满着热情，永远充满着希望，永远懂得为自己的希望去争取。一个特别有尊严感的生命，她（都红）必须要付出更多。所以她是一个很不幸的（人物），充满悲剧性的。

在毕飞宇的笔下，盲人推拿师的世界如同木版上浮现的雕刻画，清晰而鲜明。毕飞宇说：“从小说的文本意义来说，我觉得写盲人这一题材是个异态。人与人之间的一切关系都是明摆在那个地方，从我这里看是这样，从他那里看也许就不是这样了，写盲人有意思之处就在这里，这也是吸引我的地方。”

‖ **毕飞宇：**我认为，盲人之间他们是有隔阂的，他们彼此之间的了解不够，其实做出这种判断来还是从我们健全人这种生活当中来的。我们在现实生活当中将常会碰到这样一句话，哎呀，我跟这哥们一起十年了，二十年了，我今天才知道他是谁！我们经常听到这样的感叹。当然了，我衷心地希望我们所有人都不要有这样的感叹。其实这句感叹给我们一个底，这个底就是人和人之间了解多么难哪。每个人都想了解别人，都想亲近，但是为了保护自己又不得不做一个荒谬的举动，就用尽一切办法把自己裹起来，不让别人看见自己的内心和真相。这是人的一个矛盾。我也是这样的，我想你也是这样的，这是我们人类的一个遗憾。

在“沙宗琪盲人推拿中心”，前台高唯是唯一的健全人。她除了负责收钱以外，还有一项重要的权力，那就是给盲人推拿师们派活，谁能得到大活，谁能得到好活，都决定于她。因此，如何和高唯处好关系是每个推拿师都要思考的事情。其实，毕飞宇也正是借助高唯这个健全人，来探讨盲人是如何来看待健全人的。

‖ **毕飞宇：** 盲人对正常人大部分是不信任的。为什么产生这种感觉？很可能未必是盲人的问题，因为他们许许多多人在成长的过程当中，内心可能都受到过一些伤害或者歧视，甚至于一些不公的待遇。由于他们对很多人和事是不信任的，所以他们跟我说的最多的一点就是，其实我们很多疑啊。他反思自己。其实我们很多疑啊。我经常听到这句话，哎呀我们太多疑了，我们太多疑了。

《推拿》的主人公不是某个人，而是一群人，他们普遍隐忍着自己的欲望，小心翼翼地生活着，他们的敏感、坚持、追求却又常常走向了错误的方向。在书中，毕飞宇对盲人进行了分类，那就是先天性失明和后天性失明两类人，而这两类人在毕飞宇笔下有明显差别。

‖ **毕飞宇：** 太不一样了，太不一样了。先天的盲人，我觉得我的体会是先天的盲人相对来讲还好一点，后天的盲人要从炼狱当中过来的，尤其是懂事以后再成为盲人。你注意到我里面写到小马，我写他脖子上巨大的一个疤，他眼睛瞎掉的时候那年他才 9 岁。那么一个 9 岁的孩子，你看我写了一个 9 岁的孩子自杀的时候那个场景，写得我自己都毛骨悚然。不一样，真不一样！

“在公众面前，盲人大多都沉默。可沉默有多种多样。在先天的盲人这一头，他们的沉默与生俱来，如此这般罢了。后天的盲人不一样了，他们经历过两个世界。在记忆的深处，他并没有失去他原先的世界，他失去的只是他与这个世界的关系。因为关系的缺失，世界一下子变深了，变硬了，变远了，关键是，变得诡秘莫测，也许还变得防不胜防。”（选自《推拿》）

从《玉米》到《平原》，毕飞宇一直在对上个世纪70年代进行着探讨，对那些被深深地夹在历史的缝隙之中，挣扎、喘息、呻吟的农民命运的无奈贯穿着这两部作品。而相对于这两部书，毕飞宇说《推拿》相对简单。

‖ **毕飞宇：** 比较起《玉米》跟《平原》的创作心态来讲，《推拿》的写作心态是简单的，甚至也没有过多地去考虑，这个作品要承担我怎样的文学理想。不多，我尽可能简单，我要求自己简单，要求自己把这个作品写得简单。我觉得只有简单才能有效，才能够打动别人，必须简单。

尽管毕飞宇力求一种简单，但是很多读者还是从《推拿》中读出了别样的东西。比如说，评论家李敬泽就评论道，毕飞宇的《推拿》恰恰以很小的切口入手，对盲人独特的生活有透彻、全面的把握。这部小说表现了尊严、爱、责任、欲望等人生的基本问题，所有人看了都会有所触动。更有评论认为，盲人的世界就是错位与尊严。

‖ **毕飞宇：** 是啊，我想“尊重”它是一个朴素价值，并不因为盲人是一个特殊群体他就不在这个朴素价值的范畴里头，这毫无疑问。当然，错位也是我们必须要面对的一个东西。那我为什么要抓住这个错位去推动故事，因为盲人有他们的障碍，他们看不见，其实彼此之间是容易引起误解，乃至于在生活的行为举止当中产生错位感的，所以我觉得，如果我把这个错位的东西忽略掉是不恰当的。

在《推拿》里，几乎所有的人物关系都是错位的，人们都是真实地生活在错误中。王大夫作为家里的老大，却为了替身为正常人的弟弟还赌债，当着父母和放高利贷的人的面砍伤了自己，父母以他为荣，而他悔恨自己的作为；王大夫的女朋友小孔常常去王大夫宿舍结果被他下铺的小马暗恋上了，但小马不得不去找妓女转移他的爱恋，而爱上小马的人却是最美的都红，可惜爱上都红的人又是按摩院的老板沙复明。这是一个充满了错位的怪圈。对此，毕飞宇说："就像进了商场的电梯，一只脚在一个台阶上，另一只脚在另一个台阶上，就这样，生活把人们无声地往前推着走。"

‖**毕飞宇：**其实说到错位这个问题，它完全不仅仅是盲人之间的一个心理特征，或者说认识特征，只要有生活哪儿都有，我们每个人的生活当中都会碰到这样的尴尬，它消耗了我们大量的内心力量，我觉得错位也是我们生活当中的一个毒药。

当人们谈到对残疾人的尊重时，似乎总也离不开同情与关爱。毕飞宇却认为，作家不可以做同情与关爱的注射器。在他看来，这关系到一个基本问题——如何面对尊重，一直以来，他总在想：是不是一个作家在作品中"滥施同情"就意味着对对方的尊重？

‖**毕飞宇：**关爱是好的，同情也是好的，但是这个东西我觉得你得有一个非常恰当的渠道送到人家的心坎里去，你不能觉得人家是可怜虫，你是一个母仪天下、父仪天下的一个大爱者，然后你就可以施于别人，这个东西从一开始就已经离开了爱的本意。一切情感，一切表达，它的前提就是平等。如果你把残疾人看成低你一等，需要你去特别照料，那你就错了。

关于"尊重"，毕飞宇提到了一部英国小说，是关于一个潦倒的绅士的。绅士每天要去糕点店品尝布丁，以此度日，不幸的是，一位好心的人送了绅士一块完整的布丁，绅士却就此消失了。在布丁与绅士之间，永远存在着多种多样的举动，这些举动牵扯到文明的程度，理解的程度，还有小说家兴奋的程度，以及小说的戏剧化程度。《推拿》的一侧是绅士，另一侧则是布丁。

‖ **毕飞宇：** 尊重离不开理解。你首先要懂得这个人你才可以谈到尊重，当然一般意义上的尊重我们不谈，举一个最简单的例子，如果我是一个盲人，我现在要过马路，那么如果对我表示尊重，对我表示帮助，两个办法，一个办法就是扶着我，把我送过去；一种是不管。也许你可以跟着他一路走，但什么也不做，也不用管，让他感觉不到。有些人他很可能就是，在那个时候他需要有一只手出现，他需要抓着你的手或者你抓着他的手。但也有些人就不希望有一只手出现，可你不知道。所以我说尊重的前提是理解。人和人不一样，盲人和盲人也不一样。

其实，《推拿》并不是毕飞宇第一次接触都市题材，像他早期的作品《青衣》也属于此类，很多评论对毕飞宇在这两种题材之间自由转换的能力表示钦佩，但是毕飞宇却说，这种转换绝非易事。

‖ **毕飞宇：** 所谓的这个自由的转换对我来讲其实是费劲的，但你看的可能不费劲。对我来讲其实是费劲的，你需要投入很多很多的耐心，需要投入很多很多的情感，在两个不同的世界里面睁大了眼睛等待寻找，有的时候找准了，有的时候没找准，就像我们摄像机的镜头，你对着那儿拍不等于你能拍到，它还有个焦距问题，要看你能否拍清晰。这不是一天两天、一句话两句话就能说明白的。并不是用两个眼睛盯着看，最后你就一定能看到有效的画面，不是这样的。

从最早张艺谋的电影《摇啊摇，摇到外婆桥》，到后来的《青衣》，毕飞宇也有多部作品被改编成影视剧，但并不是由他亲自来执笔。对于当下，好多作家写作和编剧一体化，毕飞宇有着自己的认识。

‖ **毕飞宇：** 你得写小说啊，你去做编剧了小说哪个帮你写呢？写小说也得耗时间耗精力啊。我举个例子给你听，当初如果我去当《青衣》的编剧，那我《玉米》就写不成了，《玉米》写不成了我损失就太大了，我承受不了这样的损失。当然了如果我在编《青衣》的时候还没有写《玉米》，

而是写了一个很烂的一个小说，这个可能性也有，但是一个小说家在四十出头的时候我觉得还是要非常珍惜自己写小说的时光，一定要很珍惜。你既不是二十出头，也不是七十开外，四十多岁写小说，尤其是写长篇小说是一个很好的阶段，要非常珍惜，要非常珍惜！

毕飞宇已过不惑之年。他说只有到了他这个年纪，才终于可以感觉到自己是踏踏实实地走在大地上的，而不是像一只气球飘在空中。毕飞宇把写作更多是当成一种磨性子的事，年轻的时候容易冲动，如今在写作中他已渐渐成熟，变得宽容。“年龄特别可贵，一年一年过去，我可以看到自己的成长。”

‖毕飞宇：我想，我现在不写作就会空虚啊，我就不知道（该做什么），没着没落，（这样的话）这个人是很可怕的。翟志刚回来以后你去采访他，在太空里面，啊，多有意思，人在那儿飘，失重着在那儿飘。但我估计他身体未必很爽，心理上也未必很爽。对我来讲写作就是我的万有引力，就是我的地球吸引力，我离开这个东西就得像翟志刚一样，（会）出舱在太空里飘，我觉得人一飘是很恐怖的。

古今中外，很多文学大师都曾经写有以盲人为题材的作品，在这些作品当中，他们创造的也往往是两个平行且对立的世界。而毕飞宇却说，写作《推拿》，坐在书房里的自己，世界单一、封闭，和盲人的处境是相似的。所以这部小说不仅仅是写盲人的，普通读者也能够从中读出人生的况味。正如《人民文学》杂志的编者所说，《推拿》是写给残疾人的，也是写给所有人的，我们在这面特殊的镜子里看自己，看见我们的残缺，想像我们的整全……

毕淑敏：走近平凡《女工》，拷问苦难与尊严

其实作为一个医生，能看的只是人的生理上的病，而心理上的病，却是由方方面面的历史决定的。

——毕淑敏

毕淑敏，1952年生于新疆伊宁，长在北京。国家一级作家，内科主治医师，北师大文学硕士。17岁赴西藏高原阿里地区当兵，有11年军医生涯。1980年转业回京。从医20年后开始专业写作。著有《毕淑敏文集》，长篇小说《红处方》、《血玲珑》、《拯救乳房》等。她的作品关注人生，关注生命，关注心灵，频频引起社会广泛关注。曾获庄重文文学奖、当代文学奖等重大文学奖项多次。

随着中国第三产业的迅速发展，在工厂车间工作的女工们似乎渐渐地淡出了人们的视野，更多的好像已经成了过去时代的代名词。前两年，人们总说下岗女工，好像所有的女工都是这样的结果。而事实上，现在人们往往忽视了一点，虽然没有了女工这样的称呼，但是她们还是在以女人这样的称呼存在。她们的生存命运，她们的情感世界，她们的梦想追求，她们的奋斗与抗争等等，一直以来都深深触动着作家毕淑敏敏感、善良的心弦。

从《素面朝天》到《昆仑殇》，从《红处方》到《拯救乳房》，熟悉毕淑敏的读者一定会清楚地记得毕淑敏的人生经历。她曾作为一名女兵，直面西藏雪域高原恶劣的气候和心理煎熬，她也曾作为一名卫生所所长在工厂一呆就是十年。在工厂区，闻着工友们炒菜的香味，听着争吵的叫骂已是习以为常。毕淑敏说，以前的作品跟工厂没有什么关系，这次写《女工》，就如同一个种麦子的老农，又回到了自己熟悉的麦地……

‖**王宁**：毕淑敏老师您好，感谢接受我们的采访。读了这本叫做《女工》的小说，我们发现主人公浦小提，她一生当中并没有什么惊天动地的大事，真是特别的平凡。于是我也看到您在序言中写到，您在写完初稿之后，重读的时候曾有过一些担心，甚至为她捏了一把汗。

‖**毕淑敏**：其实我写的时候完全是满怀感情的，但是因为读者会问，还有出版社的朋友们，还有文学界的朋友们，他们总问，毕淑敏你最近在忙什么？我就说，在写一个小说。他们问，什么内容啊？我说是工厂，后来我又说，具体是写一个女工的故事。于是他们说，那有人看吗？一个人说我还不是特别的在意，但说的人多了，我心里面就有点打鼓。因为我会想到，是不是大家对于一个女工的命运已经都没有兴趣了？但是我（反复）问我自己，我真的（觉得），其实像浦小提这一类的女工她的确深深地打动过我，（只不过就）好像是自己一个特别好的朋友，原来只是我们两个人相处，现在我突然要把她介绍到一个更多的人的场合里去。真的会有一点担心，但我总觉得难道世上只有我一个人喜欢浦小提吗。如果（人们）真的很冷落她的话，我会去想浦小提会不会觉得受了委屈。

此时的浦小提，就像毕淑敏手中刚刚燃起的一小撮火焰，她既想让更多人感到它的温暖、看到它的光亮，而又担心别人，哪怕是一句无意的伤害，都可能会折损这一小撮火焰的光芒。

这火焰的生命和光芒与作者到底有着怎样的血肉相依？可以想象，她们曾面对面地对过话，曾（一起）流过泪，唱过歌，或者是曾久久地相视无语。在那个时代的工厂，在宿舍，在医务室，她们曾有聊不完的话题，有道不尽的故事。

‖**王宁**：我们都知道，您在工厂里面的卫生所当了十年的所长，这是一个挺长的日子了，其间您接触过很多的女工，也为她们治病。那么在您写这部《女工》的时候，眼前所浮现出来的女工形象是什么样的呢？

‖ **毕淑敏：** 我在工厂的卫生所做主治医生做所长有10年的时间，其实不是叫深入生活，而我本身就是这个生活的一个组成部分。每天上班的时候会给很多的工人看病，我们那是一个重工业的工厂，里面有几千工人，所以几千个工人我几乎都认识她们，除了非常非常健康的，10年之内一次都没得过病的人，（否则）哪怕她只是得感冒，也总会来过。来了之后（我）也会问得比较周全，因为做医生写病历是会有既往史、家族史，个人的生活史。我觉得一个人是一个整体，虽然可能得病的时候只是几天，可是其实是和他的整个历史有关联的。所以我会特别地去了解她们每一个人，而且脑子里会有一个像档案一样的（信息库）——比如我知道她是怎么回事，她爸爸得过什么病，妈妈得过什么病，她们家现在是一个什么样的情况，心里总是大概有个数的。当我值班的深夜，常常有急剧的电话铃声响起或是纷沓沉重的脚步声迫近，（此时）我就会浑身一激灵，心跳加速——有人急病或是出了带血的红伤！我也曾坐着呼啸的救护车赶赴医院，身边的工友生命垂危，其中最引我关注的是女工。她们如花的青春在厚厚的工装之下盛开和枯萎，化做了闪光的金属线和鬓角的白发。那时我就曾暗暗下了决心，如果有一天我能拿起笔，我会写下她们。

‖ **王宁：** 您在给她们治病的时候，有什么样的难忘的事情触动过您的心灵吗？比如她们有的时候会说，毕医生，你给我开点安眠药！

‖ **毕淑敏：** 那我就说，你怎么了，为什么需要安眠药？她说我昨天晚上没睡着。我说一天晚上没睡着也可能是很个别的情况，怎么就要安眠药？她说，那我不瞒你说，我已经半个月没有好好睡觉了。我当时说为什么呀？她就说，她的婚姻情感已经出了一个很大的问题，所以她夜不能寐。这个时候我就想，其实不仅仅是一张简单的处方了。我可以给她开出镇静安眠的药，但我面对的是一个活生生的人，她有她很丰富的内心的情感和活动。这种时候我就会觉得，其实作为一个医生，能看的只是人的生理上的病，而心理上的病，却是由方方面面的历史决定的。

‖ **王宁：** 那浦小提是您曾经接触过的一位女工，还是这些女工当中的一个集合体？

‖ **毕淑敏**：她肯定不是一个真实存在的人物，但是由于我在不停地去写她，于是跟她就好像有了那种同呼吸的感觉，到最后我会觉得好像真的有过一个这样的女工存在过。但她是完全虚构的人物。女工们一生可能没有什么波澜壮阔的机遇，也未曾做出什么惊天动地的成绩，甚至她们个人的命运好像也没有什么大悲大喜的过程，可是她们每一个人都会有一个独立的精神世界，她们也有她们的快乐悲伤，包括她们在种种情境之下的复杂的心想法。这些都让我挺敬佩她们的。

小说《女工》以时代的大变迁为背景，描写了主人公浦小提，一个养猪工人的女儿从学生时代到做普通女工，随后经历婚姻失败，最后下岗在家，无奈之下做起家庭服务员的故事。每一个时代的变革无不给主人公的生活和命运留下烙印，无不给主人公的内心带来巨大的冲击和影响。小说着重刻画的就是主人公浦小提，一个内心善良而坚强，对待生活和命运从容隐忍的女性形象。

‖ **王宁**：您以前写过很多的文章，一般都会涉及到人生的意义，生命的尊严，包括对于婚姻、爱情的很多看法。但是我们也看到，这一次女工浦小提她们没有很多钱去享受生活，也没有一份相濡以沫的爱情守在自己身边，那她们是用什么去支撑着所面对的现实生活呢？她们的人生有什么样的意义？

‖ **毕淑敏**：我会觉得人生其实没有什么统一的答案，或者说人生（未必）一定需要怎么怎么样。但是我想浦小提为自己确立的人生意义，其实就是要很有尊严地活着。她为别人付出很多，也未必都有回报，而且面临着人生命运巨大转折的时候，它其实有的时候是一种历史的选择，个人根本没有能力去改变它，但是唯一不变的是她那种高傲的，是她那种……

‖ **王宁**：清醒，特别清醒。

‖ **毕淑敏**：对，清醒！挺直了自己的脊梁，按照自己的想法去生活。人们常常觉得我们有足够的金钱，有一个比较居高临下的地位，或者是在一个非常重要的（岗位），有很大的权力的时候，才可以保持一种自由。但是我想在浦小提身上，其实人可以位于底层，也可以十分贫困，甚至也可以面对种种邪恶的压迫，可是她仍旧能够选择很有尊严地活着。这一次，我写得很徐缓，好像不是在虚构一个人物的命运，而是（好像）有一份现成的女工简历铺在面前，只等着我把它抄写下来。我是一个描图员，峰峦沟壑很久以前就屹立在那里了，我不过是忠实记录下它们的海拔。这种感觉很奇特，是我在以往的小说写作中从未经验过的。

‖ **王宁：** 您笔下的浦小提应该说是命运多舛的，遇到过很多的挫折。她从一个天真烂漫的少女，到后来面对婚姻事业的双重打击挫折，却依然非常坚强，并力图用自己的毅力来维护自己的尊严，活得坚定、从容、淡定。那为什么一个普普通通的女工身上会有这样的精神？

‖ **毕淑敏：** 我常常会觉得，人的一生，特别是女性的一生会面临很多你意想不到的困境。你根本无法预知所有的困难，也不能够设想到什么时候是一个结束，或者是不是最后可以苦尽甘来，从此变得一片坦途。我觉得一个人是没有办法预知自己一生将要遭受的苦难的。

‖ **王宁：** 浦小提这个人物身上纵然是有很多的精神让我们非常崇敬，但是作为受教育程度不高的群体，她们肯定在思想意识上也有一些局限性，包括在面对时代发展的时候，她们自身也会感觉到一些吃力。那您觉得，在面对人生选择的时候，什么是她们可以选择的，什么是她们完全没有办法选择的？

‖ **毕淑敏：** 我觉得其实心胸的宽广，包括一种精神的境界，可能和教育是有一定的关系，但也并不是完全成正比。或者说（并非）我们的受教育水平越高，我们的胸襟就越阔大，我们的修养就越圆满，并不一定成比例。因为我觉得像浦小提，我在那里写到过，她小时候学习是很好的，尽管常常要用很多时间去做家务，但仍旧有很好的成绩。只是由于文化大革命，她才被迫中断了自己的学业，这不是她个人的责任。而等到后来开始补习功课的时候，她又为了保证她丈夫白二宝的学业，只能把更多的家务承担起来。所以在这样历史的一种转变时刻，作为个人来讲，特别是作为女工群体中的很多个体来说，其实并不是她们个人能够全部承担这个责任的。但是现在，科技日新月异地变化，她们越来越不能够适应，譬如说操作的程序，我在里面写了，那就要用电脑，生产线用的电脑，浦小提虽然特别努力，而且也考了不错的成绩，但是突然又因为这个工厂的能源紧张，竟不能够办下去了，这也不是浦小提能够决定的。我想还是回到那个话题，其实人一生会有很多的挫折和波折，不是个人能够去解决的，但是面临这些你可以选择的是你的态度。

浦小提面对生活困境的挣扎，会令人出一身冷汗。没有幸运的援手，没有什么救世主之类的幻觉。但是，她是一位善良的母亲，更是不向命运低头的强者，也许她自己并没意识到自己的崇高，但是这样悲悯的胸怀却让我们心生敬重。作为常人看来，浦小提的经历是不幸的，但是从这种淡淡的平和和感动中渗透出的生命哲理，却是对生活无限的礼赞。

‖ **王宁**：您这次选择的对象是下岗女工这个比较特殊的群体，她们面临着这个时代的转型期，需要默默地去承受一些社会带来的压力。（面对压力）她们一般都会选择沉默，选择自己去承担，很少发出声音。很多人都觉得这是一种无奈。

‖ **毕淑敏**：对，我想你这个词其实概括出了她们当中很大一部分人的状态，是一种无奈。我觉得下岗女工其实是一个真实的存在，而且是一个不容忽视的存在。当朋友们知道我要写“女工”，然后这个女工还下岗了，他们就说，没有人会看这样的小说，起码你的题目也不能叫做《女工》。我说为什么。他们说，根本就不会有人看。你把题目改成《白领》。

‖ **王宁**：当今时尚潮流。

‖ **毕淑敏**：对，你最差也得叫个《金领》可能才会有人看。我说浦小提做工人的时候真的没有金领这个称呼，她就是叫女工。那对于我来说，我想作为一个作家，其实写什么怎么写，可能更多的是内心世界的一个决定。我真的是热爱这样的女工，钦佩她们的人格。

‖ **王宁：** 我们看到，像浦小提这样的一个人物，应该说当她面临着婚姻和失业这种双重考验的时候，处境是很艰难的。但是为什么您在这个时候给她设计了一份原本是一种理想的爱情呢？

‖ **毕淑敏：** 我听到过好几个朋友跟我讲，说他们读到浦小提最后从高楼之上走下去，并且同时也知道楼上那个其实她也爱着的军人正在楼上目送着她时，他们会有感动。其实我想，那是感情的最后的一种升华，（对此）每个人都有自己不同的处理方式，也许有人就会留下来，但我觉得在浦小提来说，她只能选择离开。她决定用自己的方式去珍重它，用自己的方式去保卫它。那么这是她的选择，也是人生的一种境界了。我想，情感其实是一道很复杂的方程式，每个人都可以有不同的解法，但作为浦小提，她可能只能这样做。有的人可能会遗憾，有的人可能会觉得应该祝福她，或者希望是不是有另外的方法。尽管我想这些可能都是有道理的，但是，我心中的浦小提可能只会这样做了。

与浦小提生存状态的沉浮相同步的是她个人情感生活的大起大落，她与倾心爱慕她的小学同学高海群阴差阳错，失之交臂，却被命运之神把她与她看不起的另一个小学同学白二宝撮合成夫妻，最终又在“相夫教子”帮助白二宝“成长”为一名工会干部之后却又被白二宝无情地抛弃。

浦小提的感情故事在人群当中，不过是人们的闲聊谈资，而后，一切都显得是那样平淡无奇，按部就班，那样波澜不惊。而一切又都在花开花谢的日子里进行着，改变着，期待着。

‖ **王宁：** 那您为什么没有给这个小说一个令人温暖的结局呢？是因为现实本身的残酷还有真实？

‖ **毕淑敏：** 我现在能够（感到）安慰的是，读者们都给了它温暖的结局。我的责任编辑跟我讲，看了（之后），（觉得）其实你可以接下去写啊，写个续篇，比如说浦小提可以领导女工组织一个公司，可以做很多的事啊。我说，是啊。不止一个人跟我讲过，他们都说浦小提还可以找她的老同学，她同学还有点关系，大家可以帮忙她。你可以继续做啊。你怎么不接着写？我说，我觉得你们这么提出来都特别好，第一是关心浦小提今后的发展和命运，第二是你们都断定她不会就这样下去，她回去会振作起来，会努力去想出各种各样的方案来……由此我就觉得我刻画了这个人物，等于说是让她的命运成为了一个轨道，那读者看了以后会觉得我照着这个轨道可以继续知道她将做什么。浦小提可能还会有失败，而且开个公司最后还是会不行。但也许做一个尝试，把她的姐妹们组织起来，最后无论成功还是不成功，我想浦小提都一定还会继续去努力。

‖**王宁：**大家总是对她有这种信心。

‖**毕淑敏：**是是是，因为觉得她性格里原本就有那种自强不息的精神。她可能也没什么太多的文化，她不可能有那些，不可能大富，不可能大贵，也不可能有什么惊天动地，她仍然是个普通的女工，可是她会不断地努力。

相信浦小提吧，她自有力量应对。她既然已经经历过那样多的风风雨雨，相信她一定能和更多的普通人结成朋友。

‖**王宁：**您曾经写过一篇文章叫做《提醒幸福》，里面涉及到了很多关于幸福的话题，并且告诉人们什么才是幸福的。我们在看这本《女工》的时候会读出来这样一个答案，说《女工》这本书原本就是一本探讨幸福的书，您觉得呢？

‖**毕淑敏：**对，有人就跟我说，这浦小提怎么这么惨啊？我说她怎么惨了？他们就一一列举了我里面写过的那些事情，后来我说，浦小提肯定不是世界上最惨的人，一定有别的女性曾经经受的痛苦、折磨和灾难比浦小提多更多。但是我想浦小提在她自己的奋斗过程当中，一定有她的尊严，有她的爱情，也有她的那种奋斗的理想。我想她肯定会不停地努力，那我们就不能说浦小提一定不幸福。我是相信人生其实是有希望的，因为在生命的过程当中虽然我们会有很多的眼泪，（但）也一定会有欢笑，那你怎

么样去把握它，怎么样让这些悲欢在自己的内心变为力量，（从而）能够坚定不移地前行。我想其实每个人可能都会有自己的答案了。那我是比较倾向于更快乐地去看待生活，更平静地去直面这种生活中的苦难。

苦难之于人会产生两种截然不同的效果，一种是对生活永久的怨怨艾艾或者是变本加厉的报复，一种则是对生活的珍惜和积极的不遗余力的创造。浦小提似乎承受着苦难赐予世人的两种不同的效果。她贫困而高傲，坚守着在某些人看来十分迂腐的传统道德；她孤独而寂寞，凝视着前方接连不断的辛劳和挑战。她面对生活变故时的勇气和善良，清醒与淡定让我们陡然心生敬重。

著名作家梁晓声看罢小说致电毕淑敏说，这是近5年来中国文坛惟一一个写得好的关注小人物的作品。他说，浦小提的故事看了让人揪心，不敢再看下去，生怕她又遇到了什么事。

阅读这样的作品，能够使我们真切地感受到，构成一个生命最坚实的基础，正是善良和尊严这样源于内心的最本质的东西。

在现实生活中，女工的名字确实离我们渐渐地远了，而浦小提的形象却让我们印象深刻。掩卷沉思，我们不禁拷问自己，生命的意义到底在何处？我们到底应如何面对苦难和困境？我们又将如何看待幸福和成长？

林清玄：人间有味是清欢

每个人都执著于自己爱情的深厚。我独独喜爱以“重”为单位来丈量，因为只有重，才会稳然地立着；也只有重，才能全然表现出情爱除了享乐还有负荷的责任，爱情只有在重量里，才可以象征精神和物质的质量。醉后方知酒浓，爱过方知情重。

——林清玄《情重》

对于许多和采访者同龄的朋友来说，台湾著名作家林清玄先生不仅是一位蜚声文坛的高产作家，也是我们未曾谋面却深受教益的师长。他轻灵醇和、富于意象之美的文字，仿佛自由奔涌的清泉，不仅澎湃着生命的激情和张力，更以独特的思想光芒启迪着我们的心智和情感。《暖暖的歌》、《月光下的喇叭手》、《鸳鸯香炉》、《佛鼓》等经典的篇章，更给予了无数成长的心灵以熨帖的抚慰、纯净的滋养。今天，在打开林清玄先生的新作《在云上》之前，让我们先来重温一段《暖暖的歌》吧，曾经白雪无痕的情怀还能打动你的心吗？

云自小路飞起来了，爱是一首暖暖的歌。我在檐前望着你的方向，望过山的高旷、水的长波，在我的灵魂我的血液里，酿满使我醉的你的微笑。我把左手交给你，把右手交给你，只要用四个手掌，围成一个小小的谷，纯粹只有我们的风雨和阳光，纵是落雪之夜，让寒冷凝结在无边的黑暗中，我们的世界里唱着一首暖暖的歌。

这篇《暖暖的歌》是林清玄先生上世纪70年代初登文坛的作品。如同许多年轻的散文新秀一样，头角峥嵘、豪气如虹。三十年过去了，如今著作等身、气定神闲的他，又以怎样的目光打量当下纷纭变化的世界呢？林清玄先生的新作《在云上》及《林泉》、《清欢》和《玄想》系列，呈现给我们一个通透智慧、清明平和的世界，成功、爱情、生活，这些宏大而又精微的题目都被他妙趣横生地一一开解。渴望成功是现代人共有的心结，那就让我们从这篇《走向山谷的人》读起，听林清玄先生讲不要把人生变成“装满钞票的铁盒”吧。

（配音 1）：在暗夜的街头，有人呼唤作家的小名。一位西装革履的人窜过来握住他的手，“我是你大学的同学黑猪啊”，三十年没见的同学总不合适站在大街上寒暄，“一起喝杯咖啡吧”。作家努力搜寻着有关黑猪的记忆。

‖ **林清玄：**其实我还蛮感慨，就是我今年五十五岁了，在跟我一起成长的朋友里面你可以看到每个人不同的发展，而这种不同的发展，当然有很多是特别成功的，那这种人出来他们一定是坐着豪华的轿车，有司机，然后穿西装打领带，西装都是特别订做的。因为他每天都在这个形象里面，有一天他碰到一个完全不同的人，他就会觉得你是穷苦的，你是不成功的，你是不快乐的。

（配音 2）：“你大概想不到吧，我现在有十几亿的身价哩！”“这是我的名片，有任何需要老同学协助的请CAll 我！”黑猪同学的语气中充满悲天悯人的优越感。

‖ **林清玄：**像我是从来不穿西装打领带的，平常的时候比现在更普通，走在路上可能别人会觉得他是一个不成功的人。我站在水果摊旁边，会有人跑过来问我，老板，这个木瓜多少钱？我就是一个这样的人，就是个可以融入这个世俗的人，这使我感到快乐，或者说在某些特别的情况里面我感觉到幸福。

（配音 3）：黑猪的手机响了，“我先走了，多联络”。他突然抽出一张千元大钞放在桌上，“咖啡我请客，找的钱你拿着吧!”一部黑色宾利车载着黑猪同学驶进夜色中。

‖ **林清玄:** 我觉得比较不幸的就是,我回家一直照镜子——他怎么不好看?怎么那么穷!

(配音 4): 作家把黑猪的名片折成四折,丢在盘子里。在这个社会上,太多人把工作、读书、人生都当成谋取报酬的经营,财富增加了,心灵却不成长。在作家看来,那样的生命只是装满了钞票的铁盒,又锈蚀了,可怜又可厌。

‖ **林清玄:** 古代人不管你多有钱,大家最尊重的是知识分子。可是现在已经情况完全改变了,连口袋里即使不是很有钱,都看不起知识分子。那这个是很不幸(的),所以我写那种文章就是说,你不要变成这样的人,我就特别写说,如果人不断地走向山谷他就变成俗人,人不断地走向山上他就会变成仙。我们的心要不断地走向山上,可能会比较好,在我来讲那才是真正的成功跟幸福。

《走向山谷的人》就是这样一篇深入浅出的寓言。林清玄先生启迪人们,宁可做一个平淡的人,把人生变成锦盒。心灵成长了,物质少一点,还是能看到人生的价值。情感深刻了,纵使在挫败中,也会看到幸福的光影。内在丰饶了,即使身处陋巷,依然能品味到生之趣味。这样深刻的人生体验绝对不是纸上谈兵,从世俗的成功到发现生命的真谛,作家也曾寻寻觅觅一路走过……

‖ **林清玄:** 我刚刚讲到,在我三十岁的时候,就是每天穿名牌的西装打领带,然后跟很多人开会,就是道貌岸然看起来很成功的样子,其实内在都是很空虚的。这种内在的空虚会一天一天长大,长大到有一天好像你被这空虚所包围了，你会觉得你的人生到底在追求什么，有什么更大的意义吗？这个时候我就想说，我应该有一些转变。那个时候就正好接触到佛教，佛教讲觉悟，觉悟就是要顿悟，要下定决心。所以我就在一个月内辞掉所有的工作，那时候我不只在报社当主管，我还在电视台主持节目，还在收音机里每天有一个小时的节目，就是很忙碌的那种。（后来）就全部都解除掉，然后跑到山上去闭关三年。三年，我想要清楚未来的道路，所以回来以后我的风格就整个转变了。

很多年后，当人们仍然感慨于林清玄先生毅然“放下”的勇气，他却一如平常的温和安详。他说，每次转变总会迎来很多不解的目光，有时甚至是千夫所指。但无论对顺境还是逆境都应心存感恩，要使自己有一颗柔软的心包容世界，柔软的心最有力量。

‖ **林清玄：** 我觉得在人生的每一个转折的时候，你有没有那个决心是很重要的，像后来有很多人批评我，我在四十五岁的时候说我要离婚，我要找寻新的伴侣，那时候也是大家都觉得，哎呀这个人疯了。但是我觉得与其你活在痛苦里，还不如去面对你自我的发展。我觉得很庆幸的就是，现在我五十五岁，我觉得在人生的每一个大的转折里面，我都做了非常正确的抉择。

1953年林清玄出生于台湾高雄的普通农家，少年时随父兄在椰风蕉雨中辛勤劳作。他把最初的笔墨和激越昂扬的少年情怀奉献给了养育他的乡土。林清玄19岁开始散文创作，22岁出版第一本散文集《莲花开落》。是怎样的成长背景赋予了他明慧笃定的气质，他又从哪里汲取到文学的灵感和滋养？

‖ **林清玄：** 我喜欢一句古诗叫做“书到今生读已迟”，就是说你这辈子要读书啊那已经来不及了，会读书都是上辈子累积的，我觉得我会成为一个作家大概也是（如此），可能是以前累积下来的。事实上我们家三百年都是做农夫，从我的祖父的祖父那一代都是耕田的，可以说并没有这个环境养成我变成一个作家，可是我就是对文字有非常深刻，或者说非常敏锐的那种感受，我就想说我一定要成为一个作家，所以在很小的时候我就开始写作。

20世纪80年代是他创作的第一个花季，相继出版了《温一壶月光下酒》、《白雪少年》、《冷月钟笛》、《鸳鸯香炉》、《迷路的云》、《金色印象》等多部专著。而立之年，林清玄即拿了岛内不少文学奖项，成为炙手可热的畅销书作家。

‖ **林清玄：** 曾经在台湾，有一年我拿到一亿的版税，一个亿的版税，一年。大家觉得不可思议，作家怎么可能有那么多钱？可是对我来讲，这个对我并没有产生影响，我还是继续走我自己的路，我的生活还是很单纯。后来我就想，我应该成立一个基金会去帮助更多的人。于是我就在台湾成立了一个基金会，然后也在大陆这边盖一些小学，这些其实都是文学的副产品，最重要的就是你在写作的过程里面，是不是可以坚持你最初所立下的那个方向。

林清玄先生曾以一篇《枯叶蝶的最后归宿》来表达他对生命“蝶变”的感悟。从胼手胝足在乡野间劳作的少年，到笑傲职场的成功报人；从蜚声文坛身价百倍的畅销书作家，到以文渡人潜心向佛的隐者，他生命的轨迹一直追随着心中的蝴蝶，孜孜以求从不言弃。

‖ **林清玄：** 有一天我在树林里面散步，突然看到一个东西在动，我以为是一片叶子，仔细一看竟是一只蝴蝶，结果正在我凝视它的时候（它）突然死掉了，死掉就倒在地上，那个样子就跟一片枯掉的树叶一样。那时候我就很感慨，如果有人走过这个地方却没有人发现这是一只蝴蝶呢？大部分人的一生都是这样子，你努力地要保护自己安全，所以改变自己的外表变成一片枯叶。其实如果你有机会做蝴蝶就尽量做吧，不要努力地把自

己变成一个枯叶，这样有一天就会完全被遗忘。

许多人都曾将林清玄先生的书悄悄地奉为“精神导师”，青春的志向与追求、奋斗的快乐和烦恼，当然还有云一样美丽而飘摇的爱情。至今还记得《鸳鸯香炉》中描绘的“共守一炉香”的境界——任何婚姻的最后，热情都会消退，最后的象征便是“一炉香”，在空阔平朗的生活中缓缓燃烧，那升起的烟，我们逼近时可以体贴地感觉，我们站远了，还有温暖。

《鸳鸯香炉》的灵感来自于林清玄先生童年的记忆。在他还没有识字以前，老屋的神案上就摆了一对鸳鸯，是瓷器做的檀香炉，终年氤氲着一缕香烟，在厅堂里绕来绕去。稍稍长大后，林清玄识字了，他无法抑制自己飞奔的想象，经常把字拆开组合出新的意义。

‖ 林清玄：我很喜欢拆字，“鸳”上面是“怨”，“鸯”上面的“央”是求嘛。你跟一个人在一起以后，可能有时候会怨有时候要求他，但是这都是正常的，比较大的问题就是，当你在怨的时候通常会变得激进或者热烈，那你在央求的时候会变得温柔或者卑微。其实这个都不是很好的相处之道，好的相处之道就是不管处在什么样的状态，都还要有一个温柔的态度去对待你的爱人你的对象，你要找一个爱人，最重要就是找一个温柔的人。（如果）你的爱人跟你一起在街上散步，突然看到一只猫，她就走过去踢猫一脚，（那么）你应该赶快离开她嘛，这个太可怕了，所以你可以从很多细节去看见。

岁月如歌，经历了婚姻的解体，45 岁才找到知音伴侣的林清玄先生，对爱的体悟又有了怎样的经验呢？

或许因为《鸳鸯香炉》的意境太过深挚，或许因为这个时代丈量爱情的尺度，衍进了太多经济学的概念，总之有人竟在网络上痴心地求购“鸳鸯香炉”，而“共守一炉香”也被奉为一个时代经典的婚姻美学。所以十年前，当 45 岁的林清玄离婚再婚的消息传开，台湾公众的反应异常激烈，某些妇女社团甚至以焚烧他的书来宣泄不满，人们执拗地认为“共守一炉香”

不就是从一而终吗？

‖**林清玄：**透过不断地学习，我知道也更懂得爱，所以我找到一个，我觉得跟我是最配的人。那这个过程当然付出很多血泪的代价，就是四十五岁才找到对的人嘛。我觉得我比较幸运就是说，我跟我太太思想、嗜好、价值观都很接近，都不需要沟通。

‖**记者：**她也是一个写文字的人吗？

‖**林清玄：**不是，她是服装设计师。她是对美感特别有感受（的人）。因为对美感特别有感受，所以才会选到我。在我们年轻的时候，通常都会去找漂亮的美丽的人，可是到了像我这种年纪，大概就会找能够相映的人，也就是内在可以相映的人。我觉得我还蛮幸运，就是找到一个内在相映的人，也就是说上辈子相约再来的人。

在今天林清玄先生的新作中，总能读到一个美丽的名字“淳真”，这就是他“上辈子相约再来的人”。喝茶、赏月，儿女绕膝，在庸常的生活中享受最富质感的快乐；跋山涉水，携手云游，到遥远的陕北捐建“富贵和平小学”，找一个最配你的人和你一起成长，这是他对爱情最新的发现和总结。

‖**林清玄：**像我自己也经历过一些失败的感情，失败的婚姻，在这个过程里面为什么会失败？每一个人在开始的时候，都希望这是一个很好的、很圆满的状态，或者说一辈子可以这样走下去。可是在你的人生里面，你某些部分会发展，这些部分比如说你的思想，你对人生的见解，你的价值观，这种价值观如果没有得到很好的沟通，它就会产生落差，当它产生落差的时候，如果还不能弥补那就落差越来越大，到最后就变成两个人都处在一个痛苦的状态。所以我们看到很多婚姻或者很多恋爱，两个人分开以后反而变得更快乐，或者更有希望更成长。当然如果从传统的观点，（一旦）娶了一个人或者嫁给一个人，你就应该一辈子都卖给他，其实这种观念就好像签生死状一样，就变得很严重了，或者很严肃。应该是有更好的状态，这种状态就是说情感的内涵是比婚姻的形式更重要，可是我们往往太重视形式而忽略掉情感的内涵了。

回归内心的单纯是林清玄先生新作的又一主题，在当下的语境中，可以理解为现代人如何提升精神的修养。这本书和他 1985 年的一篇文章同名——《清欢》，取自苏轼的一阕词《浣溪沙》：细雨斜风作小寒，淡烟疏柳媚晴滩。入淮清洛渐漫漫，雪沫乳花浮午盏。蓼茸蒿笋试春盘，人间有味是清欢。某一个明媚的春日，苏轼和朋友到郊外去玩，在南山里喝了浮着雪沫乳花的小酒，配着春日山野里的茼蒿新笋，不由赞叹：人间有味是清欢！

‖ **林清玄：**每个人都希望找到一个很巨大的快乐，可是人生里巨大的快乐是很难找的，（它）是生命里的偶遇。可是你不要期待找一个很巨大的快乐，你要把那个范围缩小，每天只要都有一点小小的快乐，我就满足了。比如说你读到一篇好的文章，看到一个好的电影，走到一个山水优美的地方，或者看到一条清澈的河水，其实就能随时随地建造出一种小小的快乐，而这种小小的快乐累积起来就是巨大的欢喜。那我的生活大概也是，其实是建立在这种小小的快乐的累积上，这种小小的快乐就是清欢。

林清玄先生说，当一个人可以品味山野菜的清香胜过山珍海味，或者在路边的石头里看出比钻石更引人的滋味，或者静静品一壶乌龙茶比在富贵的宴会中更能清洗心灵，这些就是“清欢”了。但是，奔波于碌碌的红尘中，心头压着名与利的石锁，此一刻患得患失，彼一刻予取予求，即使“清欢”在前，又如何有心体味？

‖ **林清玄：**这个世界的人最缺少的就是两个东西，一个是静心，即心静，安静下来。那不能静心的状态就好像，你有一个价值连城的戒指丢在一个浊水里面，你绝对看不到那个戒指。静心就是说让水沉静下来。当水沉静下来以后你就会发现，水底有很多彩色的石头，还有一个珍贵的戒指，你要拿起来戴在手上；第二个就是活在眼前的这一刻。我们会不快乐是因为我们有以前的烦恼，还有未来的担忧，所以眼前的这一刻常常被忽略，那这一刻其实，如果你全心地融入，（那么）你的感觉就会变得很饱满，这种饱满的状态叫做“倾宇宙之力，活在眼前的这一瞬间”。把全宇宙的力量都活在眼前这一瞬间，那这一瞬间就会变得非常好非常有力量，那快乐就会展现。

众多现代人的欢乐，是到油烟爆起、卫生堪虑的大排档吃麻辣小龙虾，是在狭小的房间里做方城之戏，永远重复着摸牌的一个动作。当一个人以浊为欢的时候，就很难体会到生命清明的滋味。而他需要的，也许只是停掉豪饮的酒杯，捧起一杯茶。

‖**林清玄：**讲到茶跟禅，我刚刚有讲到拆字，把字拆开，“茶”这个字，上面是“草”下面是“木”中间是“人”，人跟草木之间保持最好的关系那个就是“茶”；那禅呢，常常被解得很深奥，我用最简单的方法来讲，“禅”左边是表示的“示”，右边是单纯的“单”，单纯的表示单纯的心，那就是禅。所以如果你在喝茶的时候有很单纯的心，你就可以进入天人合一的状态，就可以“茶禅一味”。当我们讲到这种单纯的心，常常一般人会觉得，怎么样去找呢？跟我刚刚讲的那个一样，要静心，你的心静下来你才可以单纯。当你的心单纯的时候，你在多么混乱的状态里面都会有禅，如果你的心混乱，那么即使坐在寺庙的蒲团上，禅都是离你很远的。当你有这样的态度，就可以在吃饭、在喝茶、在睡觉、在散步、在看一朵花凋谢的时候，都能进入那种单纯。

清朝大画家盛大士在《谿山卧游录》中说：凡人多一分世故，即多一分机智。多一分机智，即少一分高雅。山中何所有？岭上多白云，只可自怡悦，不堪持赠君，自是第一流人物。在林清玄先生的世界中怎样才算得上第一流人物呢？他说，第一流人物是能在清欢里体会人间有味的人物！是在污浊滔滔的世界里，也能找到清欢滋味的人物！

在采访林清玄先生临近尾声的时候，我很直白地说：尽管我很欣赏他的新作，但我更怀念《木鱼馄饨》和《阴阳巷》的时代，那时他关照的是芸芸众生“在地上”的生活，虽然没有《在云上》的飘逸脱俗，却让我吸取到实实在在的力量。他温和地笑着，引用了卞之琳的《断章》：你站在桥上看风景，看风景人在楼上看你，明月装饰了你的窗子，你装饰了别人的梦。他说，你怎样看待这个世界，跟你站的位置有关系，年轻的时候通常在桥上，后来在楼上、在山上，再后来在云上，一个人最重要的不是关注外面的世界，而是自我的开发和成长。

刘墉：破解“新新人类”的教育秘笈

各位父母要知道，孩子一定要让他自己错一次，要让他自己走一次。因为你做父母的不能帮他去走，不能帮他去做。

——刘墉

刘墉，画家、作家，一个很认真生活、总希望超越自己的人，曾任美国丹维尔美术馆驻馆艺术家、纽约圣若望大学驻校艺术家、圣文森学院副教授。出版中英文著作六十余种，在世界各地举行个展三十余次。创作的原则是“为自己说话，也为时代说话”，处世的原则是“不负我心，不负我生”。现主持水云斋。自称有一颗很热的心，一对很冷的眼，一双很勤的手，两条很忙的腿和一种很自由的心情。

在当今这样一个社会，望子成龙、望女成凤的父母，面对着这一代热情火爆且又自命不凡的孩子们，“代沟”的概念日益凸显出来，同时教育子女也成为一个社会大问题，也困惑了许多父母。然而，做一位知名的畅销书作家的同时，刘墉先生却亲身实践培养出了一双成功的儿女，因此更是一位成功的父亲。

那么，在教育子女这个问题上，刘墉到底有哪些自己的独门秘笈呢？今天我们就和大家一起走进刘墉先生的《世说心语》系列丛书之刘墉教育秘笈。

‖ **刘墉：**其实各位你们已经做爹做娘的，搞不好已经做爷爷奶奶的都可以感觉到，这孩子（当你在那个时候你也会有这样的感觉），别在人前摸他额头，别说从小我就拉着你的手在走，到大了我还拉着。

这是刘墉在石家庄举办的一场有关家庭教育的报告会上的讲话。偌大的一个礼堂居然很难找到一个空位子，一票难求。对于刘墉在各地的讲座来说，这样的场面早已是司空见惯的事了，而听他的报告，也往往让人获益匪浅。

《世说心语——刘墉教育秘笈》是刘墉首次对自己的教育理念和教育方法进行系统讲述，全书总计48篇，从日常沟通技巧到特殊事件处理，从学习方法建议到心理健康指导，刘墉为“新新人类”成长中各个阶段可能遇到的种种问题都进行了答疑解惑。刘墉说，他力求使这本书深入浅出，不但师长，连小学高年级的孩子也能看。

‖ **刘墉：**教育是比较特殊的，因为我过去都是写书给我的儿子或女儿，或者是以读者为对象，但是没有以师长、父母、爷爷、奶奶为对象（写过），而我一直有这个教育的理想，或者是感悟，希望把它发挥出来。

有人说今天的孩子是生动的一代，因为他们生于五彩缤纷变化莫测的社会。尽管遗传了父母的基因，但他们更多的是在感受环境，接受现代生活的影响中长大，特别是互联网的发达，使今天的孩子彻底和之前的孩子区别开，他们往往比他们的父母更聪明更有志向，当然，他们也面临更多的诱惑和选择，因此今天的孩子往往被人称为“新新人类”。

‖ **刘墉：**以前父母讲，说是“嘴上无毛，办事不牢”。现在我们比下一辈差得多，那些小鬼电脑都够不到，可人家已经很神了，可以到好远的地方去了，对不对，他们可以到地球的另外一边去了。我有一次到一个地方，有个小鬼放（了）学，就在那说，“麻烦啊，麻烦啊！”老爷爷就问：“干吗麻烦啊？”“要做作文，要找资料。”老爷爷说：“找资料没关系，爷爷带你去找图书馆。（就算）关门了，爷爷跟图书馆认识，爷爷带着你去找去。”然后那小孙子没说话，进到屋里头，又在里面喊啊，哎呀，麻烦啊麻烦啊。这爷爷已经在穿鞋了，说，走走走。孙子却说，资料太多了——在屋里头喊呢。啊，你怎么有资料了？是啊，人家早就在网上找了一堆出来了，你就打“刘墉”俩字儿你都不晓得能出来多少，对不对？所以今天这

个时代，已经是你懂电脑、不懂电脑、很懂电脑、初懂电脑是完全在不平等的情况之下了。今天的“新新人类”，他们必须要以整个地球来思考。

他们可能动作不快，起床也不快，但是他们的思想快、反应快，打起计算机也快。更重要的是，他们的观念灵活、转变得快、适应得快。所以教育“新新人类”，得从他们的角度思考，才不至于把“新新人类”变成“旧旧人类”。

正是因为信息时代的到来，使今天的家庭教育面临更多的挑战。有专家坦言：如果父母赖以教育孩子的惟一资本还是来自于自己的父母亲当年教育自己时的一点亲身体验和自身成长的经历，或者是从周围的朋友、同事那里借鉴 来的一些感性经验，而没有去研究与把握当今社会背景下孩子各阶段的成长规律、教育的过程规律，以及创造性地运用这些规律去实施独特的、具有针对性的教育，那么这样的教育将是苍白的、脆弱的和低效的。

‖刘墉：因为他们在网上噼哩啪啦，你走过的时候他啪一按，就已经出去了，或者是那里已经有东西进来了。那么如果做父母的把孩子当贼看，孩子为了避着父母怕父母发现，那他随时会分心。就好像有的小孩打手机，他总开着振动放在旁边，一响就赶快小声地讲，他为了怕父母看到，以及随时注意这个振动，难免分了很多心，结果成绩大大受到了影响。反而不如，就算有异性朋友打电话，父母说，你有电话，我们就算接，我们不多问，我们不会审的，或者是电话我们都不接，八成是你的由你来接。反而（有可能使）这个孩子阔然，心很阔，读书效果就比较好，因为心里没有矛盾，没有撒谎，反而脾气会比较好。

大家千万别以为，你不断用爱灌溉，那小树就会长得好。要知道，爱得太多，就好像花盆下面没有孔，却猛浇水，植物是会被淹死的。连花盆都要有个洞来漏水，我们能不让孩子发挥爱的管理吗？

‖**刘墉：**寂寞的17岁，对不对，那是一种酸溜溜的感觉，那也是一种快乐啊。有的时候痒，是，不舒服，可是抓抓痒，那种抓痒的感觉它也是快乐啊。做父母的最起码，一般来讲是做妈妈的，要跟孩子沟通，要聊聊学校的事。如果养成了这个习惯，那么他到了青春期也会把话都跟妈妈跟爸爸说，如果从小就不沟通，（那么）到了青春期就会产生问题，而且青春期他会想，我为什么要活着？因为每一个人青春期的特色就是逐渐要离开父母去独立了，因为他长得已经很大个了。我今天才收到一封信，在今天签名的时候有一个人递给我一封信，她说，我（是）一个女孩，曾经叛逆到一个礼拜离开家，后来我妈妈找到我的时候她抱着我哭，但是我非常没有良心的，我居然无动于衷。她说其实我不是没有良心，我自己私下也哭。对的，你说她为什么要有这种表现？因为她要独立了。

从金色的童年、梦幻迷人的少年，到花一样火红的青春岁月，是人生中最富生机，也最有诗意的一段旅程。在这个期间的青少年开始渐渐以审视的眼光打量这个世界，在他们的心中开始蕴藏一些属于自己的小秘密，而这些小秘密一旦被父母所知道，一场战争似乎不可避免。用刘墉的话说，当青春期的孩子碰上更年期的妈妈，天下就不太平了。

‖**刘墉：**不是神鬼怕恶人哦，我搬东西才搬一半儿子就过来，哎哟爸，我来帮你，回头你扭到了。为什么？因为我厉害，我平常会做样儿，我搬什么，哎哟扭到了，疼。儿子就说，来来来，儿子帮忙。我告诉你，你明明不疼，你要做点样儿，偶尔要生点儿小病，你那个叛逆期的孩子在跟你对骂时，骂骂骂，如果你突然想到刘老师的话不骂了，不吭气了，你会发觉原来跟你对骂、其狠无比、丧心病狂、没良心的家里头的宝贵小鬼他会偷偷看，咦，怎么搞的，妈是不是有血压高啊，怎么她没声了？他会偷偷看。

中国人常常小时候抱得太多，大了又抱得太少。当孩子大了，他不再抱抱你，你是不是也很少抱抱他了。亲子之间彼此都认为抱抱是肉麻的表现，却忘了这是使心灵沟通的最好办法，它能唤起我们儿时的记忆，它能缩短彼此的距离。

‖ **刘墉：**面对冰天雪地，（子女）人生未来的路是父母你没办法跟的，所以他在叛逆期就好像有一些（显得）没有良心，因为他要面对他的战斗。有这个谅解（就好），孩子要求独立思考，所以跟你反叛，如同我儿子跟我说，我当然知道你对，我以前叛逆期，你说黑我就说白，你说北我就说南。我知道我是错了，但错也让我错一次。各位父母要知道，孩子一定要（让）他自己错一次，要（让）他自己走一次。因为你做父母的不能帮他去走，不能帮他去做。

拿自己的孩子和别人的孩子比，恐怕是很多家长的一个通病。但凡是比，自然就有好有坏，而那个坏的又似乎总是自己的孩子，“你怎么这么笨”，“你看看人家是怎么学的”，诸如此类的话，相信大多数的孩子都并不陌生。对于这种教育方式，刘墉先生是极力否定的。

‖ **刘墉：**那些名校毕业的，成绩特高的，被认为特天才的，很可能到马路上就变得是蠢材，所以在美国讲 streetsmart，就是在街上的聪明。问题是，我儿子哈佛毕业之后在广告公司做事，然后他做头头儿，带着一票人到哈佛大学去拍介绍哈佛大学的影片，台湾的，一组人去的。他回来就讲，那些在我们办公室里的小混混什么都不懂，英文半句都不会，可是到了美国的 Boston，到了哈佛的校园却跑来跑去，他办不成的人家办得成。请问学历高就一定是聪明吗，成绩好就一定聪明吗？所以每一个人的大脑都有不一样的开发，这是今天这个时代大家必须要知道的。

你千万别以为“一目十行”的孩子一定聪明，“十目一行”的就一定笨。要晓得每个人的头脑都有差异，当他这样东西不行，很可能另一样东西就特棒。你用这种方式教育他，他看来是低能儿，当你换个方式教，他可能就是天才。

‖ **刘墉：**有一天，我应个朋友的邀请去他家玩，才到门口就听见里头那个妈妈在骂孩子——你早上背的英文单词下午就忘光了，还要看电视，不行。接着给我开门，一边开门还一边回头骂。为了缓和，我就对那个才初中的小鬼说了，别伤心别伤心，刘伯伯小时候英文也烂透了，连出国念研究所英文单词都认不了几个。有一次啊，刘伯伯养的猫生病了，带去看兽医，兽医就问，猫有没有吐？刘伯伯听不懂吐这个英文字，愣住了。那个医生只好做出呕吐的样子，我说，哦没吐没吐。医生又问，有没有尿啊？糟糕，刘伯伯又听不懂了。尿这个字到底是什么啊？那医生火了，站起来大声问，你要我怎么表演你才会懂？你知道吗，才说到这儿那小鬼就笑了，说尿是urine。我大吃一惊，问你怎么知道？小鬼说上次您来的时候我也挨骂，那个时候您说过这个故事。

以写作和艺术享誉华语世界的刘墉，培育儿女同样不乏心得和成就，儿子刘轩获得了哈佛大学博士学位，并出版了多部作品。女儿刘倚帆更是才貌双全，十四岁时就以优异成绩获得美国总统奖。

‖ **刘墉：**我很感谢上帝，如果说（当初）我没有40啦还生个小丫头，跟她哥哥有17岁的差距，如果说我没有一个很叛逆的儿子，跟很撒娇的女儿，跟很新派的小小“新人类”，我恐怕没有本事写这些东西，因为我是从这当中，困顿、挣扎、反思之后产生的。

《靠自己去成功》是刘墉专门写给女儿的。书中提出的两大观点——“自由教育”和“父爱引导”，不仅指出了传统教育习惯中的种种陋习和盲点，而且以全新的角度对孩子的成长规律进行解读，平静温馨中又不乏深入思考。

‖ **刘墉：**有一天朋友开车（大家一起去）吃饭，下车之后过停车场，我就拉着我家丫头，这丫头“嗖”一下手就收回来了：“爸爸的手会出汗，爸爸的手好粘啊。”幸亏已经是暮色西沉，我这脸可是一下子就红了，真的，心里老伤心了。然后吃过饭后又上了一个面包车，我跟女儿坐在车里头的最后座，前头都在聊天，后头（却）是黑的，车子在高速公路上跑。这时候小丫头头（一歪）好像要睡着了，就靠在我肩膀上，然后慢慢地手又伸过来摸着我的手。哎哟我的天哪，我真高兴，不敢动啊，唯恐让丫头醒了。可是等到一到家，小丫头"啪"头一正，又翻脸不认人了，拉着个死脸就出去了，可是我却一辈子都不会忘掉这一幕。

除了《靠自己去成功》以外，刘墉还曾先后为女儿写过《跨一步，就成功》、《成长成功》。通过这三本书，刘墉坦言，他对女儿和儿子采用的是完全不同的教育理念。他的女儿刘倚帆说："我有的时候会觉得怎么我爸爸写我，好像写成一个坏孩子，可是我妈妈就说，大家都是这样，That' s why 大家都要看这本书，因为问题是大家都有的，所以我不是比别人坏的那样子，我跟大家一样，别人就觉得特别亲切。"

‖ **刘墉：**我一方面会训练她、"强悍"她，我会训练她演讲，训练她朗诵。这年头，尤其在电脑的时代，一打电脑你们（女孩子）哪一点比男孩子差？男孩子打得重一点，电脑早点坏掉，对吧。另一方面也训练她，你要优雅，爸爸带你吃法国餐馆，那么 waiter 送东西的时候你要怎么样子对他点头才是一种优雅的致谢，而不一定要说出来谢谢。就是那样一种感觉，你对人说话的那种态度，一颦一笑。那个烛光之下你怎么样会比较美。我把这两条路线一起来。儿子没有，儿子我是打羽毛球，杀杀杀，两边杀，绝对不客气。为什么，我杀是希望他未来到社会上经得起挫折，我希望我所呈现的是未来他所接触的社会。我觉得今天的教育应该是延伸向社会的。

就应该是孩子成长过程中帮孩子一把。对儿子他是推着走，对女儿他是给了她更多的空间，他是自己总结了他自己的方法。我觉得中国的父母应该向他学什么呀，与时俱进，不停地来总结自己教育孩子的一些经验、教训，然后不断地改进。

——卢勤

‖ **刘墉：**但是儿子小时候我曾经体罚过他。记得有一回我骂他，被他奶奶听到了，跑出来劝，我正跟我老娘解说儿子怎么不对呢，就觉得后头有点闪动，回头一看，这小鬼提起一条腿居然正要踢我，气得我立刻啪地打他屁股一下，只是看在他奶奶站在旁边的面子上打得不重。这时候奶奶说话了，你如果是要真打他你就打重点儿，如果狠不下心下不了手，不如不打，免得损了你做老子的威严。我一直到今天都忘不了那天的画面。因为我母亲对孙子宠归宠，但真要处罚却有一定的原则。

许多父母处罚孩子的时候，犯了两个最大的错误，就是：第一，他们要罚，却舍不得，下不了手；第二，他们会处罚，但是没有一定的原则，好像随他们的心情好坏来“执法”，让孩子摸不清。古人所谓“明刑弼教”，刑罚的目的是帮助教育。这就是处罚的原则。

刘墉说，如今的教育太不一样了，我们面对的不仅是“未来世界的主人翁”，或“现在世界的小霸王”，而且面对的是人类史上最特殊的现时代。因此，我们对于孩子的教育也必须有一个新的认识，今天的教育，绝对不能用同一个标准、同一个原则，不但要因材施教，而且得因时施教、因地施教。

‖ **刘墉：**今天很多父母管了太多。孩子听的音乐把人都震死了，天花板都要掉下来了，那父母就会骂。但是如果他能够天花板掉下来可书还是念得很好，如果他整天在打电话可成绩还全 A，那你要佩服他，人家有本事啊，对不对。于是他到社会上“吵”得要死，没准也会进入新闻部，就像我以前刚进新闻部的时候（几乎）没办法写稿，四周太吵了。可是如果连那种乒榜乓啷的声音都可以听，一边打电话一边可以念书的话，那进到这种环境还有问题吗？未来谁赢？是这样的孩子赢啊。你要给他海阔天空让他去发挥啊。

当身为家长的你为自己的孩子设想未来的时候，追求成功的时候，你是否想到希望自己的孩子拥有什么，是希望他将来有名有利，还是希望他做个普通人，但是能够快乐满足、健健康康过一生？关于这个问题，刘墉说，最好的答案应该是为了实现理想。是发挥自己的能力，发光发热，是在人生的旅途留下脚印。是每一天都有收获，是每一刻都寻找到快乐。

‖**刘墉：**我们的孩子是要快乐的，我们的孩子要有追求。人生真正以什么为目的？有人说人生以服务为目的。错了，应该说人生以快乐为目的，人生也不是以成功为目的，成功而不快乐，那算老几啊？干什么？我们到这个世界上来干嘛呢？我常常看那些小鸟啊松鼠啊……都在玩！那为什么人就要每天拼命工作？他是工作狂？战争的目的是为了和平，工作的目的是为了休闲，积蓄的目的是为了花用，人生最可悲的莫过于到死钱还没花完，把太多钱留给自己孩子，孩子却不努力。这世界上没有比给孩子太多钱更容易腐化孩子的，这世界上如果说是“父皇”死掉之后没有遗产，那他的几个孩子也不至于刀刃相对。所以每一个人都有自己的世界，自己的未来。孩子有孩子的海阔天空，为他们想太多干什么？

“从孩子诞生前，父母该怎么决定教育的方向、规划孩子的未来，到孩子出世之后，如何跟孩子互动、开发孩子的潜能。”写一本系统的谈教育的书，一直是刘墉先生的一个愿望。他说，他希望提供给家长的不只是怎么使孩子考高分，而是使他们快乐、成功，“德智体群美”五育均衡发展，而且适应未来的时代。或许这也正是刘墉的教育秘笈所在。

关仁山：对接《白纸门》内外和谐守望的魂

同质化就是人大概生活在同一种空间，看着同一种电视，思考着同一种问题，所以说民俗更加珍贵。

——关仁山

关仁山，1984年开始文学创作。已发表或出版长篇小说《天高地厚》、《风暴潮》等六部，短篇小说《大雪无乡》、《九月还乡》等。长篇小说《天高地厚》曾获第十四届中国图书奖、第八届全国少数民族文学创作骏马奖，第九届庄重文文学奖，三次获《人民文学》优秀小说奖。小说《船祭》获香港《亚洲周刊》第二届华文小说比赛冠军奖。部分作品被译成英、法、日文，多篇作品被改编拍摄成影视剧、话剧、舞台剧等。现为中国作协全委，河北省作家协会主席。与何申、谈歌一起，被称为河北文坛“三驾马车”。

在文坛上，一些作家的名字总是和一些地名联系在一起，这些地名也就成了他们文学作品中的一个符号。譬如，鲁迅先生的鲁镇，莫言的高密东北乡，苏童的枫杨树村，毕飞宇营造的“王家庄”等等。这些地方或者是作家的出生地，或者是曾在他们的生命中扮演过重要角色。那么，今天我们为大家介绍的这本《白纸门》，也是一个作家和一个地方，这就是关仁山和他笔下的雪莲湾。

从早期的《苦雪》、《风潮如诉》、《落魂天》等中短篇小说开始，关仁山便一直在营造着他的雪莲湾梦想。新作《白纸门》被很多人看做是他“雪莲湾风情”系列小说的总结性力作。在这篇小说中，关仁山在叙写了“雪莲湾”独特的民俗文化的同时，更展现了渔民在改革开放的时代背景下对民族精神的守望。

这是位于冀东渤海湾地区的一个渔村小镇，河北省唐山市丰南区黑沿子镇。原本一个名不见经传的宁静小镇，这一天，因为文学却使它热闹起来了。

小镇上正在举行的是关仁山最新长篇小说《白纸门》的研讨会。从早期的“雪莲湾风情”系列小说到这部《白纸门》，关仁山在自己作品中一直苦心孤诣的雪莲湾原型，正是这个名叫黑沿子的小镇。

‖**关仁山：**九十年代初期，我就进行了雪莲湾系列的中短篇小说创作，其中开篇《苦雪》、《红旱船》、《蓝脉》等一批作品先后发表。雪莲湾是我心中的一个圣地，这个地名原来叫黑沿子，黑色的黑，河沿的沿，黑沿子，这么一块土地。我定名雪莲湾是相对于黑来的，相对仗，黑沿子—雪莲湾，雪是白的，圣洁地寄托着我对这块土地的某种理想。

‖**李敬泽（评论家）：**我要说，《白纸门》是他的一个非常重要的成就。

‖**蒋子龙（作家）：**《白纸门》里有些个东西让我感到触目惊心，感到非常地振奋。

‖**贺绍俊（评论家）：**局部的艺术感、风格性都非常强烈。

‖**关仁山：**黑沿子这块土地对我的写作影响很大，因为当时我是在一个叫涧河的渔村，它是归黑沿子管，下属的，挨着海边的一个小渔村。我在这儿当过村长——挂职两年副村长，（以便）深入生活。那时候我看着这块土地就非常地感动，那里的渔船，那里的黑泥滩，那里的渔网，都很神奇，很神秘。我在丰南长大，是生长在平原地带，对大海始终是陌生的。正因为陌生，所以有一种新奇感。

正是源自这份对大海的神秘感，在《白纸门》中，关仁山又从《天高地厚》中的平原农村回到了自己的“雪莲湾”家园，回到了渤海湾的这个小渔村。但这又带来一个问题，作为“雪莲湾风情”系列小说的总结之作，原本是在冀东平原长大的关仁山只是曾在渔村挂职当了两年副村长，那么又如何更好地来写渔民和渔村呢？

‖**关仁山：**我是体验生活那两年走进了民间，跟老渔民聊天，大量地记录，跟渔民出海，我还去过烟台运虾种。就这样，经过大量地搜集素材，加上自己的艺术想象，也（可以）说了解也可能不了解，但我认为更多的还是了解他们的，应该能走进他们的内心世界。这个渔民层面也属于农民范畴，惟一不同的，农民种地是在平原土地上产粮食，而渔民是在蓝色土地上耕耘，（通过）生产海鲜获取劳动果实，他们的生产比农民更艰辛，更神秘，更富于挑战性。渔民这个层面，因为要跟大海搏斗，每天的生存都受到挑战，（每天都面临）大自然的威胁，人（必须）与自然搏斗。正因为这样，它才产生了好多民俗的东西，有好多禁忌，也有好多民间的祝福。书里边提到雷震枣木、红旱船、梭子花、蟹乱等好多东西，都是很独特的。

小说是以麦家祖孙三代人，七奶奶、疙瘩爷和重孙女麦兰子、麦翎子的生活和性格展开的。原本偏僻的小渔村雪莲湾在现代化气息的浸染下，人们的传统生活习俗和观念受到了强烈的挑战，现实中的许多问题和困惑也都在这个小小的渔村中有所反映。如村办企业造成的海水污染，年轻人向往城市生活，老一辈对传统文化消逝的哀叹等等。七奶奶和白纸门是贯穿全书的一条经线，纵向讲述着雪莲湾的过去、现在，以及雪莲湾在这场变化中感到的迷茫和希冀。围绕着七奶奶这条主线，疙瘩爷、麦兰子、大雄、大鱼等人物构成了面对社会进步与变化时的众生相，小说的最后，凭借七奶奶化成的“雷震枣木门”最终使渔村躲避了蟹乱，然而由此留下来的人与自然环境之间的冲突和碰撞却是值得每一个人所思考的。

‖ **关仁山：** 为什么取名叫《白纸门》呢？它是根据我们渤海湾，黑沿子那块有个渔村的民俗，是什么呢，当年一个剪纸艺术家把这个用白纸剪成的门神——钟馗、燃灯道人、穆桂英之类挂在门上。过去源于什么样的传说呢，就是在发生海啸的时候，有个家庭（由于）有白纸门，得到了神的保佑，所以房子没有进水，然后就在村里传开了，之后家家都请这个民间剪纸艺术家剪的门神，白纸门。这个白纸门是源于大陈塘、小陈塘那一带的民俗，就是男人死了，摘下左扇门；女人去世了，摘右扇门，男左女右，然后新人入住的时候换上新门。它昭示着一种吉祥平安的意向，所以说咱们这个书名就取自这个民俗，白纸门。

在关仁山以往的作品中，比如《天高地厚》和《风暴潮》等，大多都是突出小说的故事情节，以人物和故事取胜，而文化含量相对较少。但是《白纸门》这部小说在文化含量上却表现得非常突出，弥漫着浓郁的文化氛围，这正是关仁山有意要凸显的一种文化意识。

‖ **关仁山：** 真正的好小说不有三点嘛，首先是故事层面，一个好小说首先应具备一个好的人物和故事。但是更高一个层面就上升到文化层面，即文化意识。文化层面之上的是哲学层面。让一个作家达到哲学层面很不容易，但是我们可以有意识地凸显文化层面。文化含量它代表小说的一种价值体现，就是说我们每个人都生活在一定的文化素质里，生活在一种特定的文化民俗环境里，这样的话，作家要从一个文化的视角考察人的生存、人的灵魂，并需要新的发现。通常故事层面它仅仅是借助人物的行动来表现社会的发展，折射人物的命运，但是文化可以让我们更加深入地思考，我们作家只有具备了这种认识，才能把思索走向深刻。文化能提升我们作品的艺术品位，这是能达到的。

除了凸显文化意识以外，《白纸门》作为一部小说的结构也引起了很多读者的注意。在作为整部小说开篇的《鹰背上的雪》一文里，出现了带有注释标识的49个关键词，而这些关键词又恰恰成为了以后每一章节的标题。既然带有注释标识，就应该有注解，但是无论在每一页的最后，还是每一节的最后，还是全书的最后，都并没有这些关键词的注解，这是怎么回事呢？

‖ **关仁山：** 它（引子）是一个短篇小说的结构，开始的一个短篇小说跟（整个）长篇小说的情节其实是没有关联的。这个小说里凸显的49个关键词都是大量的民俗符号，而这些关键词后来又作为注释构成了49个章节，这是个外在结构。实际上长篇小说还是种结构的艺术，就是说我们每个作家在写长篇小说时都在考虑结构如何创新的问题，但一味地创新却背离了小说的本质也不行，还必须有故事。这样的话就用故事来解释这个关键词。还有一个点，就是我选取这种形式在于，真正的民间词汇的神秘性是你解释不透的，是你无法解释清楚的，所以说你只能提供这么一个信号，（留给）读者去再解释。就是说，我们（只是）把故事展现给你，至于这个词，举例子说，雷震枣木门这一章节，它只是把雷震枣木的由来点到为止，而具体的枣木精神的内核，它所发挥的作用，和七奶奶形象等等，那就需要让读者再创造。这样的话，结构既有外在结构的解释又有内在结构，内在结构通篇 49 个词，是由连贯的人物连贯的情节穿起来的，这样的话读者可能在读的过程当中会有一种（他自己）再创造的空间。

小说以疙瘩爷赤手空拳和公海狗搏斗开始。疙瘩爷不仅面对社会生活严格恪守公平原则，而且在与动物的厮杀搏斗中也要以公平的方式对待。他杀猎海狗不用现代的火枪而是用“打狗叉”，他的理由一是祖传的规矩，一是不能干断子绝孙的蠢事，他认为公平本身就是对尊严的捍卫。

‖ **关仁山：**这疙瘩爷在大冰海上跟海狗搏斗，海狗是咬住人不撒嘴那种动物，像海豹。咱们渤海湾过去有，现在大连湾还有，每年冬天打海狗。海狗浑身上下都是宝，它的皮、肚脐能做中药材。疙瘩爷打海狗，但他认为海狗是一种生命，人只有跟生命公开地、公平地厮杀较量才能显示人的这种尊严。所以说疙瘩爷特别像《老人与海》里那个获得尊严的圣地亚哥老人一样。

这样的一位老人，当他面对“现代”的时候，不仅不能阻止年轻人的火枪，甚至也难以左右自己。当他当上村干部之后，他的犹豫和茫然也出现在了他那被民间古旧文化熏陶过的沧桑面孔上，他对尊严的捍卫也不复存在了。

‖ **关仁山：**疙瘩爷的命运线对我们是一种震撼，同时它又引发我们思考这个时代。他是心灵高贵的一个老人，后来当了村长，后来开发经济，后来他就回到了陆地，远离了大自然，之后他的人生开始扭曲，这和我们的社会大环境有关系。改革开放二十年，金钱和世俗对人的尊严是一种侵蚀，同时也是种挑战。我们人都是有弱点的，在迎合这个世界的时候，我们可能要损失我们好多尊严。疙瘩爷这个人物，他从一个那么高贵的老人，最后堕落到看不到死人难受，要在海边捞尸体这样一种异化的过程，其实也就反映了我们这个时代对人性的异化。

如果说疙瘩爷逐渐丢掉了自己的尊严，那么七奶奶则自始至终都在坚守着自己的也是传统的尊严。雪莲湾家家都要在门上贴七奶奶剪出的各种"门神"，这些"门神"既有历史人物，也有传说人物和小说人物，正如这些"门神"自身所带有的文化意蕴一样，七奶奶给人剪门神、贴门神决不仅是一种习俗，而是对民族精神的坚守。

‖ **关仁山：**七奶奶是我完美的艺术化身，她是象征着大海，是保护人间的白纸门。她同时又是我们的土地，也是母亲，（就是）这么一个美好的形象。七奶奶这个人物身上寄托着我的好多理想，就是我们现在的民俗的美好一面，它是向善的。我们的文化有糟粕的也有先进的，在这些民间文化里，你可以把它看成是迷信的东西，是糟粕的东西，但也可以是我们美好的祝愿。七奶奶用人间的白纸门最后击退了蟹乱的灾难，同时也把白纸门这种精神的旗帜树在了这块土地上。比如有个村支书拿建学校的钱买车，她把他告倒，七奶奶扛着门和大铁锅上了县城，显示了人的这种正义。

小说的最后，白纸门失灵了，七奶奶的生命也走到了尽头。在生命耗尽的刹那，七奶奶变成了一扇威力无比的"雷震枣木门"，天亮后逼退蟹乱。在这样带有魔幻色彩的结尾中，七奶奶完成了生命的最后一次升华。

‖ **关仁山：**自古以来白纸门象征着美好，是镇邪的东西，是门神啊。

它们都具有镇邪的功能，（是）辅佑人类向善的东西。就是说七奶奶这个形象是紧紧地和门联在一起的，从一开始七奶奶糊白纸门，到最后七奶奶、白纸门，统领全篇。

作为年轻人的代表，麦兰子可以说是小说中最复杂最多重的人物。七奶奶代表着民俗与传统，疙瘩爷则是野性与力量的化身，大雄是原始力量在现代社会复杂环境下跌跌撞撞的形象，裴校长则是一种文化表征，而所有这些因素可以说在麦兰子一个人身上得到了“综合”，她成为所有这些力量的接纳者。

‖**关仁山：**她是一种既欣赏文明又崇尚蛮荒、野性（的代表）。她是个复杂人物，为了能在渔村里教书，她依靠那个大铁锅，也就是奶奶的力量进了学校。她渴望自己当文化人，同时又希望自己的恋人是文化人，所以她有对裴校长的那种羡慕，对文化的赏识。裴校长作为载体，但是身上又欠缺了什么，她感觉到不足，所以回头又把爱转向了大雄。大雄这人物他具有一定的愚昧性，是蛮荒中生命的蛮力。他是有力量的、强悍的，而麦兰子崇尚强悍。当然，得到强悍时她又崇尚文化，（于是）逼着丈夫去当老师，当文化人。因此这个人物她是复杂的，也是我们这个时代中国人所面临的精神困惑（的缩影），就是一种游离不定。

关仁山把《白纸门》定位为一部反思尊严的民俗文化小说。通过对渤海湾渔家日常生活的描述，他在力图向读者展示一幅波澜壮阔的雪莲湾渔村人物画、风俗画和风景画，同时也在这样的氛围里着重寻找着一个思想之点——尊严。

‖**关仁山：**尊严是人最高贵的东西，我们人首先有了尊严才能说别的。咱们看《老人与海》，海明威的著名作品，它就是一部呼唤人的尊严的作品，人在大自然中显示人的尊严。《白纸门》也是反思尊严的文化小说，因为我们从疙瘩爷身上就看到了尊严的流变。他是能够用结束生命的方式呼唤作为人的高贵和尊严的，这种尊严确实是我们人类很敬仰的，但是随着商品社会的发展，随着世俗的东西对他尊严的这种侵蚀，他的尊严异化了，最后甚至迷失了，这是我们作为人的一种悲哀。

关仁山说，过去的作品中对生活中的丑恶有无奈的认同，缺少明确的善恶标准，所以我在《白纸门》中力图通过对现实的再现，把自己的价值判断、精神姿态体现得明确一些，比如对疙瘩爷的塑造，对麦兰子矛盾心理的揭示。批判谴责丑恶，也是为了找回作为人的高贵和尊严。

‖ **关仁山：** 一个人如果是愚昧的，不管你拥有多少财富，最终终究是属于别人的，也就是你最后的地基是空虚的，你的楼是要倒塌的。比如大雄这个人物，他是丢掉了尊严，但是最后他觉醒了，他要成为拆船厂厂长，闯荡世界，来重塑自己的尊严。一个，他作为一个男人，需要有事业来笼罩他，因为（之前）他依附于麦兰子，这样的话是他作为男人的悲哀，这是重塑。另外，他要找到真正的自我，我的价值在哪里？我作为一个新一代的渔民，我的价值在哪里？他要寻找。关于这个尊严要从两方面审视。从另一个角度说，大雄的事业算成功了，他拥有了财富，也获得了尊严，这种尊严可能是对我们传统尊严的一种否定——他是在一种冲突中、否定中寻找到了一种高层次的另外一种尊严。即便从国家角度，如果我们是贫困的，（那么）最终也许只能守着低层面的尊严，但是我们却会在最高层面上被人欺负，也没有尊严。就是说人还是要强大，还是需要财富。财富既破坏人的尊严，同时又还给人尊严，就是说我们看问题的视角（不同）。

在《白纸门》中，尊严的反思是和民俗文化糅合在一起的。小说中的人物因为这些民俗文化和传统习俗而变得生气盎然，它们已经成为一种文化基因植入到了人物的精神意识之中，影响着渔民们的生存和生活方式。用关仁山的话说，白纸门便是雪莲湾人的宗教。

‖ **关仁山：** 民俗，书里边涉及的红旱船啊龙帆节啊，这些民俗都是咱们渤海湾具备的，还有打海狗啊，喊海呀……打海狗谁一喊，谁听到都分一块狗肉领走，这些民俗都非常有意思，这些都是我在深入生活的时候听老渔民讲的。但是现在，民俗保存很难了，好多都断了季了，像咱们说里边渔民的号子过去都分几十种，但现在能保留几种都不错了。随着老渔民的去世，消失，这个民俗也在消失。另外民俗还面临着今天市场经济的挑战，就是说同质化的世界。现在我们的世界就同质化了。同质化就是人大概生活在同一种空间，看着同一种电视，思考着同一种问题，所以说民俗更加珍贵。

也有的读者说，到了全球化和科技化的今天，并不闭塞的雪莲湾渔村难道仍旧生活在依赖神保佑的愚昧时代吗？这个问题说到底，就是我们究竟应该怎样正确对待这些传统民俗文化呢？

‖ **关仁山**：关于咱们雪莲湾的这些民俗，我感觉，它作为一种神秘的事物，是有它的历史价值的。有的民俗咱们可以放进博物馆，有的民俗渔民还在沿袭。我想真正的优胜劣汰是靠人的自我选择。人类在进步，人的选择会逐渐淘汰一些愚昧的。《白纸门》里也涉及点落后的民俗，也有一些落后的成分，比如说缩地符，它是一种符咒文化，也是一种文化，但是看你如何理解它。说“缩地”，说人跑到哪里没有风险，真没有风险吗？不可能。“缩地符”就能保佑你没有风险吗？不是这样的。这就说到麦翎子那个人物，她是新时代成长的女青年，但是她灵魂里潜移默化受着奶奶白纸门的影响。当她高考落榜感觉没有希望，并打算跳海要自杀的时候，看到海里浮着一扇门，这个东西（其实）它是她潜意识里的东西，并不是海里真的有一扇门，可见民俗文化对她灵魂的影响非常大。

作为一部现实主义作品，人们往往关注作家以一种什么样的姿态和立场介入现实社会，只有这样才能更好地把握和理解现实。对于此，关仁山说，我在写《白纸门》之前就想了，既要坚持写现实，同时又要与现实保持一点距离，（这样）才能在叙述上产生个人特色，从而使读者达到阅读的真实。

‖**关仁山：**我以往的作品有一些什么立场呢，就是有些精英立场来看这个世界，就是我们居高临下，站在一个哲人的角度来看这个世界；还有的人站在政治角度看世界。因为看文学的视角不一样，所以我感觉现实主义创作是多元的，它可以吸收各种艺术表现手段。现实主义本身也在发展，就是说一个作家首先要确立立场，而你自己的写作立场将来也是作品的立场。就是说我这个作品区别于我过去的《天高地厚》，或者说是视点下移选取了这种民间立场。当然有些评论家也可能置疑，认为不是民间立场。但我是这么考虑的，不管什么立场，我们（可以）故意把视点下移，以普通人的视角来看我们普通人的生存，且这个立场是现实主义所需要的，它能确立我们的独立精神。同时也只有先有了这种独立精神，才会有批判精神，才能对我们的世界进行再认识。

有人说《白纸门》是一部充满了冲突又意指和谐的书，这部布满了冲突的书骨子里是要寻找一种生存的和谐，这里既有人与自然的冲突，也有人与人的冲突，但关仁山本人的立足点还是要表达人与自然，人与人的和谐。

‖**关仁山：**我们的和谐社会就需要和谐的文化来笼罩，我们的传统文化中有好多因素是和谐的。过去我们的乡神文化，它能制衡土地的和谐，但它也有落后的。就是说，我们这个时代如何能把先进的文化，把真正的文化基因留住，然后再创造我们未来的文化。但是我们未来文化的创造必须根植于过去的传统文化，（要）采古风。这样的话，我感觉和谐社会呼唤的和谐文化就有了蓝本，就说我们作家怎么来书写和谐文化呢，要靠艺术形象，所以我这个《白纸门》在这些方面做了些努力。作品外在的冲突与内在的和谐它是个辩证的统一体，我们只有把这个写透，才能知道我们今天的问题在哪里，我们明天美好的方向在哪里。

人总是需要有些精神的。在《白纸门》中，透过关仁山对民俗文化叙述的表层，作品的真谛其实还是在人的精神世界，那就是对人的尊严的一种召唤。正如评论家贺绍俊所说的，在《白纸门》里你会不断地感受到传统与现实的冲突。尽管关仁山一如既往、满腔热情地期待着笔下的渔民有一个美好的未来，但他仍怀着浓厚的担忧。他担忧在这种改变现状的过程中，渔民们会丢失自己的魂，而这个魂有时候恰恰就藏在民俗文化和传统习俗之中。不知你看过这本书以后会不会也有同感呢?

梁晓声：青春无悔 笔“热”心“香”

对我来说，贫困并不仅仅意味着童年生活的不遂人愿。它促使我早熟，促使我从童年起就开始怀疑生活，思考生活，认识生活，介入生活。

——梁晓声

从1968年起，梁晓声在黑龙江建设兵团生活了六年。回望如火如荼又异常严酷的“知青”岁月，他说“我们付出和丧失了许多，可是我们得到的还是比失去的多”，这意味深长的话语被长久地解读为梁晓声的文学宣言，他也因此被称为“青春无悔”的作家。但在真实的“青春无悔”背后，却是一个作家苦难而自强不息的成长历程。

上世纪80年代，大批“知青”从“上山下乡”的农村回到城市，回家、团聚的激情平复以后，他们不得不面对错综复杂的现实问题。时空的间隔，物质与精神的困扰，推动人们对已逝生活的“重构”。同时，文学对“知青”题材的叙述也开始了分化，一部分写作者坚持以笔为刀，继续对历史的灾难与荒谬进行清算与批判；而以梁晓声为代表的一批作家，则面对复杂的历史进程，致力于从中剥离出珍贵的人性光辉。梁晓声的小说持续挖掘北大荒军垦农场知青生活的素材，他以澎湃的激情为那一代人画像：“极其热忱的一代，真诚的一代，富有牺牲精神的、开创精神和责任感的一代。”

‖**梁晓声：**兵团最难忘的劳动情景就是拓荒建新点，因为拖拉机的履带所碾出的，几乎可以肯定的，是田地之间的第一行的痕迹，开荒为什么把拖拉机叫“铁牛”呢，（因为）你只要是给了它档位，它有足够的油，(整个拖拉机就能像牛一样干起来)。那时候开过荒的拖拉机整个就像泥的一样，到处都是泥，履带里面都是泥。但是它有那么一股劲儿，人也像泥一样，然后到第二年（那里）可能就是一片麦海。因此，就这样开荒、收获，一片广袤，然后置青年于这样的情形下，有爱情，有思想上的差异，这些都给我留下（深刻印象）。（当时我）身份虽然是知识青年，虽然是接受再教育的——再教育就是思想改造嘛，但是在思想情调上应该还是“小布尔乔亚”的。

梁晓声的小说也写到特殊的政治环境对人性的愚弄和戕害，比如《这是一片神奇的土地》中受“极左”思想异化的副指导员李小燕；《今夜有暴风雪》中因为家庭出身不好而被排斥在兵团授枪队伍之外的裴晓云。但危难时刻，总有曹铁强、摩尔人这样的“硬汉”挺身而出，分明的道德立场、无畏的英雄主义成为他们最耀眼的人性徽标。

‖ **梁晓声：**我们看这个大庆，反映大庆生活的时候，就是大冬天往冰冻的水泥里跳，一定是王铁人带头，但这样的一种行为在兵团时期，只要那个人，那个知识青年他是班长他是排长，那没有二话的，（就是你先跳），否则你别当，就是那样的。那里是冰水，那里怎么危险，你带着一个班你怎么可能说，谁谁谁你来下去。这不可能。又比如说修公路，采石头，点炮，如果一个炮一包炸药哑了，你带着一个班，你是班长谁上去排？就是你。“英雄主义”也是完全在生活中的，失火了，寒冬，或者房屋倒塌，或者说要去抢救战友的生命。

在梁晓声的笔下，严酷与温暖，灰暗与绚烂，孤寂与热烈总是相伴相生。苍茫的大地，连绵的风雪，弥漫着死亡气息的荒原，构成他小说展开的主要场景。而炽热的生命，纯美的爱情，捍卫理想而不畏牺牲的青春，则是绽放在亘古蛮荒的天地间最动人的花朵。“荒原与人”的文学意象贯穿在《这是一片神奇的土地》、《今夜有暴风雪》、《雪城》等系列作品中。

‖ **梁晓声：**是，我在许多场合许多时候一再地说过我确实是属于“青春无悔”的，但是我的“无悔”和特别理想化的知青们所说的“青春无悔”

是有区别的，因为我在下乡之前，我的哥哥已经生病而且是精神病，我父亲又远在四川工作，而且他当时也只不过是一个四级的建筑工人，每个月最多能向家里寄 45 元的工资。寄 45 元的工资，他的工友们到哈尔滨来探家的时候就会跟我妈妈说，梁师傅在那生活非常清苦，一块腐乳吃三天，他舍不得花钱来买青菜吃。在四川青菜还是比较多的，也是比较便宜的，但即使那样他也是舍不得吃青菜的，这样才能保证 45 元钱的生活费寄到家里来。我还有两个弟弟一个妹妹，弟弟妹妹也都在上学要交学费，45 元应该是属于当年城市生活标准的最低线以上稍微高一点。

梁晓声在散文集《自白》中这样描述贫困对他成长的影响：对我来说，贫困并不仅仅意味着童年生活的不遂人愿。它促使我早熟，促使我从童年起就开始怀疑生活，思考生活，认识生活，介入生活。虽然我曾千百次地诅咒过贫困，因贫困感到过极大的自卑和羞耻。

‖**梁晓声**：那么在这个情况下，我初中毕业的时候最大的愿望就是早一点为家里挣钱，使母亲脸上的愁苦少一些。但是下乡之前在城市里没有任何挣钱的机会，事实上我在初中的时候已经拉过小套。你们可能不知道拉小套是一个什么概念，就是放学了自己做一个钩子，然后钩子上有绳索，还有一个可以肩套的一个套带，然后走到有坡地的区域，那里有平板车，在火车站运货的平板车，（它）上坡的时候非常难，然后（我可以）把钩子搭在人家的车板上帮着拉上坡，一次可以挣三分钱、五分钱。其实这点钱对家里是没有任何益处的，你就是一个星期拉小套也最多能为家里买一斤咸菜或者二斤咸菜，但那样你也觉得，哥哥生病了，我是长子了，我在力所能及的情况下为家里挣了这几毛钱。在不能挣钱的时候，我甚至也扒过树皮。

扒树皮是为了给家里省下买柴的钱，而他劳动的工具麻袋和铲子都是向别人家的孩子借来的。就在这样的困顿中，梁晓声初中毕业了，“文化大革命”使他既不能高考也不能就业，他只能闲呆在家里帮母亲做做家务。

这时候，黑龙江建设兵团来招知识青年。

‖**梁晓声**：在这样的一个情况下，兵团来招知识青年，说那里每个月可以挣32元的工资，除了基本工资还有9元多的地区补助，加在一起，一名兵团的知识青年，尤其是到我们那个团，不是全部兵团，因为整个黑龙江生产建设兵团是6个师还加上其他的直属团，只有我们一团是有地区补助的，因此在整个兵团，别的兵团挣32元的时候我们是挣41元8毛6。这41元8毛6作为一个召唤，那确实对我来说是无悔的。首先是不考虑那个地方是一个什么样的地方，我必须每个月把那41元8毛6揣在自己的兜里。所以在下乡的时候就没有像别的青年那样很失落，或者对于未来不知之地的那样一种恐惧、彷徨、茫然，都没有，非常明确，那个地方是什么样的我不管，只要给我钱。

梁晓声领到工资后的第一件事就是填汇款单往家里寄钱。那时在工厂学徒三年，工资也只有28元，19岁的梁晓声却可以一次给家里寄去25元。而到每年探家的时候，他甚至能给母亲带回二百元的“巨款”。

‖**梁晓声**：那个年代没有百元钞，十元钞也很少，更多的是五元钞两元钞和一元钞，即使五元钞的话一百元也是20张，要一元钞的话是很厚的，你从兜里掏出很厚的一叠钱交给母亲的时候，你的那种成就感……就你这一年来所受的那些苦都是可以忽略不计的。

某种意义上说，北大荒促成了一个少年向男子汉的蜕变。梁晓声不再是那个看着母亲愁苦的面容却无能为力的孩子，他的双手不仅养活了自己，为家人撑起了一片遮风挡雨的屋檐，他还在用血汗与奋斗，改写着这片土地的历史和明天。一个人的气质往往源于生命最初的给养，比如梁晓声的无悔和坚强。

‖**梁晓声**：正是在这个意义上，它非常具体非常感性，所以我觉得我不是一个理想主义者，在最初就不是，只不过是一个现实主义者，我的理想主义从来和大的政治运动没有特别的关系。而且我在下乡之前的时候由于读过一些西方的文学作品，我记不清楚是谁说的话了，那样的话对我是有影响的——凡是在一个时代，某一种运动某一种思潮它最能使人兴奋，那其实都是可疑的，凡足以使人兴奋的思潮其实都是可疑的，而且往往也不能持久。所以一般来说，我对于那种非常兴奋的一种状态，是较为本能地会退避三舍的一个人。所以（我）不是一个这方面的狂热者，而只不过是一个感性上的一个无悔者而已。

追溯一个作家的成长，似乎总能发现一些前定的宿命。梁晓声在《自白》中写道，我的父亲目不识丁，母亲也是文盲。然而他在小学四年级的时候，作文就登上了《中国少年报》；小学五六年级就阅读了《战斗的青春》、《钢铁是怎样炼成的》等多部长篇小说；中学阶段，他已经对托尔斯泰、巴尔扎克、雨果、陀思妥耶夫斯基等众多文坛巨匠的名字及作品耳熟能详。

‖**梁晓声：**因为我给学校看图书馆，那同时又可以在图书馆看到许多没看到过的书，比如说像后来拍成美国大片的《大白鲸》，不是《大白鲨》，就是《大白鲸》。《希腊悲剧选集》啊，包括杜威的文集啊，瓦尔德的文集，这是我以前在图书馆里不能够系统地看到的，那么在学校里就能看到。在下乡之前，我觉得自己就好像一块木炭一样拼命地吸收啊，然后好像吸足了各种文学的水分，然后让我下乡。这个下乡我觉得它可以抵御孤独，因为你读了一些（书），可以讲给别人听，可以安静地自己在那里去想，去回忆。

梁晓声带着他的阅读记忆奔赴北大荒。那是中国的极北之地，春天短促得稍纵即逝，而酷寒的冬季却漫长得没有尽头。梁晓声说，青春是不怕艰苦的，激情和活力会使艰苦像冰化成水，然而青春并非勇者无敌，尤其当文化荒芜，年轻的心灵裸露在沙漠中的时候。

‖ **梁晓声：** 但是青春是害怕寂寞、枯燥、单调，你说得非常对，这恰恰是当时全部知青，无论是兵团的还是插队的还是农场的知青所面临的最大的问题。尤其当一批知青聚在一起的时候，那时完全没有书可以读了。在城市里还可以偷偷地来交换书看，虽然烧，虽然收，虽然封，但还是有一些书在各种各样的人手中互相暗地里交流，但是到兵团的时候就全然没有了。我在下乡的时候不敢带一本书，把所有的书都搁在小箱里放在床底下，对母亲说一定要给我看好。因为那时候大家认为中国以后再也不能有那样的书了，就再也没有了。这一点上，好像大家都会觉得那是不会再有的，所以就不能带到兵团去。不能带到兵团去，这么多青年看什么呢？标准的我们兵团宿舍里的内务——我们叫做内务，就是行李褥子铺好了，被子叠得很整齐，每一个铺位前边的被子上边都放着各种版本的《毛主席语录》和《毛主席诗词》，所以大家只能看（这些）。

然而梁晓声却在北大荒的黑土地上开始了文学生涯的初探。批判稿、表扬稿，毛著标兵的讲用稿，甚至知青伙伴的检查、机务排长的悼词都为他创造了实践的机会。他渐渐产生了一种自信，暗暗向往在报刊上发点什么。而他的一篇广播稿《雷锋精神不死》也如愿以偿在《兵团战士报》上亮相了。

‖ **梁晓声：** 在那样一个情况下兵团才办了《兵团战士报》，是8开的纸，然后折叠。那报纸一分到连里，就是所有版面上的每一个字，大家的眼睛都像长了钩子一样，一张报纸要看好多遍。可能是两个星期才会有一份报纸，甚至是20天才会有一份报纸到我们连里，所以即使是登在黑板上——写在黑板上的我们叫做黑板报，写在那上边的一首诗（被）抄上了，也（感到）很难得，也满足了，一种发表似的那种愉悦。而且也确实有知识青年真的拿着馒头一边吃一边看，啊，梁晓声在黑板上他们给登了一首诗。

北大荒的六年“知青”生活，是梁晓声走出校门闯入的第一个社会圈子，这里的善与美，罪与罚，冲突与妥协在他未来的文学作品中留下深深的烙印。而在思想冷静、特立独行的曹铁强们的身上，读者似乎也依稀看到了作家倔强不屈的身影。

‖**梁晓声：**在我的档案里，就是现在的档案里，依然保留着我离开最后的兵团的单位，就是（在）木材加工场（工作）时关于我的鉴定，关于我的鉴定其中一条，就是“可以利用，不可重用。”

梁晓声还曾因为所谓的“思想立场错误”，遭到被“精简”出团部的惩戒，偌大一个团部，只精简了两个知青，他是其中之一。即便如此，梁晓声并不曾改变他进入社会的姿态，也许正是这种气质奠定了他作品中永远分明的道德立场。

‖**梁晓声：**我离开连队之前，当年是24岁，18岁下乡，6年了。我离开连队之前非常郑重地交给团支部一份长达10页的建议，建议团支部在发展团员的时候要非常真诚、（怀有）爱心地考虑到那些家庭出身不好的青年，写了10页纸，工工整整，明天就走了前一天夜里还在写，然后留给团里。

很多年后，梁晓声与同在北大荒插队的知青战友欢聚一堂，回首前尘往事，战友们对他当年的慷慨义举竟给出了这样的评价：

‖**梁晓声：**“说心里话吧，那几年我们这些人感觉到你思想是老反动的。”当他说这句话的时候我是很愣的你知道吗，因为我觉得我们在团里关系非常好，但是原来我在他心里的印象是这样的啊。而且（他）也告诉我说，你就是坐车走了，你不坐车走，就你那一封信已经交到团里去了，你（就）别想走。但是我的那封信是那么真诚啊。

1977 年，梁晓声从上海复旦大学中文系毕业。从此，北大荒的黑土地多次出现在他的文学世界中，成为《这是一片神奇的土地》、《今夜有暴风雪》、《雪城》、《年轮》等代表作的自然与人文背景。他说，北大荒培养过我，我永远不忘。北大荒留下他青春的肖像、一生的情结。

‖**梁晓声：**对“人民”这两个字有了最感性的认识，你很难想象你的前后左右街区的邻里，他是人民的概念，因为你很熟悉他。但是你到农村的时候你就突然觉得，那（也）是一部分人民。你不熟悉他们，但你要渐渐地熟悉他们，他们世代就在那里生息，他们对于中国是怎样认为的，和中国的关系是怎样的，而且你确实感觉到，啊，人民原来是这样的。

不怕艰苦，是所有知识青年逆境中的收获。在苍茫的荒原上犁出第一道辙印，把死亡的沼泽改造成良田，与强悍的大自然殊死搏斗，在收获的喜悦中感受奋斗与成长，当然还有在相依为命的岁月中种下的骨肉同胞般的情义！

‖**梁晓声：**我觉得这是非常特别的，还没有另外的一件事情（能）使成批的一些同代的东北人、青年，和成批的一些南方的青年之间建立起了那种曾经共有过的一种（经历）。你知道共同命运，就是生死与共很哥们、很铁的那种关系，就是一见面就觉得像两只一个窝里长大过的小猫小狗的那个感觉，一见面就拥抱在一起的这个感情。这个感情一直到现在大家还都是老高三，都已经六十多岁，都应该退休了，但是一提起你当年知青，我当年知青，你哪个团的我哪个团的，或者你是内蒙古的，还是云南的，还是山西陕西的，一谈起来的时候这时这个感情还都非常深。

从上世纪 70 年代初开始发表作品，梁晓声始终坚持作家的本色，忠诚于自己的文学使命，不倦地思考，勤奋地写作。无论是在小说，还是在思想结晶的散文杂文中，他对正义与理想的捍卫，对真善美的执著一以贯之，而理想主义高扬的 80 年代则无比契合他精神的诉求。

‖**梁晓声：**有的时候还是很怀念，很怀念八十年代，那样一个年代，觉得我们那个时代本身最正面的那一部分呈现得特别美好。我还记得有一幅油画得奖，叫做《心香》，“心”是“心灵”的“心”，“香”是“香气”的“香”，《心香》画的是那个大白菜，大白菜在地里生长的时候可能闹虫灾，它所有的叶子都是枯萎的，都是被虫咬的，但是因为它（是）白菜嘛，有很顽强的生命力，所以中间的菜心那里还是那么挺挺地往上长着，那么的翠绿。然后突然间，所有的知识分子都感觉到自己就应该是那样，就感觉到自己对这个国家对这个民族的责任就应该是那样的，就是说即使我身上有伤痕，即使我有怨气，但是我对于这个国家这个民族还有更主要的，就是责任。那，是诗人的就觉得我要通过诗来表达，是小说家的就觉得我要通过小说来表达，是画家的就得要这样。

作为与共和国同龄的作家，梁晓声相信文学可以廓清我们所走过的这条道路上的是与非，相信文学可以帮助国家重建一种精神，而这种精神是一个民族不可或缺的。他经常问自己，今天的社会矛盾依然是咄咄逼人的，作为一个有良知的写作者该何去何从？如何在温暖的歌咏与犀利的批判间寻找平衡？

‖**梁晓声：**可能我既要做猫头鹰也要做蜜蜂，我同时，我一定要同时。我今天看到了一件使我气愤的事情，那今天我就是猫头鹰。当我发出猫头鹰那种嚣叫的时候，那我可能会不理睬别人对我叫声的反应，不管你们愿意听或者不愿意听，除非你们封住我的嘴。但是明天我真的觉得生活中会有这样感动我的事情，这时我宁愿变成蜜蜂，我会非常虔诚地用自己小小的蜜囊把生活中呈现的这一点采集出来。

阅读是梁晓声先生生活的一部分，他深受三位大师思想及其作品的影响。首先是胡适先生，他曾说想要收获什么，就那么去栽。梁晓声理解“栽”就是要像农民在稻田里插秧，虔诚劳作，甚至长时间不抬头。第二位是梁漱溟先生，他 90 岁的高龄时这样总结自己的人生：一定不要特别相信自己的观点肯定是正确的，不要特别不怀疑地，视别人的观点为错误。还有一位是丹麦作家安徒生，他以童话的单纯之美，温暖着全世界孩子的过去现在和将来。

马未都：收藏，是一种人生态度

今天，当面对古人如此丰厚遗存的时候，我们内心充满了深深的愧疚和无限的敬意。既有惭愧之处，同时也有对古代文化的一种尊敬。中国传统家具带给我们的享受是深层次的，带给我们的乐趣是不经意的。正是这些享受和乐趣，让我们有机会与古人对话与文化同行。

——马未都

与更多人分享发现的快乐，一直是马未都心仪的事。1992 年他即出版了《马说陶瓷》一书，被许多收藏爱好者视为启蒙读物；他还撰写过多部文物鉴赏专著，其中《中国古代门窗》曾两次斩获国家图书大奖。这次开讲《百家讲坛》，马未都选择了“家具”开篇，他认为在文字被垄断的漫长岁月中，中国文化正是通过家具这样一种具体实物口耳相传，生生不息。

今天我们来读一本知识与趣味兼得的书——《马未都说收藏·家具篇》。俗话说：乱世买黄金，盛世兴收藏。马未都先生这样描述时下的收藏热：每到周六的早晨，天刚蒙蒙亮，北京市有两个地方万头攒动，一个是天安门广场，大家都在举头看升旗，一个是潘家园市场，大家都在低头寻国宝。当然，即使不到潘家园，从图书市场、从街头巷议我们一样可以感受到收藏的热度。但是，你在推开这扇门之前，是否问过自己：收藏我准备好了吗？你的文化储备、知识学养以及心理建设，是否足以支撑你感悟到收藏的魅力呢？现在就请马先生开课，开篇第一章：收藏是一种人生态度。

‖ **马未都：**收藏为什么是个人生态度呢？就是它在你的人生消费中占有极为重要的一个地位，你的人生不仅仅是消费大米白面，消费绫罗绸缎，就是不仅仅是吃穿这两件事。吃穿两件事仅是我们生活的最低保证。人之所以有别于动物，就是因为我们还有一个精神的享受，这个精神的享受，如果是带有物质的一个表现能力，就是艺术品。再有一个（就是）满足人们潜在的虚荣心。一来，你不能跟人家说：哎，你家买一新车，说这丢人。现在你炫耀，哎呦，我们家买一大电视你看看，这是过去的事了，今天没有人敢炫耀这个。但是他敢说：哎，我今儿买一罐子，给你看看，这有多好、多有意思，他炫耀（这）。这种炫耀是人类一个正常的心理状态，也是会获得一个正常的心理满足。

‖ **王宁：**从这个意义上说，我们是不是应该还是支持大家。

‖ **马未都：**对，提倡正确的收藏观。不要指望这事儿发财，收藏是一种文化消费。那么，你要注重的就是这个文化。我在《百家讲坛》上反复倡导这个观念："终生给你带来快乐的一定是文化，不是简单的金钱。"

承平盛世，淘两件古董怡情悦性是个雅好，但以怎样的态度看收藏，从古至今见仁见智。清人李渔在《闲情偶寄》中痛批这样的收藏者："有八口晨炊不继，犹舍旦夕而问商周；一身活计茫然，宁遣妻孥而不卖古董者。人心矫异，讵非世道之忧乎？"一大家子人粥都没的喝了，还死抱着古董罐子不撒手，如此为物所役，世道还不乱了？时代日新月异，观念百家争鸣，马未都强调：投资是一种人生态度。

‖ **马未都：**我早年去苏州，八十年代，看到苏州的农妇抱着小孩在那床前教育孩子的时候，我就突然恍然大悟。这是花、这是草、这是山、这是水、这是《三国》、这是《水浒》，我在书上说过这个事儿。那么这个场景就会通过一代一代的文盲的嘴传递。封建社会的时候，百分之九十九的人都是文盲，文化怎么传递？口头文化。口头文化怎么能够变成图象？有这些东西帮忙，你的瓷器上的画片，你的玉器上的雕刻，你的家具上的纹饰，这些都在帮助你、帮助人类、帮助我们民族传递这种文化，生生不息呀。它靠什么呀？都是靠这些具体的东西。

听马未都先生"现场教学"是一件难得的事，即使在《百家讲坛》，大家看到的也只能是图片。从《马未都说收藏·家具篇》，我们知道原来中国人是唯一改变起居习惯的民族，由席地坐到垂足坐，高坐改变了我们的视野，也改变了我们的行为模式。而把中国人从地上支起来的第一件坐具就是这种马扎，因为是游牧民族兄弟贡献的，所以称为“胡床”。

‖**马未都**：我在书中提到过这个，李白那首著名的《静夜思》就说：“床前明月光，疑是地上霜。”我说，李白就是坐在这样一个（床上），李白就是我目前这个姿势。他坐的这个马扎子，就古称“胡床”。

‖**王宁**：“胡床”就是《静夜思》里的那个床？

‖**马未都**：对，就是那个床。你比如说，“床前明月光，疑是地上霜。举头望明月，低头思故乡。”他这个景别说得非常清楚，我们唐代的建筑我说过，窗户很小，月光是进不来的。首先他的窗户上要糊有纸或是绫子，光线绝对进不来，你不可能“疑是地上霜”。

马未都的《静夜思》新解，让人们重新揣摩那句耳熟能详的“床前明月光”，有人觉得耳目一新，也有人哗然而起，引用白居易的诗“独向檐下眠，醒来半床月”提出质疑，既然白居易可以睡在床上沐浴大唐的月光，为什么可怜的李白就只能坐在马扎上呢？

‖**马未都**：另外，李白有另外一首诗来对这个《静夜思》作为佐证，就是他著名的《长干行》：“妾发初覆额，折花门前剧。郎骑竹马来，绕床弄青梅。”小女孩就是坐在这个马扎子上，折着一枝花在玩耍，小男孩骑着竹马围着她绕圈，就这么一个简单的景别。他那个床跟睡觉的床一点关系都没有，因为“折花门前剧”说得清清楚楚是在门口儿。另外你不能说“郎骑竹马来”，两个人就直接上了床了，这事儿就有点，我就说不是李白的本意了，是吧？所以这个都很清楚。

现在的收藏节目常祭出一面大旗：去伪存真。但假如失去了专业的尺度，“伪”恐怕会更长久地混在“真”的队伍里，而让人心悦诚服地相信李白坐的就是一个马扎，也绝非一场口水仗就能解决问题。好在，历史的足迹清晰可辨，汉朝的胡床已演进成了宋代的交椅。

‖ **马未都：**这就是交椅，那么交椅怎么形成权力的象征呢？是因为过去皇帝出行打猎的时候，（要）有人扛着，累了呢，皇上（就坐上去）歇着，大家看着。久而久之形成了权力的象征，就这么来的。

‖ **王宁：**所以就说第几把交椅。

‖ **马未都：**第几把是咱后来的，过去没这个事儿。过去就是一把手，后来出来了二把、三把、五把手，那是另外的事儿，是现在很俗的事儿。过去就说，谁做交椅那就是说谁就是老大，是这个意思。过去你比如说梁山泊一百单八将，谁坐这把交椅？那是宋江，是这意思。没说谁坐第一把、第二把、第一百零八把，没有人排这个顺序，是我们后人很庸俗地排了这个顺序。现在后来人很容易说第几把，就是你是几把手啊？是不是这意思？过去没这概念。

从胡床到交椅，历史似乎只是一个轻巧的转身，假如把这个过程慢放一遍，我们就会看到掌握家具演进的并不是它的主人，更不是有权生产无权消费的能工巧匠，权力、等级、体制，所有社会学、人类学的因素几乎都隐含在家具的榫卯和花纹里。所以草根的家具自然朴素直白，而帝王的家具必须繁华富丽，比如这对紫檀七重檐佛塔，精美绝伦，据说是乾隆皇帝当年送给母亲的寿礼。

‖ **马未都：**我们过去都是说："救人一命，胜造七级浮屠。""浮屠"就是塔，它是梵语的一个译音。所谓"七级"呢，也可以理解七层，也可以理解为七重沿。这个塔是八面的，塔有很多，有多面的、有八面的、六面的都有。那么这个八面塔每层陈设呢，等于是八个佛像。那么三八二十四，则两个佛塔能够陈设四十八尊佛。从工艺角度上讲，它远远比家具的制作要难。它的用材都比较单薄，非常的单薄。它不讲究厚重，它这个立柱都很细，手指头这么粗，沿儿都非常薄，它不是缺材料，而是它要……

‖**王宁：**就是非常玲珑。

‖**马未都：它要找到这种塔的效果。**

每一个参观过故宫的人，可能都曾对皇帝的宝座行过注目礼，占有它，就意味着拥有至高无上的权力，谁都相信那会是天底下最舒服的一把椅子。可马未都说，宝座的设计充分体现了中国家具的设计原则：尊严第一，舒适第二，“人文精神”高于一切。坐在这样一张四面不靠的宝座上，皇帝的感觉与坐板凳无异。

‖**马未都：在我几十年的收藏生涯中，（曾）看到的宝座有限，不超过十个。因为你想想，这个宝座历史上只有皇帝本人能坐，它就是闲着，别人也不敢往上坐。**

‖**王宁：**您坐过没有？

‖**马未都：我当然坐过。现在跟皇上没关系，帝制都推翻了，已经没事了。估计乾隆在，我也不敢坐，对吧？这是典型的乾隆时期的宝座，你看那个四脚是个象，大象的头，象鼻子卷起来，从皇帝的角度上讲，他也希望在他统治这个国家的时候，气象万千、万象更新，所以他就对大象这种动物非常感兴趣。我们的文物当中有很多带大象的文物，比如有太平有象，就是一个大象上面搁着一个瓶子，这都反映了当时统治者希望社会安定的一个美好愿望。**

《辨伪》也许是这本书中最雅俗共赏的一章，“练一双慧眼拣个漏儿”，谁敢保证自己的大脑从来没有过这“私”字一闪念呢？辨伪，是针对作伪，作伪无非两个目的：欺世盗名、获利谋财。所以辨伪首先要超越名利的负累，从更高的层面击溃对手。马未都说，辨伪是一门非常专业的课，不是每个人都能学会，但辨伪的道理却适用于人人，即使不搞收藏也同样受益。

‖**马未都：在书的最后《辨伪》这个章节中，我没法细致地教给你这椅子怎么鉴定，桌子怎么鉴定，那碗怎么鉴定。我这三件儿全教完了，下**

回来三件跟这不一样，来了一板凳、来了一案子、来了一个瓶子，你全都不能鉴定了，那你等于白学。那好，我们要一个思路。思路是什么呢？就是这个东西为什么存在。它为什么能摆在你的面前让你产生各种疑问，这东西你哪儿来的？你首先要明白，那么作伪的人呢，也要考虑同样的问题，我怎么能够把对方击倒？第一，就是有本，有本而依啊，就是我仿这个东西，我一定要有个东西在这，这是一碗，宋朝的，是斗笠状的，那我也仿一个宋朝的斗笠碗，对吧？我得有本而依。还有一种是意想杜撰的，是吧？我仿一宋朝碗，我给它做成仰钟状，像一个钟，当当的那个钟，仰钟状。宋朝没这个造型，那明白人一看就知道是假的，对吧？它就跨越了历史的界限，我说得很明白，历史划了无数条线，你现在要找出每条线在哪儿，你只要找清楚了所有的线，任何跨越那条界限的东西立刻就会破绽露出来。还有一个问题是，它这条界线对于任何一个历史物件来说，它不是单纯的一条线，我们要划的是若干条线，第一是它的社会层面，就是社会学。第二是它的技术层面、科学层面。第三是它历史的这条界线。就是你每条界线都得特别清楚，它也可能有的作伪特别高，基本上都在这个框架之内，但是（只要）它某一点中露出破绽，你可能一下就抓住它了。

假如把收藏比做一枚硬币，这面是辨伪——解决技术问题，那面就是戒贪——解决思想问题，意识支配行动，贪念不去，一个人很难气定神闲心明眼亮。马未都说，贪是人的本性，总想买的东西比别人便宜，就非常容易上当，而人与人的区别仅在于，有人执迷不悟，有人则吃一堑长一智，比如他自己。

‖**马未都：**我不仅原来贪，到现在还有这问题呢。谁不愿意贪便宜呀，对吧？一看这东西便宜就兴奋，呦，这东西便宜，怎么回事？很容易上当。我碰见过一个人，跟我非常非常地熟，然后到我这儿学了学家具什么的，他嫌贵。然后自己跑出去买了一卡车回来了，全是“真的”，买了一卡车“好家具”，他说的。我想想这事儿说起来有十年了，花了十几万买了一卡车回来了，跟我说全是乾隆年间的，我说你怎么知道是乾隆的，他说人家给我写一发票上面写着呢。我说你就凭那发票，这东西就是乾隆的了？后来让我帮他看，我一看，你这东西全都是瞎活儿，假的。然后呢，他不信，他说人家跟我说呀，这东西，卖马未都（就）贵，卖你（就）便宜。他贪嘛，他相信这话。后来我就说这事儿，我说是这样，我得打听一事儿，你得告诉我，他凭什么便宜你呀？他总得有个理由啊。哦，他卖我贵，他不卖给我，他非得便宜卖给你，这道理根本就讲不通。他凭什么让这么大便宜让给你？你吭哧吭哧一卡车买回来的全是真的，有可能么？你那东西全是假的，全是新的。最后隔了很长一段时间，他（终于）说这东西是假的，我得退了去。我说退没那么容易，而且你还别全退，你留一件做一教训，天天搁家里想着这事儿。后来还挺听话的，（真）剩了一件搁家里了。退是退了，赔了都。

‖**王宁**：这乾隆发票还真给他退了。

‖**马未都**：人家开了，乾隆工什么什么，就是仿乾隆的那个意思。

‖**王宁**：乾隆工？

‖**马未都**：对呀，他不明白嘛，（人家）没说这是清代乾隆时期的家具，也没这么开，就说乾隆工什么什么桌椅板凳，一通写。乾隆工，乾隆的什么工啊？都是模糊的概念。后来他就赔了很多钱退掉了。

‖**王宁**：您给大家提了一个很实际的做法，比如说买一假的放那儿，警钟长鸣。

‖**马未都**：对。

‖**王宁**：那除了这个之外还有什么实际的办法吗？就是让人能戒贪。

‖**马未都**：我告诉你，找到你脑袋上的一定是个坏事。好事它不会找到你脑袋上，好事是自个出去找的，明白了吗？有一个人突然有个便宜东西冲着你这儿死活要卖给你，后面还背着一个悲惨的故事，家里急用钱什么的，这事儿都很玄。

马未都被称为平地崛起的一代，只读到小学四年级的他成为了今天的作家，收藏家，博古通今的文化人，天分、坚韧、读书在他成功的历程中各占怎样的位置?

说起成功,马未都说:我祖上既没有人写字,也没人玩儿古玩,我这就叫“旱地拔葱”。马未都小学读到四年级,“文化大革命”开始了,从此他与学校相忘于江湖。有人感慨,个人命运之于时代的潮流永远是沧海一粟,懵懵懂懂地随波逐流往往是一个时代的宿命。但马未都“旱地拔葱”,却闯出了一条自己的路,从工人到文学编辑到收藏大家,他的体会是:对于成功,努力与天赋同等重要。

‖**马未都**:第一次人家跟我说青花的时候,我觉得是一个不可能达到的任务。你比如说,有个老师傅跟我说,说这青花能准确地分出来历史的各个朝代,我一听就觉得不可能,后来他跟我说了一句话,他说:“你先看好一件东西就可以。”这话对我特别重要,我买了一个康熙青花,当时几十块钱,一个青花的人头罐,天天抱在床上看,抱在被窝里,半夜醒了也看,认真看。就看了俩月,有一天恍然大悟。

‖**王宁**:您看到了什么?

‖**马未都**:我就明白了,这事儿就明白了!它确实有不一样的地方。就是我有一坐标,我看清楚了釉是什么样的,胎是什么样的,画意是什么样的,色是什么样的,东西你只有看的时间长了,你刻骨铭心地去看,你(才能)记得特清楚。它(只要)有一点略微的差异你就能看出来了。那好,这个差异就告诉你不是这个时候的,那是什么时候的呢?它不是前就是后,不就这点事儿吗?要么就挨个排队,那很快就明白了。

‖**王宁**:您一下就能刻骨铭心地记住我觉得这是很不容易的。

‖**马未都**:咬住了牙先把第一件事办了,其实所有的技巧从根儿上讲,都是从最基本的地方入手。比如你练书法,第一件事没别的,先写一“点”,对吧?老师要说这“点”你给我点上好几百个,你要天天点,但我们都不干,刚点一个点就想写一横,刚写完横就想写竖,又是撇又是捺,最后这字不是个样,对吧?就是我们大部分人都耐不住这个寂寞。现在也一样啊,你考艺术院校,一进声乐系老师说先练一发声方法,刚这么弄两下，你就烦了。你说我给你唱一首歌吧，你先听听我这歌。你肯定是这种感受，对吧？没那事，老老实实从根儿上来。所以，对于艺术，你尽管有天赋，但如果基础不扎实，你那天赋是白搭的。

马未都自定义为“捡漏儿”拣出来的收藏家，到1992年出版《马说陶瓷》一书时，他藏品的80%都是在上世纪80年代转悠着买下来的。对于那段民间收藏的记忆，他用“诗意”来形容。然而诗意的收藏并非他理想的彼岸，1997年1月18日，马未都创建了中国第一家私立博物馆，迄今已拥有家具馆、陶瓷馆、油画馆等七个展馆。他说，我走在了时代的前面。

‖**马未都：**你比如我做中国第一个私立博物馆，如果没有这种精神，早就关门了，因为我不是什么很较劲的人。我说过一句很重要的话，我不知道别人能不能听懂，我说“我走在了时代的前面，我理应背负这个重任”。谁让我走前面去了，我要么走后头，再过50年，中国搞博物馆的人就多了。问题是我走在前面了，我当时做这个事的时候全国第一个，我申请的时候人家还讥笑我呢。人家说这都是国家的事，你别在这儿捣乱，上来就是这么说我的。那么做出来，一直做到今天，到今年的年底，从批准那天算起就12年了，要以开放那天算呢，到现在已经11年过去了。我不比别人强，我必须老得说这话，因为我觉得人老说我吹牛就很烦。就是我并不比人家强，只是从小养成一个习惯，就是坚持、认真、坚持。这个坚持里包括很多，我写过我人生的信条，我说人要坚强，坚强的背面或者说坚强的底下的支柱就是一个坚持，很多事都是坚持，对不对？人的一生中遇到各种艰难困苦都是正常的，社会不是为你一个人设计，是为整个社会设计的，你跟这个社会发生冲突是非常正常的。

‖**王宁：**可是很多人不这么想，大家都会怨天尤人。

‖**马未都：**我从来不怨天尤人，而且我认为我们已经占了社会的便宜，不能去抱怨。

关于成功这件事，一般有两种叙述方式，或者浓墨重彩字字血泪，或者轻描淡写似乎无为而治，但无论表象如何，真理只有一个：不经历风雨怎么见彩虹，没有人能够随随便便成功。究其根本，态度不同感受不同，比如马未都说，“收藏是一种乐趣，你绝不能把这种乐趣变成一个负担。”以发现乐趣的眼睛看生活，一切都不是负担。

‖**王宁：**那我们想象您这个过程当中，读书肯定是您进步的阶梯。

‖**马未都：**那当然，肯定的。我读书啊，我一直看《读书》节目。

‖**王宁：**有什么方法，您读书的时候有什么书对您印象特深刻？您读书和我们读书有什么不一样？

‖**马未都：**我觉得我读书的那个年代呢，是一个没有书读的年代。我读过很多书，今天说起来都是一个笑话，我读过的很多书啊是没有封面、没有封底、没有前面十多页，比如我看《简·爱》的时候，前面十几页都没了，所以我在后面就要拼命地想象它前面是怎么回事。

‖**王宁：**就是一出了孤儿院就不存在了。

‖**马未都：**对，就是一残书，那时候。我想想，那时候我大概18岁吧。我看《红楼梦》是全本。我16岁看《红楼梦》，是一个女孩借给我的，借给我，那个是完整的，我从头到尾都看了，看得死去活来，说世界上还有这种事情啊。我年轻的时候非常酷爱文学。还有一个就是，很多人不知道，我读很多杂书，就乱七八糟的，不一定是文史哲。有时候我读的（一些）科学的书，连自个儿都不爱，（但）看还是要看，能看懂多少是多少，我觉得开卷有益嘛。看什么书都对你有好处。

古人说书中自有黄金屋，而对于收藏者来说，书最实际的意义恐怕就是给你一个理论的准备，别两眼一摸黑就想去淘宝。马未都说，首先你应该知道自己要收藏什么，然后把对应的书找来看，比如说你喜欢陶瓷，就找《中国陶瓷史》看看，别一张嘴把斗彩说成“抖彩”，让人笑你是个棒槌。书是最慷慨的老师，拍摄的当天，恰好出版社送来了《马未都说收藏·陶瓷篇》的样书，于是采访转到了另一话题——书该怎么读。

‖**马未都：**这套书是五本，我觉得不管你喜欢什么，一定要把五本书都读完，这对你其它的鉴定有极大的好处。你说我就喜欢玉器，我就买玉器，别的我不看，其实是不对的。我之所以有今天的成功，是因为我横向看的比纵向多，这个没对别人说过。所谓横向是什么呢？就是我关注陶瓷的同时我关注家具，我关注家具的同时我关注玉器，我关注玉器的同时我关注中国所有的工艺品，这样的话，在你的判断当中就不会出现大错。

对于初学收藏的人，最关心的就是迈出第一步的时候该注意些什么，马未都先生总结了三点：一、量力而行，别把收藏的乐趣变成负担。二、戒贪。这两点我们在节目中已经认真探讨过了。第三条注意事项是不能轻信故事。今天说谁家祖上是太监，明天说谁家祖上是宫女，云山雾罩上下五千年一通编，这时候你就要提高警惕了，心里一定要有根，就事论事、就物论物，那根从哪儿来呢？万变不离其宗，首先还是读书……

王海鸰："中国婚姻第一写手"的《新结婚时代》

我不是那种为了下世纪的人写作的人，我为了今天写作，为了今天的人写作，所以我必须重视读者、观众。

——王海鸰

王海鸰，当过兵，做过医院宣传干事，现为总政话剧团编剧。与一些作家不同，除了作家身份外，王海鸰在某种程度上更多的是一位出色的编剧。借助于影视剧，她的婚恋题材作品广受读者好评。从早期的《爱你没商量》、《牵手》，到后来的《不嫁则已》、《中国式离婚》，可以说，王海鸰的每部作品都在社会上引起强烈反响，都激起人们对婚姻的再思考。她本人更是被誉为"中国家庭婚姻小说第一人"。

在第三届"《当代》长篇小说年度（2006）最佳奖"颁奖活动中，王海鸰的《新结婚时代》荣获了"年度最佳奖（读者奖）"。《新结婚时代》是王海鸰继《中国式离婚》之后又一部聚焦当代中国人婚姻情感问题的力作，不同的是，这一次她并没有像《中国式离婚》那样告诫人们"物质对于婚姻和爱情，并非雪中送炭的必要条件"，而是提醒人们，"婚姻在某种程度上是很物质的，不要期望爱情是婚姻的唯一支撑点。"那么为什么王海鸰对婚姻又会有这样的理解呢，今天就让我们和王海鸰一起，从她的新作《新结婚时代》中去寻找答案吧。

‖ **王宁：** 王老师您好，特别高兴采访到您。我们看到，您这本新书《新结婚时代》其实和《中国式离婚》有一脉相承之妙，如果单从书名来说，那就应该落在"新"字上，我们应该怎样来理解您提的这个"新"字？

‖**王海鸰：**这个《新结婚时代》就我对婚姻的一种期望而言，而且根据现在的这个（时代），我认为，婚姻最理想的状态是两个人的事情，婚姻的本质应该是两个人过日子，解决各种问题，包括孩子的问题，性的问题，经济的问题，我觉得这是婚姻的本质。不希望（婚姻）过多地，（被）两个人之外的事情来影响，比方说两个人的家族的、背景文化的、或者是舆论的、单位的，甚至是邻居朋友的（因素等等），我希望的状态不是这样的。但事实上，当你发展到这一步的时候确确实实又是这样。就是说在这里我希望，（那些）在公众眼光里并不合乎公众标准的婚姻也能够成功，这个“新”就体现在这个地方。

读过王海鸰的《牵手》、《中国式离婚》等作品的读者，一个很强烈的感受就是沉重，甚至略带一丝压抑。而这次《新结婚时代》，读者读起来似乎显得轻松一些，特别是其中融入了很多幽默调侃的成分。而恰恰正是这些幽默调侃的语言，却给电视剧中的演员们带来了不小的麻烦。我们还是听听他们怎么说的吧！

（电视剧《新结婚时代》的首播发布会现场）

刘若英：王老师的那个台词不是一个人说的台词。

记者：那请问是什么说的台词？

刘若英：它是一个真人说的台词，不是一个演员说的台词。因为王老师的台词难就难在，你改它一个字，它整个意义是不一样的，它是有一定趣味跟幽默感在里面的。因为我尊重文字，我尊重这个剧本，所以在传递这个台词上面我其实是费了相当大的工夫。

‖**王宁：**这个《新结婚时代》读起来特别有意思，语言挺诙谐、幽默的，但是您却说，这个《新结婚时代》其实比《中国式离婚》更加沉重，为什么呢？

‖**王海鸰：**这个沉重在于什么呢？像《中国式离婚》是双方只要沟通

好了，（问题）是可以解决的。而这两个呢，双方始终是相爱的，（可）他们沟通，（却）是没有用的，它需要双方的两个家庭来融合，主要就是农村的那个家庭来接受他们，才可能。就是这件事情不在他们的掌握之中，完全不在他们的掌握之中。我也看到了很多的读者留言，就是说边哭边笑，笑可能是因为它的幽默，哭可能是因为它的命运。那么如果这个事情本来已经很沉重，很残酷了——因为我在《当代》先发这个小说，他们用了一个“残酷到残忍”（来评价），（所以）我想还是用一种较为轻松幽默的语调来把它表述出来。

《新结婚时代》讲述了两代人的三种“错位婚姻”：出版社女编辑顾小西与丈夫何建国的“城乡婚姻”，顾小西父亲与保姆小夏的“老少恋”，以及顾小西弟弟顾小航和顾小西的同事简佳的“姐弟恋”。而通过这些“个性婚姻”极端的例子，王海鸰向读者传递的是，婚姻的本质是两个人的事情，但在现实中它又不仅仅是两个人的事情，婚姻在某种程度上是很物质的。

‖ **王宁：** 我们看到书的封底就用了您刚才说的这个“错位婚姻”来阐述这本书的本质，那么这个“错位婚姻”我们应该怎么样来理解？

‖ **王海鸰：** （就是）不符合公众一般的标准。你比方说“门不当户不对”，这是不合公众标准的；你比方说“姐弟”，而且是那样的一个姐，跟别人有过性关系的，这样的一个“大女孩”跟一个阳光“大男孩”，这好像也不符合公众标准；再有一个教授和保姆，那就更不符合公众标准了，但是最后我让他们结合了。

‖ **王宁：** 那与“错位婚姻”相对应的就应该是“对位婚姻”了，按照您的理解，什么样的婚姻才算是“对位婚姻”？

‖ **王海鸰：** 对位的就是刚才咱们说的，符合大众标准的，大众基本有一个古来有之，古今中外有之的标准，男才女貌，门当户对。

‖ **王宁：** “对位婚姻”就一定是幸福的吗？

‖ **王海鸰：** 那当然不是了，当然不是。就是说，其实我刚才在讲的幸福不幸福的标准都在个人的心里，滥俗的比喻说把婚姻比做鞋嘛，那你说穿着舒不舒服自己知道。我觉得不是这么个道理，我就不想舒服，我想漂亮，我就想穿给别人看，那样我才觉得幸福，我脚磨破了我都不在乎。好多女孩子的高跟鞋她穿着舒服吗？她不舒服，可是她亭亭玉立，回家了脚都一瘸一拐，可是她觉得那是幸福。联想到婚姻的话，那么我就觉得我跟一个有钱的、很帅的人（结婚），关起门来他怎么虐待我我都无所谓，只要出去大家看着我，羡慕我，我就高兴。那也可以，没错，这有什么错误呢？

‖ **王宁：** 你找到了你想得到的嘛。

‖ **王海鸰：** 对，只要自己心里舒服，我宁肯他冷落我，我宁肯回家他打我一顿，只要在外面大家羡慕我的这种又帅气又有钱的老公，我就愉快了。那我就觉得，这也没有什么不好。

性格开朗心直口快的女编辑顾小西来自北京的高级知识分子家庭，嫁给了从胶东农村考进北京的大学生何建国。自从他们结婚后，何家不断地有人来吃住在她家，找顾小西在医院的母亲看病，俨然一副顾小西家就是何建国整个家族和整个何家村的家。于是，原本相亲相爱的小两口，却常常为了各自家庭所不同的生活、价值、处事等观念和方式发生争执，从而给他们的婚姻带来了诸多问题和情感隔阂，两个人离了婚。

‖ **王宁：** 我觉得顾小西和何建国他们之间是挺相爱的，但是我们看到这段婚姻出现了那么多的问题和无奈，我认为何建国是有责任的，你看他在离婚之后说出来的那个鲜为人知的原因，就是作弊影响了哥哥的前途，所以特别内疚，才会这样，这个理由够充分吗？在这段婚姻当中，难道说建国没有自私的成分在里面吗？

‖ **王海鸰：** 现在就是说，我看很多农村来的孩子，（在网上）留言表示了一些愤慨——能够上网的，他肯定就是进入到城里了，他基本上就是农村进来的精英了。（他们）觉得（这个小说）是在给他们帮倒忙或者是污蔑了他们。我觉得，恰恰正因为我对农民寄予了深切的同情和了解，我才会把大部分的同情放到了他们的身上，写了何建国的无奈，何建国太无奈了。他作为一个两地人，又是城里人又是农村人，又了解城里人脑子里的逻辑，又了解农村人脑子里的逻辑，但却没法使那双方都了解，他是最痛苦的，应该说他比顾小西，比顾小西的父母，比他的父母都痛苦，因为他了解双方。所以事实上我对他寄予了很深的同情。

小说的结尾何建国和顾小西最终冰释前嫌，重归于好。

当前，"城乡结合"的婚姻已经在我们的生活当中，成为了一种相当普遍的现象。而在《新结婚时代》中，王海鸰抓住这一新的突破点，不但使小说的背景更为广阔，也能更贴近当前的社会现实。

‖ **王海鸰：**我一个妹妹在医院里工作，她就说，因为她是在一个省城的医院，她说经常（就会有）一个拖拉机，突突突突拉着一车人，来找医院里家在农村的某个医生看病，非常痛苦，可是他们觉得这有什么，对吧？你在医院里工作，就来了。他们就是城乡缺乏了解，就是说在我们当前经济基础达不到的情况下，城乡差距还存在的情况下，怎么尽可能地让双方加强了解，彼此（理解）对方的难处。城里人不容易，农村人也不容易，互相了解之后，我觉得就能尽量缩小这个差距。

简佳是顾小西的同事，有着六年的复杂恋爱史，顾小西的弟弟顾小航"不可救药"地爱上了这个大他很多岁的女人，这一对"姐弟恋情"也遭到了顾小西全家"不可抗拒"的反对。两人的爱情之路虽充满荆棘，但他们用真情打动了所有的人，终成眷属。

‖ **王宁：**我个人觉得顾小航跟简佳是两个有着鲜明个性的都市现代人，一个人原来对于婚姻不太在乎，另外一个曾经是大款的情人，而且两个人的结合又是"姐弟恋"，从各种角度上来看都是一个错位的婚姻，那这段婚姻会长久地维持下去吗？

‖**王海鸰：**那就看小航了，将来的事情我觉得，就是说顾小航，他如果做了这种判断，做了这种选择，那么他就要承受，而且简佳没有藏着掖着任何事情，全部都告诉他了，我想应该是问题不大。而且他们年轻嘛，随着社会环境越来越往前发展，这就越来越不是事儿。在西方这就不是事，经济发达国家这都不是事儿，大这么几岁，特别是有了性关系，应该不算事儿。

‖**王宁：**那通过他们的这段婚姻，我们是不是可以看得出来，现在的婚姻真的是越来越苛刻了，但同时呢也越来越宽容，越来越包容了。

‖**王海鸰：**包容，还是越来越包容，现在好多了。过去的话，你像离婚、结婚都得单位批准，然后你要想离个婚八百个人得来劝你，还不让你离，所以过去的离婚率低是建立在婚姻质量低的基础之上。

顾小西的父亲，离职的顾教授在老伴突然猝死后，孤独寂寞郁郁寡欢，在保姆小夏的照料下，精神渐好，并相互产生感情，两人在儿女的理解和支持下，最终也走上了婚姻的殿堂。

‖**王宁：**小西的爸爸和保姆小夏之间的最终结合真的是我一开始没有想到的，相信很多人和我一样，那他们之间的最终结合是不是体现了物质在婚姻当中的重要性，或者说物质在婚姻当中的位置？

‖**王海鸰：**不是物质，我觉得是一种生存型婚姻。因为我看到很多的资料，就是说关于老年人的养老问题，像这种结婚，生存型婚姻对老年人（来说），他结婚不仅是情感诉求，而且主要也不是情感诉求，而是一种养老需要。我是部队的，在我们干休所里经常会出现这种情况，老头死了，老太太一般不会再婚，但老太太死了，老头就必须再婚。他不是说立刻就背叛，而是男的，男人更怕孤独，男人的生活能力非常差，尤其老了以后。

那么他一般跟谁结婚呢？跟他的保姆，保姆一般熟悉他的生活习惯。现在都有这样的硬性规定，结婚不到八年不许继承遗产。那么保姆，你要跟一个老头结婚，你甭想指着老头死了然后你赶快继承房子，不行，他得活八年以上，而且你也别想结了婚就离婚，我拿一半，把你的房子继承了，也别想，它都有很多保护。这种措施出来是非常人性的，虽然听着不（顺耳），但事实上是一种面对现实的政策。所以在这里边我要强调一下，就是顺带的吧，强调一下生存型婚姻，希望大家给它认可，不要再说陈词滥调了，（说什么）没有爱情的婚姻是不道德的婚姻，我觉得只强调爱情的婚姻是不现实的婚姻。

王海鸰说，当每个观众和读者在她的作品中寻找自己影子的时候，就证明了她的成功。这表明，王海鸰人物刻画的"修为"，已经到了打动观众和读者的地步。她曾表示："我不是那种为了下世纪的人写作的人，我为了今天写作，为了今天的人写作，所以我必须重视读者、观众。"其实，从王海鸰的诸多著作中，我们能够发现，她所关注的，她所反映的就是现实的生活。

‖**王宁：**从何建国和顾小西母亲之间的关系让我们不禁想到了之前的《牵手》，还有《中国式离婚》当中这个女婿和岳母之间的关系，那我特别好奇，为什么您不写婆婆和儿媳之间的关系，好像在您的文章或者小说当中，您更多的时候会着重写女婿和岳母。

‖**王海鸰：**因为我们家六个女儿，只有女婿没有（儿媳），对，也有，同时我们也是对方的媳妇，但是呢，好像婆婆儿媳特别容易闹矛盾，而一般女婿和（岳母）不大容易。但何建国在丈母娘那没得到宠爱，他多么地失落啊，该得到宠爱得不到，"半子"都没"半子"对吧，女婿是丈母娘的"半子"嘛，这"半子"也没有。那天我出去坐出租车，一个出租车司机说，我一到丈母娘家就得干活，什么活重让我干（什么），他儿子什么都不干……在那儿发牢骚。所以说现在也甭"半子"了，都是疼自己的孩子，什么婆婆和媳妇闹矛盾，丈母娘和女婿……你要用智慧的眼光看问题，不是你妈就不是你妈，不是你爸就不是你爸，公公和婆婆就是公公和婆婆，理性一点反而会更好，弄腻乎了，非常糟。这是心理学家都有过阐述的一个问题，不是说当亲爹亲妈待就好，他不是亲爹亲妈就不是，你要那样待的话，我什么都跟你说，什么隐私都告诉你，一旦深了浅了，将来一出事就全是事儿。保持一定的距离，大家相敬如宾，然后比较讲道理，我觉得基本就没问题。

从《牵手》到《中国式离婚》，再到《新结婚时代》，王海鸰一路描绘着婚姻的困惑。虽然作为一个女作家，但在王海鸰的笔下，婚姻中的女人并没有得到她特殊的偏袒，相反，男人则得到了最大限度的理解甚至同情。与美轮美奂的爱情不同，王海鸰的作品中展示更多的是婚姻当中的问题，告诉观众和读者现实残酷的一面。用她的话讲，先看清楚了，再做选择。

‖**王宁：**我们看到，其实您以前的作品，包括《牵手》这样的作品对于婚姻失败的问题，都是从女性角度考虑，对她们是批评而不是同情。

‖**王海鸰：**人们都愿意雪里送炭，谁也不愿意锦上添花，那么你本来就是强者了我干吗还要去夸你，还去同情你，还去表扬你。而且同情有时候没准同情出一个个怨妇来，对吧。你要是批评呢，相反她会清醒，因为同情，她本来就有错啊，你还觉得她多可怜，她就更觉得自己可怜了，我还不如批评她，让她站起来算了，是吧，立起来。因为我觉得有时候适当地批评一下比同情要好一点。

更多的观众和读者熟悉的是王海鸰的婚恋题材作品，除此以外，王海鸰还有多部影视剧和话剧屡获大奖：《洗礼》获得曹禺戏剧文学奖，舞台艺术最高奖——文华奖，“五个一”工程奖，第七届全军文艺会演一等奖。《送你一支玫瑰花》获2001年第七届戏剧节“金芒果”奖。电视剧《妈妈今晚去远航》获1998年飞天、金鹰一等奖。电影《走过严冬》获2001年电影华表奖。

‖**王宁**：您被誉为“中国婚姻第一写手”，您的作品也多是比较关注婚恋的题材，那这是不是和您自己的婚姻经历有关呢？

‖**王海鸰**：首先是这样的，并不是说大部分的作家都写自己的生活，而我呢，我的写作分两部分，一部分是写我熟悉的生活，这部分作品是从我心里流出来的。但是如果以写作为生，写作成了他的（生活）方式，那么像这种流出来的作品——比如我认为《大校的女儿》是我流出来的作品，它是可遇不可求的，你必须将生活积累到一定程度才可能“一泻千里”。那另外一部分作品是写出来的，就是（要靠）间接的经验、别人的经验，就不见得是我个人的经验了，那是写出来的，这就是创作出来的东西，像《牵手》、《中国式离婚》，还有咱们这个《新结婚时代》，这就是我的另外一部分作品。这部分作品，应该讲是别人的生活经验，因为我的婚姻很短，没吵过架，但是比较会写吵架，可能因为没吵过架，书里吵吵比较痛快，让别人替我吵吧。

在很多人眼中，人生的完美起始于家庭生活的完美与幸福。然而王海鸰在这一点上却没有做到。包括《牵手》在内和其后的几部作品的创作，都是王海鸰在自己婚姻破裂之后完成的，其间掺杂着她对人生的领悟，以及自身对婚姻话题的敏感与怀疑。

‖**王海鸰**：我结婚也就一个多月，就这么短就离了，因为我觉得我的判断很准。我觉得其实像你们年轻人，可能最容易忽略一个问题，而我年轻的时候也容易忽略（这个）问题。我那时候就是挑那种所谓的“门当户对”，所谓的“表面条件般配”，而忽略了一个重大的（问题），他适不适合我，他不适合我，不适合我的最大原因就是人生观不一致。举一个例子，他在乎的我不在乎，我在乎的他不在乎。那你说你怎么过？可是你在婚前怎么会感到这些呢，只有在婚后才能细微地感觉到。所以说，我可能恰恰

是由于这种对婚姻的失望导致了一种反思，导致了一种关注，导致写出这一系列的作品。而且还有我不在婚姻当中，就是我不在“庐山”里，所以我能看清“庐山”的全貌，比较居高临下，保持距离，冷静思考。我想可能是这个原因。

今天的王海鸰依然和自己的儿子生活在一起，或许是因为自己的经历，或许是因为生活的无奈，她早已不再把婚姻当做是人生的归宿。她坦言，人生的这一半，虽然残缺，但也不能否认它的幸福所在。

‖王海鸰：咱也就是看看吧，就欣赏一下还可以，咱现在也得找那种大致上合公众标准的，是不是。你看这个岁数的男人哪有闲着的，等着你来（找），是吧？我觉得肯定没有，所以我也不抱这个奢望，我觉得上天也不可能这么眷顾我，让你什么都得到，你写作也写了，书也印了不少，然后还让你有一个心目中适合你的这么一个男人在那儿等着你，哪儿有那么好的事。我正因为看到这一点，所以就基本上也不抱希望。

有人认为，《新结婚时代》是通过一个极端夸张的个案，来探讨城乡婚姻这样一个社会性的普遍现象，很可能过分夸大了它的矛盾与不匹配，某种意义上削弱了作品的代表性和典型性。其实，文学终究是文学，诚如王海鸰所说：我只是将生活展示给读者看，婚姻并不是花前月下，有时很物质，有时很残酷。至于婚姻到底是什么，这个问题是没有答案的。而我们相信，读过《新婚姻时代》的读者自有自己的感悟。

严歌苓：歌唱中国农村女性的命运史诗

一个人本身的经验并不是最重要的，最重要的是你对别人的经验感兴趣，永远敞开对于别人经验信赖的大门。

——严歌苓

严歌苓，1957 年出生于上海。1986 年发表并出版了第一部长篇小说《绿雪》，1990 年入美国芝加哥哥伦比亚艺术学院，攻读写作硕士学位。代表作有短篇小说《天浴》、《少女小渔》、《女房东》，中篇小说《白蛇》、《谁家有女初长成》，长篇小说《扶桑》、《人寰》、《雌性的草地》等。严歌苓不仅著作丰硕、屡获殊荣，由她作品改编的电影也在各大影展绽放异彩。由《天浴》改编的同名电影就曾获美国影评人协会奖、台湾金马奖等七项大奖；《少女小渔》更是曾经囊括了亚太影展六项大奖。

“读诸集宜春，其机畅也。”这是清代学者张潮在其名作《幽梦影》中的开笔即言。意思是说：在杂花生树的春色中读书，更使人心思骀荡，胸臆舒畅。今天做客我们《读书》的正是这样一位相宜于四月天里品茗、聊天的女作家——严歌苓。严歌苓也是我们《读书》节目的一位老朋友了，2001 年她曾和我们一起畅谈过她的自传式小说《无出路咖啡馆》。今天我们要和严歌苓聊的这本书是她刚刚出版的新作《第九个寡妇》，这本书以一个游子对故乡最温暖最执著的回望，被书评界誉为长篇农村史诗小说。

故事发生在上个世纪 40 年代，穷苦女孩王葡萄在战乱中失去双亲，被逃难的人群裹胁到一个叫史屯的农村，再被人骗卖到孙姓的富户人家当童养媳。1944 年的那个夏天，王葡萄成了寡妇，和她一起成为寡妇的还有村里的八个女人，她们中最大的不过二十岁，而王葡萄最小，那时她只有十四岁。

文学作品中的寡妇形象往往逃不过两种类型，或者屈从礼教，恪守妇道，以哀怨、悲凄的一生修成一座贞节牌坊；或者离经叛道，个性解放，为追求自由与幸福落得个世人不齿的名声。而严歌苓的新作《第九个寡妇》却完全颠覆了以往文学的惯性思维。她笔下的女主人公王葡萄勇敢坚忍，仿佛怒放于丛莽中的野花，散发着别样的魅力和芬芳。

‖ **王宁：** 严老师你好，特别高兴能够采访到您。我们看到这本书的名字叫《第九个寡妇》，非常直接，很直白。现在很多作家在起（书）名的时候其实都希望写得含蓄一点，那您为什么要选择这么一个直白的名字？

‖ **严歌苓：** 我希望它土土的，直白，讲的就是这个寡妇的故事，讲她为什么成为寡妇，她守寡的时间（里）干了件什么事。实际上讲的就是这个特殊的第九个寡妇，她作为寡妇的这一生是怎么回事。

‖ **王宁：** 我们知道现在您一直生活在国外，但是这部小说它的大背景却是在农村的生活，那为什么您会在这个时候开始写农村的生活呢？

‖ **严歌苓：** 其实我想写这个故事的愿望应该说是多年前就产生了。我听到这个故事（时）我就想，这个故事真是很震撼，是个很难得的好故事。当然了，它这里面人的整个命运我都觉得非常传奇，非常离奇的。后来我开始写长篇小说，在86年发表了第一部长篇小说之后，我就在想，这个小说太传奇了，太传奇的东西总是怕把它弄得过于戏剧化，像今天的很多电视剧似的，（所以）一直把它推后到2005年，2004年的年底才开始写。

严歌苓笔下的这个故事，是根据发生在那个时代的一个真实故事演绎而成的。王葡萄成了史屯的第九个寡妇之后，仍被孙家视若家人。而公公孙怀清也使从小失去双亲的王葡萄感觉到了从未有过的父爱。所以当公公被错误地当做反革命来镇压的时候，王葡萄在一个晚上，冒着危险将公公背回家，藏在地窖里，这一藏就藏了几十年，王葡萄凭着自己的勤劳和智慧，和公公度过了一次次饥荒和一次次政治运动带来的危机。

‖**王宁：**我们特别想了解，您的这个《第九个寡妇》当中的王葡萄到底长什么样？因为您在这本书当中并没有详细描写。能给我们描绘一下她是一个什么样子吗？

‖**严歌苓：**其实我已经把她表达出来了，在用英文（写的）里面。我说她有一双很大的手，有一双很大的脚，皮肤黑黑的，细细的，很细的皮肤，五官都显得很大，很浓重那样的，身材是高高的。但是她不动起来你可能不会注意到她好看，（可）她一动起来，她那种协调、自信从皮肤当中，汗津津地闪出来，那种光泽十分性感，甚至她身上的一种体嗅都是汗津津的那种感觉，很撩人的。

‖**王宁：**我觉得她那种劲儿特别让人着迷。

‖**严歌苓：**对，她就是看着你，跟你说话时候两个眼睛瞪着，看你能不能撒谎。这是十六七岁孩子的那种很浑顽的一双眼睛，比较幼稚，比较天真的无邪，但是她又老要做出来各种各样（的举动）来逗你，这是我想象当中的王葡萄。

‖**王宁：**看了这本书觉得王葡萄是一个很富有传奇性的女性，可能一般女人不太会敢担当这些事情，会有点胆怯，但是王葡萄特别勇敢，勇敢得让人觉得不可思议。会有很多人不大能接受这样一个形象，（她）突兀地展现在我们面前，您是怎么把她这种传奇性写得合理，让大家能够接受呢？

‖**严歌苓：**因为她是一个十七八岁的小姑娘，她不知深浅，她就是一个不知深浅，不知天高地厚，不知后果这么一个女孩子。她有一个最坚实的理由，她不断地说，那你让我怎么有阶级？我首先得有个爹吧，对不对？首先就是，这个老爷子对她好，使她有了一个爹，因为她自己的爹在她七岁时就死了。父亲的形象是这个老爷子给她建立起来的，而且她坚信这个老爷子是个好人，那么他既是我的爹，又是个好人，我当然要保护他。

葡萄的公公叫孙怀清，家里排行老二，人们都叫他“孙二大”。孙家是史屯一带的大户，种五十几亩地，开一个店铺，前面卖百货，后面做糕点，酿酱油、醋。周围五十个村子常常来孙二大的店买东西。在王葡萄眼里，孙怀清是一个足智多谋、心胸开阔、对日常生活充满智慧、做事很漂亮的一个老人。王葡萄心里觉得有了公公孙怀清，她就是一个有爹的孩子了。

‖ **严歌苓：**我觉得中国人很多都是很勤劳的，但是勤劳还得有脑子，还得脑子也好。像孙二大那样的人，他知道什么时候要卖草帽，什么时候卖笤帚，什么时候要卖什么做什么，他是一个很精明能干的（老人）。他会算好时间，掐准时间做生意，这不是一般的农民能够具备的能力。

‖ **王宁：**那您不觉得王葡萄和她的公公两个人很像吗？

‖ **严歌苓：**他和葡萄像是肯定的。老爷子为什么把她收养下来，因为老爷子在这个孩子身上，他的直觉就看出来这个女孩子是个勤快人。然后他又按照他的路子去培养她，把她培养成和自己很像，手脚不停，嘴也不停的一个人。

‖ **王宁：**我们看到，王葡萄最传奇的地方就是她从小是童养媳，婆婆对她也不好，经常打她、骂她，但是她却把她的公公从刑场上背回来，然后保护在家里的红薯窖里面，付出了很多的辛苦，她为什么会这么做呢？

‖ **严歌苓：**你不要忘了她自从进入了这个家（之后），这个老头一直对她很好，处处在保护她，给她出点子，在教养她，使她成为现在的葡萄，能干。就是说她所有的一切都是这个老头教她的，是她的公公教她的。这个家里没有任何一个人对她好，但是这个老头已经给她建立了一个家了。相反，老爷子偷偷走了，想让王葡萄去结婚，想把空间留给她，让自己这样一个负担从她生活里秘密消失掉，那王葡萄很不开心，她要把他找回来，王葡萄不能离开他，王葡萄很 enjoy（喜欢）她和她父亲的这种关系。

葡萄送饭下到地窖，发现二大不在窖里。她摸摸床铺，铺盖给卷掉了，再摸摸，发现所有的衣服、鞋、帽全不在了。二大走了。葡萄知道一身本事的二大总能在什么地方端住一个饭碗。她是愁要没了二大，她可成了没爹的娃了。

‖ **王宁：** 是不是您也特别希望能够透过她的这种行为来展示农村最传统的一种道德意识，或者我们人之初的这种善良的本性？

‖ **严歌苓：** 有，这就是世世代代你用什么去教化他都不可能改变的。我觉得一个人是应该懂得好歹的，识不识好歹是我们民间的一句很重要的训诫，人对你好你应该对别人好，更别说他是作为你父亲存在的一个人。

‖ **王宁：** 刚才也说到了，小说的传奇性会让人觉得不实在，或者说传奇的东西会让人觉得飘忽、做作，我们怎样去化解这种误解？

‖ **严歌苓：** 我觉得传奇性的故事有几种写法，包括《浮士德》就是一个传奇性的故事，是在德国民间非常非常传奇的一个故事。那么歌德来写，就使它成为了一部文学上（的名著）。你说纯文学的话，那没有比它再纯的文学了吧。如果你的生活有大量的细节、人物、语言来作为创作的（基础），来打底的话，我觉得什么传奇和不传奇都无所谓了。你不能因为说你想避这个嫌，我不想成为一个通俗作家，（于是就）写一个很戏剧化的故事，就把这个好的故事抛弃掉吧。特别是这个故事能那么好地来记述我们这个民族的这样一个历史阶段，能这么好地来体现一个村子和这样的一个人，那么一种大善、一种大爱，我觉得如果为了避嫌，避传奇故事的嫌来舍弃这个，那是最傻的一件事。

从小说看来，王葡萄是一个蒙昧无邪的普通农村妇女，但她性格里却充斥着强悍朴拙，她心里始终恪守着最朴素最基本的人伦准则，（从而）使人物形象产生了蕴涵着中国民间内在的生命质量。但是，作为年轻女子，她身上也有着强烈的情欲，曾先后与6个男人发生了感情，然而每次都没成为婚姻，只因为她心中藏着一个掩护公公的秘密。

‖ 王宁：应该说王葡萄为了能够掩饰她公公在她家

里面被保护的这个事实，为了保护她的公公放弃了婚姻，而且放弃了很多这样有婚姻的机会。

‖ **严歌苓：**她并没有牺牲爱情啊，她一直是有爱情的，只是没有我们传统意义上的家庭婚姻而已，但是她始终有爱情的。我也不知道大家有没有看出来，我很喜欢这里面的男人们，好像我是写一个，就为他感动。我就觉得王葡萄怎么可能不爱他们呢？他们都很可爱。

‖ **王宁：**我不知道在王葡萄的心里面有没有她生命当中最刻骨的爱，还是说她爱她所有爱过的男人。

‖ **严歌苓：**她对每个男人，不是说我的心到底有几块，是吧，每一个男人都占据了一隅，她并没有因为这个男人的进入而把那个男人就彻底地推出去，是不是，她的心永远是为这些人疼着。

‖ **王宁：**也就是说王葡萄对于每一个男人的爱都是忠贞的。

‖ **严歌苓：**她还有母性的一面，她的疼爱占很大一部分。她为什么爱老朴，她看见老朴的扣子也会扣错，搓毛巾也不会搓，湿淋淋地就往脸上擦，还经常东撞啊西撞啊，腿上都是泥，踩到沟里去啊。这些（就使）她生发出一种对老朴的疼，她由这种疼发展到爱，对她来说（他）是个情哥哥。她对少勇没多少疼的东西，就是一个男女的爱情。那么她对冬喜呢，她对冬喜实际上就是说，她在他身上看到了那种忠实的、真实的东西。冬喜不是去抵制了很多假的东西吗，一会儿围河造田啊，一会儿这样，一会儿那样，她看到了一种正义的东西。这样一个人，他使老百姓不吃亏，他使老百姓少遭祸殃，那么她对冬喜的爱是一种崇拜，所以她对几个男人的爱，虽然都爱，但爱是不同的。

严歌苓说，王葡萄和我所有小说中的女主人公一样，懂得主动去爱。她骨子里是雌性的，在行为上也更多地保持了动物性。有时她是男人的母亲，有时她又是男人的宠物，“坚贞”这样的字眼在她的头脑中从未存在。

‖ **王宁：**我们很多人在看这本书时就会想一个问题，

可能救她公公的这个事实让她的日子变得必须要放弃自己的权利，比方说结婚的权利，但是她却不是很痛苦，或者说她还能够在其中找到快乐和生活的支点，为什么会这样呢？

‖ **严歌苓：**她也痛苦，因为他而不能和老朴终成眷属。不能得到老朴的爱她也痛苦。最后，（一次）在打秋千的时候老朴走了，她回到家里只跟她公公说，我当时只是把秋千的绳子抓得好紧。她这样讲老爹马上就明白了，她如果不抓得那么紧她很可能会把自己掉下来，就是自尽了。王葡萄是一个坚强的人，王葡萄不可能因为老朴这样的一个人去自尽，但是她的这个心还是有的，她痛苦到了那个程度。所以我就把痛苦掩藏得很深。我想农民这么多年，上下五千年下来这么多灾难（之后），他们还能够人丁兴旺到今天，他们要走过多少苦难，如果他们没有这样的乐观，没有这样的坚强，碰到痛苦就会想到自尽的话，中国不会有那么多的农民的。

严歌苓的小说题材很多都是随着她的生活经历的变化在变化，早期的题材多是描写在军队的生活；在美国定居后的她，则着力创作几代中国移民在美国的生活和命运的小说。比如《少女小渔》中描写了一个比较单纯的新移民形象，《扶桑》则描写了一个生活在西方世界的中国妓女。但是严歌苓却说，一个人的直接经验不是最重要的，最重要的是对别人的生活感兴趣，永远敞开对别人的经验依赖的大门是最重要的。而这次她将写作视角落在了上世纪 40 年代中国的农村，书中大量的农村生活的细节描写，其经验都来自于对别人生活的兴趣。

旅居海外多年的严歌苓，其实对中国农村，尤其被中国民间所孕育的许多力量所震撼着。比如历尽沧桑后的睿智，比如人性基层里的悲悯，比如平淡自然的生活。如同她在小说《第九个寡妇》中所叙述的历史大动荡时期发生的大喜大悲一样，有种审美的自主内控，有一种平淡舒缓自由自在的生命节奏。

‖ **王宁：**扬弃了过去那种形式主义的做法，去选择这种直接的叙述，顺着主人公的思路生活，为什么会在这本书当中选择用这样的方法呢？

‖ **严歌苓：** 我希望自己能够对本土的东西有最好的表述，我认为我做这样一次尝试，在写《第九个寡妇》时用这样的语言，用这种泥土气很足的写法，用白描的手段，那么跟我写《扶桑》的时候相比简直不像一个人写的。我觉得这样不是很快乐吗？

‖ **王宁：** 我们看到这本书当中有大量的生活细节描写，比如说种地、喂猪，您曾经说过一句话，“一个人本身的经验并不是最重要的，最重要的是你对别人的经验感兴趣，永远敞开对于别人经验信赖的大门。”这句话我们应该怎样来理解？

‖ **严歌苓：** 一个人的经验是不可能那么多的，你只有一副身心，怎么可能样样生活都去过呢？我觉得一个人要对别人的事情很关爱，就是说很感兴趣，非常好奇，这种好奇不是有心理阴影的，有阴暗心理的好奇，是一种对别人的各种生存状态都有着想汲取经验也好，想学到知识也好（的好奇），或者就是说去找到一种和我不同的活法。

严歌苓非常注重小说的写作技巧，移居美国并系统地学习了西方小说创作理论后，对叙事形式的兴趣愈益浓厚。但《第九个寡妇》却形神毕肖中国本土作家的写作，几乎觉察不到其海外生活的痕迹或西方文化的影响。但严歌苓的解释却是这样的：她在写这部小说的时候用了很多西方的角度来诠释这个故事和它所涉及的历史事件，她的视角绝对不是完全纯粹中国的。

‖ **王宁：** 这些年应该说您一直都生活在国外，但是我们看到您书里面的主人公大多还是中国人，还是发生在中国人身上的那些故事。那么在西方生活的经验或者西方这种生活的感染有没有对您的创作产生影响呢？

‖ **严歌苓：** 首先就是不要煽情。我觉得高档的文学和低档的文学的区别就在于煽情和不煽情。还有就是去掉文艺腔，去掉学生腔，这个是好的文字作品里面绝对没有的东西。还有就是不要急于给予读者你的道德的评判。

评论说《第九个寡妇》王葡萄是严歌苓笔下最光彩照人的女性角色之一。从《天浴》中为了自由放弃尊严的秀秀，到《少女小渔》中为了生存泯灭了尊严的小渔，再到《扶桑》里扶桑为了尊严而喊出“爱我但不要救我”的力量，严歌苓在《第九个寡妇》里赋予王葡萄浑然不分的仁爱和包容一切的宽厚，使人物形象超越了人世间的一切利害之争，蕴涵了人性的灿烂，并体现了民间大地的真正的能量和本原。

‖**王宁：**您曾经说过，说一直在寻找一种语言和世界沟通。我们也看到现在您开始用英文写作了，小说也在国外出版了，那这是不是意味着您已经找到这种语言的出路了呢？

‖**严歌苓：**这不是一个人的愿望能够实现的。就是一个人有这样的愿望，他只能按照自己的愿望去持之以恒地去做。我现在，特别是在写英文的《第九个寡妇》的时候，我意识到很多概念是中国特定的环境产生的。一个概念，你语言是可以翻译过去的，（但）概念可不。比如“合作社”这个概念，你可以翻过去，但是“合作社”是个什么东西，是个什么样的组织？翻译起来非常难，你要靠把它放在故事里面，（慢慢）告诉人家这是怎么回事。所以我在王葡萄里面下了很大的工夫在这一方面，我希望它不是解释的，而是放在故事里你就能懂的这样，你必须想出很多办法来。你说一个小说家要在这方面去花脑筋，有时候想想也挺冤的。

‖**王宁：**如果这本书在国外出版的话，您希望国外的受众在您这本书当中看到什么呢？

‖**严歌苓：**我想他们会理解一个中国女性，能够看到一个中国女性的肖像，是用文字为她塑造的肖像，（希望他们能）看得比较真实比较立体。我觉得她身上有很多中国女性的特质和美德。这是我想做的事情。还有就

是通过这样一位中国女性传达出去的中国文化。中国文化底蕴（里）有一种强壮，不管你发生什么，我还是要活下去，我都能活下去。我要告诉西方一个真中国，我希望他们理解中国的文学是什么样子的。很多人拿英文写出来的那个，不是真正的中国，也不是真正的中国文学。

王葡萄是严歌苓贡献给当代中国文学独创的艺术形象。从少女小渔到扶桑，再到这第九个寡妇王葡萄，随着严歌苓创作的不断进步，这一形象的独特性却越来越鲜明，其内涵也越来越丰厚和饱满。复旦大学教授陈思和说：这部小说不仅是严歌苓创作道路上的一个重要突破，而且在当代新历史小说创作领域，继上个世纪80年代张炜的《古船》和刘震云的故乡系列以后，这样有艺术感染力的作品已经很久没有读到了。

贾平凹：悲凉慢板听《秦腔》

树一块碑子，并不是在修一座祠堂，中国从来没有像今天这样渴望强大，人们从来没有像今天这样需要活得儒雅，我以清风街的故事为碑了，行将过去的棣花街，故乡啊，从此失去记忆。

——贾平凹《秦腔》后记

在陕西东南，沿着丹江往下走，到了丹凤县和商县交界的地方，有个叫棣花街的村镇，这就是贾平凹的故乡。贾平凹出生在这里，并一直生活到 19 岁。他在祠堂改的教室里认了字，学会了各种农活，学会了秦腔、写对联。棣花街虽小，却有着丰富的文化底蕴。于是，深刻的人生记忆、浓郁的故乡情结就自然地融会在了这部《秦腔》之中。贾平凹 1982 年开始从事专业写作，代表作品包括：小说集《兵娃》、《腊月·正月》、《天狗》，长篇小说《商州》、《浮躁》、《废都》、《白夜》、《我是农民》，以及散文集诗集多篇。他的《腊月·正月》获得过全国优秀中篇小说奖，《满月儿》曾获全国优秀短篇小说奖，《浮躁》获得美国飞马文学奖，《废都》曾荣获 1997 年法国女评委外国文学奖。

作家贾平凹的文学作品一直以来在文学界都受到广泛关注，他的近作《秦腔》以一个陕南村镇为原型，用细密厚实的语言向我们展示了改革开放中的价值观念、人际关系和传统格局的深刻变化，被称为是“一卷当代乡村的史诗”。作品中涉及了 20 年来中国农村种种的变化和问题，像为什么有大量的农民离开农村，农民为什么会一步步离开农村等等。小说字里行间倾注了对故乡的一腔深情。秦腔，即“秦人之腔”，或曰“陕西声音”。但在更大的层面上，作者思考的是，当前陕西农民的生存环境和他们真实的心灵世界。

但是，在评论界，对于《秦腔》大家褒贬不一。由于该书情节繁琐，陕西方言较重，人物对话密集，角色关系复杂，使得一些专家表示阅读中障碍重重。但是贾平凹说："如果你慢慢去读，能理解我的迷茫和辛酸。"

‖**王宁：**贾老师您好，特别高兴采访到您。我们看到，整部《秦腔》您是用了一年零九个月，而且在整个写作过程中您是四易其稿，非常的辛苦，也非常的艰难，但是您在后记当中仍然提到说，合上书本写完了它，您仍然有一种惴惴不安的感觉，为什么？

‖**贾平凹：**这种题材写的时候是比较难把握的，它是现实题材，现实农村题材。目前农村出现了好多问题，故乡目前发生好多变化，它和我幼年的时候不一样了，和我中年以后经常回家去（看到的也）都不一样了。现在回去吧，村子里面树长得特别茂密，把房子都全部遮盖了。地上草那么深，而且没有多少人，年轻人都出去打工了，就剩下老弱病残的人群，原来那种生存状态好像消亡了。就不光说这个故乡慢慢在形式上的消亡，实际上在文化形态、感情形态上，它也即将消亡。所以从这个角度讲，写这个东西的时候，内心充满了好多矛盾，好多沉痛的东西。再一个，它里面涉及到自己的故乡，（涉及到）一个家族或者家庭的生活，写这些它都是有生活原型的，这也是一个原因。再一个是采用的写法上，（包括）围绕的情节，那种大起大落的写法又不一样，这种写法又是在谈论生活琐事。（因此）从这个几个方面来讲吧，自己也比较难把握，也不知道写出来是个什么样子。

当我雄心勃勃在2003年的春天动笔之前，我奠祭了棣花街上近十年二十年的亡人，也为棣花街上未亡的人把一杯酒洒在地上，从此我书房当庭摆放的那一个巨大的汉罐里，日日燃香，香烟袅袅，如一根线端端冲上屋顶。我的写作充满了矛盾和痛苦，我不知道该赞歌现实还是诅咒现实，是为棣花街的父老乡亲庆幸还是为他们悲哀。那些亡人，包括我的父亲，当了一辈子村干部的伯父，以及我的三位婶娘，那些未亡人，包括现在又是村干部的堂兄和在乡派出所当警察的族侄，他们总是像抢镜头一样在我眼前涌现，死鬼和活鬼一起向我诉说，诉说时又是那么争争吵吵。

——摘自《秦腔》后记

读者：人物写得确实非常深刻，非常细腻。

读者：写农村作品写得非常质朴厚重。

读者：他的笔锋具有非常醇厚的味道，犹如秦腔一般。

读者：收藏贾先生的书大概有十来年了，但是说句老实话吧，今天能够把这些书都签上贾先生的名字，已经超过高兴的这种层次了，接近于幸福了。

《秦腔》一书面世不久，就受到读者广泛关注，他们排着长队等待着一个签名，贾平凹也来往于大城市的书店间或签名售书，或与读者交流，忙得也是不亦乐乎。《秦腔》，在贾平凹看来，其实写得并不轻松，甚至很累，他说自己有种被淘空的感觉。在后记中他这样写道：每日清晨从住所带了一包擀成的面条或包好的素饺，赶到写作的书房，门窗依然是严闭的，大开着灯光，掐断电话，中午在煤气灶煮了面条和素饺，一直到天黑方出去吃饭喝茶会友。

‖**王宁**：我们看到这部作品是以“秦腔”为名字，而秦腔是贯穿在整个小说过程当中，同时这部小说是以唱开婚事为起，然后又以唱走丧事为终，在整个作品当中是弥漫了一种悲凉的气氛。

‖**贾平凹**：秦腔这个剧种在中国是比较古老的，它是梆子戏的一个最早的剧种。它有个特点，这个特点就是它产生于西北农村，它特别慷慨激昂，再一个就是很悲凉。但是这部小说它不是专门写秦腔的，它只是作为一个情节移动。而秦腔容易表现这一段生活，在西北农村（人们）对戏曲的这种热爱，它是贯穿到、渗透到民族的血液里边的。尤其在农村里边，我觉得我看重的是它所象征的东西，再一个（是）看重它很长的嚼字，用这种氛围，来把握整部作品。

‖**王宁**：我们看到整部小说每到高潮迭起的部分就必有秦腔出现，而且是以秦腔曲牌的形式出现的，您希望通过秦腔的象征符号来表达一个什么样的意思?

‖**贾平凹：**它渲泄了一种东西，没办法表达的，为啥那里面没有写那些句词啊，全部是曲牌的，曲子吧，它说不清的东西，（但）它能渗透出那种味道来。你如果有句词儿，它就把它定死了。

‖**王宁：**您觉得秦腔在西北人的生命当中、心目当中到底是个什么位置?

‖**贾平凹：**起码在我了解吧，在我们这个地方，扩大到整个陕西，整个西北吧，一般农民特别高兴的时候，他肯定要唱秦腔，特别悲伤的时候他也唱秦腔。反正家里面过什么大事吧，现在都是请戏班来唱戏，它好像是唯一的精神，或者需求的东西了。因为秦腔的戏曲产生，它是（从）农业文明产生的。整个故乡的形态在消亡，它随着故乡的文化也在消亡，这是很无奈的，也是很沉痛。正因为这样它才渗透出那种很苍凉的味道。在写这个东西的时候，（我）觉得内心特别矛盾，特别痛苦（的地方）也就是这儿。

《秦腔》的故事发生在一个叫清风街的村落，清风街有两家大户：白家和夏家，白家早已衰败，因此夏家家族的变迁便成了清风街、陕西乃至中国农村的象征。小说以夏天智的儿子夏风回到清风街与白雪操办婚事开始，以夏天义、夏天智的去世结束，以疯子引生的视角来叙述，以秦腔唱段的变化来抒发情感。清风街的人爱听秦腔，清风街的人离不开秦腔，每当感情激荡起伏，人们都会哼唱或聆听秦腔，通过它来完成情感的宣泄与净化。然而，秦腔还是不可挽回地没落了，就像往日的清风街。

‖**王宁：**整部小说当中有很多盘根错节的人物关系，可能很多读者不慢慢读就没有办法细细体会其中的意思，没有办法进入那种情景。

‖**贾平凹：**我觉得小说结构应该是聊天式的，比如说咱俩晚上坐在这儿聊天，几个朋友在这儿聊天，本来聊水杯的事情，到天明的时候，结果聊到一个什么电视机。但是从水杯怎么过渡到茶壶，从茶壶怎么过渡到麦克风，从麦克风怎么过渡到电视机，毫无痕迹，大家都没有感觉到，而实际上它已转换了好多东西。我觉得写《秦腔》的时候，是想用这种办法，不露痕迹地，就像日光在慢慢从房檐上流下来，慢慢在流动，流动过程中早晨也过去了，中午也过去了，也黄昏了，但谁也不知道，它的交接是在啥地方。好多人在阅读的时候，经常对人物关系搞不懂，因为人多得很，几十人上百人在那里转。但对我来讲吧这些人都熟，我能知道谁来了谁去了，我心里知道，因为完全是按那种老家的形态来写的。

故乡是以父母的存在而存在的，现在的故乡对于我越来越成为一种概念。每当我路过城街的劳务市场，站满了那些粗手粗脚，衣衫破烂的年轻农民，总觉得其中许多人面熟，就猜测他们是我故乡死去的父老的托生。我甚至有过这样的念头，如果将来我母亲也过世了，我还回故乡吗？或许不再回去，或许回去的更勤吧！故乡呀，我感激着故乡给了我生命，把我送到城里，每一次想到故乡那腐败的老街，那老婆婆在院子里用湿草燃起熏蚊子的火，火不起焰，只冒着酸酸的呛呛的黑烟，我就强烈的冲动着要为故乡写些什么。

——摘自《秦腔》后记

‖ **王宁：** 这么多的人物您最满意哪个？

‖ **贾平凹：** 用力最多的吧，主要还是夏家的夏天义、夏天智。夏天义吧，我想他代表那种老传统的东西，（比如）对土地的概念啊，对农村的概念啊。他基本上一直是在农村生活，一直是村干部身份，是一个老的农村基层干部，为人很正直、很勤劳、很正义，但是很固执，代表传统的东西，最根本的东西在那儿，但他有他的理想。夏天智吧，他是生命意识的代表，他追求秦腔脸谱啊，讲究那种道义啊……文化方面，代表这方面的东西多，再有就是引生了。

‖ **王宁：** 小说中的引生真有其人吗？

‖ **贾平凹：** 今年回去我见过他一次，那个时候他就疯疯癫癫的。但实际上，小说里面写他不是真疯。在现实生活中，这个人反正就是有好长一段时间是真疯，（后来）抽烟的时候把麦草堆燃起来了，（结果）把他烧死在里面了。

‖**王宁**：您是不是觉得通过引生这样的一个非常单纯的目光，我们所有的生活展现可以更加真实，也可以更加可信？

‖**贾平凹**：每一个作品，它都写一个叙事角度，以他这儿为一个切入口，再一个写他这个人吧，一方面他是故事的推动者，故事的参与者，发生好多事情他都在里面参与了；另一方面他又相对地跳了出来——他跳出来以一个旁观的目光来看发生的一切。

*他用这个人的视角之后，实际上使得这部作品的视角和视线下沉了，就是说他低于一个正常的农村人的视角了，而且这个视角具有一种多样性。什么样的多样性呢？一个是人的视角，人里面的疯子和呆子的视角，以及里面包括它可能变成动物，动物的一种视角。所以这个作品总体上讲，细节密密实实是现实主义的。但是有了引生这样一个视角，使得作品带了某种魔幻性。

——白烨（书评人）

*它是一种为了害怕逝去的写作，为了害怕逝去。中国乡村、乡土那种美感和留给他童年的记忆，以及中国乡土的这些人情事态，包括一些可憎之人，在他现在看来也并不可憎。他对中国农业文明、传统文明怀着一种深深的挽留。

——雷达（文艺评论家）

*所以我给它的一个定位和一个理论上的理解，我说叫做“乡土中国叙事的终结”。一种终结，一个历史的终结，是指人类历史发展到这样一个阶段，它所有的方向都确定了，都明白了。历史到这里，只能按照这样一个方向来发展和前进。那么另一种终结的含义就是说，有一种历史在这里它要结束了，那么它要开启另外的一种历史。

——陈晓明（书评人）

*我现在特别害怕作家们为文学找具体的答案。他写了一种衰败，没错，他也写了一种非常辛酸的一种消逝，但是他并不认为是哪一种具体的人，哪一种具体的力量要为这种消逝承担责任。这就表明贾平凹的艺术观念里面觉得是所有的人都要为这种消逝承担责任，包括他自己，包括每一个人，所有的人、所有的力量都要为这样一种消逝承担责任。

——谢有顺（书评人）

乡愁是每个游子的心结，几十年来，故乡商洛和商洛的棣花街一直是贾平凹写作的根据地，但是他以往的大量作品多取材于一个商州概念的“泛故乡”，而真正描写故乡的作品，《秦腔》是第一部。他坦言：《秦腔》动用了我所有素材的最后一块宝藏，倾注了我生命和灵魂的东西。他看来，《秦腔》的创作已经进入创作的秋天，也可以说是收获的季节。这个季节结出的果实就像一曲流水似的慢板，一壶需要慢慢品味的茶。令人担心的是，在今天心浮气躁的都市读者中又有多少人能够坐下来细细品读呢？

*因为在《秦腔》里面你再也看不到故事了，那都是支离破碎的最平淡的生活，就是说“乡土中国”的那种整体性不存在了。那么这一点我就觉得贾平凹在“乡土中国”这个叙事里面，他做了一个非常重要的贡献，但是我刚才也讲了我不免困惑，如果“乡土中国”根本讲不成故事的时候，那么贾平凹的创作，他的路子还要怎么走？这个可能是我们更关注的一个问题。

——孟繁华（书评人）

*就像他后记里面写的，鸡零狗碎式地在叙述，能不能够在今天这样一个生活节奏非常快的现代化社会里面赢得读者，我是有一点担心的。

——潘凯雄（书评人）

*缺点是比较沉闷，节奏比较缓慢。小说里的很多因素他拿掉了，这是很冒险的东西。但一般读者喜欢看故事、看情节，要说好看啊，我看谈不上。

——雷达（文学评论家）

‖**王宁：**您希望有一个特别原生态的乡村展现给所有的读者，于是在您的文章当中我们也读到了没有那些长篇惯有的，剑拔弩张的情节，所有都是在细节当中展现的，这样的写法零碎，真实，但是有一点点冒险。

‖**贾平凹：**如果是猛地接受这个作品吧，（那么）和平常阅读的作品(相比)，它还是有些不一样的，因为有些作品它是反复不停地写那些故事情节的过程。这个意思就是说，开头进入的时候吧恐怕有些沉闷，耐不住性子。但是如果读进去，我觉得应该很有趣味。因为它里面写细节生活情景的特别多，它有它的阅读趣味在里头。写这种东西当然是一种冒险，这个冒险是你必须在写的过程中，要靠语言，靠好多细节来完成的，如果没有这些东西吧，就没人读了，就难读了。它不是靠情节故事来推动的。

‖**王宁：**在您的后记当中提到，我们农村的过去的某种形态正在慢慢地衰退，然后慢慢地成为了您心中的某种隐痛。于是您说写它是为了忘却的纪念，可是很多东西是融化在血液里的，您怎样去忘却呢？

‖**贾平凹：**就像人去世以后吧，（比如）亲属去世吧，风俗讲究过三周年，三年以后，这个事情就算了结了。但实际上那个死去的亲人他永远都会在你心目中。但是从另一个角度讲，意识上就觉得大概一过就觉得一个事情就结束了。从这个角度来看，我们为了成全自己，给他一个交代。实际上永远也忘不了的。

文章千古事，留有后人说。贾平凹的长篇小说历来会引发不同观点的评论，这对于一位广受关注的作家来说也并不是什么新奇之事。能让自己的作品流传后世恐怕是许多著书立说的人所聊以慰藉的，一位作家曾经说过这样一句话，说如果我的作品能够在我死后流传一百年，我就死而瞑目了。贾平凹用自己独特的、看似有些琐碎的语言，以密实的流年式的书写方式，为我们奏响了一曲现代农村的挽歌，这曲挽歌能不能为后世所传唱，成为文学历史长河中的经典，就目前来说也许并不是最重要的。伟大的文学名著《红楼梦》可以说是内蕴丰厚，儒家看儒，道家看道。那么对于《秦腔》这样一部当代长篇小说来说，我们众多的读者又能从中读出什么呢？

蒋子龙：文学的慧眼，现实的责任

"关注现实"成全了我。

——蒋子龙

蒋子龙，属蛇，蛇龙出大泽的蛇，1941年生于河北沧县。1976年，复刊后的《人民文学》在第一期上发表出了蒋子龙的《机电局长的一天》，小说塑造了一位在工业战线上有干劲、有魄力、有经验的老干部霍大道的形象——一位大刀阔斧地兴利除害，同极"左"谬论斗争，为中国工业的现代化而奋发努力的机电局长，受到读者热烈喝彩。作家蒋子龙的名字也一夜之间传遍全国，这一年蒋子龙35岁。

在中国社会和政治的一个特殊历史时期，这原本是蒋子龙抒发一种理想的作品，却受到当时"反击右倾翻案风"的波及，这篇小说连同作者本人，都受到了严重的政治压力。三年后的1979年，蒋子龙的短篇小说《乔厂长上任记》又在《人民文学》发表，这一次所引起的不单是影响了，而是轰动，强烈的轰动！评论界后来称这部小说"开启了改革文学的先河"。然而，这样一部轰动一时的作品，对于当时年已38岁的蒋子龙来说，是福还是祸呢？

‖ **蒋子龙：**后悔、害怕。《机电局长的一天》的时候不同一般，那个年代的批判是真批判，可以家破人亡的，那是付出惨痛代价的。我第一个小孩的奶很充足，《机电局长的一天》（的时候）生我那个女儿，叫一巍，蒋一巍，骨子里就是好像《机电局长的一天》（似的）巍然不动。实际上就是给自己打气，她生下来就没有奶，为什么没有奶，刚生下来的当天晚上，一个人就跑到产房去跟我老婆谈话，两个人在门口堵着。我把大儿子锁在屋里边，熬好了小米粥，那时候小米粥很不错了，灌在暖壶里，骑着自行车往医院送小米粥，刚生完孩子，一到门口不让进，两个人把着，要我到市里作检查。

蒋子龙被要求作出检查，来人还告诉他，检查已经写好了，只要去签个字就行。但惦念着妻子和刚出生不久的女儿的蒋子龙，被激怒了，工人身上特有的火暴脾气一下子爆发了。

‖**蒋子龙：**我当时都疯了！特别是，我说让我把小米粥送进去，不行，正跟你老婆谈话。就这句“正跟你老婆谈话”把我气坏了，我当时就骂街了，我就把那个暖瓶，啪，其实暖瓶应该往他脑袋上打，但没敢往他脑袋上打，还是害怕，（因为）往他脑袋上打小米粥不得把他烫坏了？烫坏了就得把我抓进去，所以往他腿上打的，最后砸在他脚上，正好他穿着鞋、穿着袜子，没有烫坏。我在工厂是学热处理，以后是劳动改造，从“牛棚”出来以后是当锻工，锻工是什么？打铁的，八十二公斤、百八十斤要起来，刚刚当当的，很利索。那俩，啪，扒拉开就进去了。进去以后我一看，是个女的跟我老婆谈话呢，把我老婆吓坏了。反正已经这样了，老子不怕了，把她抓出来！她正说着，我就从我老婆（身边）把她拉了出来，我说你是自己走还是我把你扔到楼下去。我把她骂走了之后，这气消了之后怎么办？老婆那还饿着呢，又害怕又饿着，赶紧回家重新去熬小米粥，熬了粥之后再送来，但是那晚上没再找我。

愤怒的蒋子龙，将这些人赶了出去，更让蒋子龙痛心的是，由于惊吓，爱人断奶了，这件事直到现在，他还对女儿抱有一种愧疚。

‖**蒋子龙：**第二天派了一个文教组下边的一个老处长：“子龙，对不起啊，昨天听说那么大火气啊。没事没事，你老婆怎么样？”我说：“我老婆没奶，你说这时候没奶怎么办？孩子怎么办？”“好好好，我这儿有车，最多半个小时，见个面，你听听，同意呢，签个字。”就是这样，去签了个字。

即使这样，蒋子龙还是被逼着在检查上签字，并当众发誓从此再不写小说了。直到1979年，蒋子龙恢复工作，又回到天津重型机器厂，并担任了锻压车间主任。这时，当初给他带来声威以及麻烦的《人民文学》编辑部又来向他约稿。

‖**蒋子龙：**《人民文学》的传统，只要认为你没问题了，一定得发你一篇小说，要不然在全国的文学界你还在“黑名单”上，所以你必须得写一篇。我说我当初发过誓了，不写检查也不写小说。你要是不写那就是不原谅我们，无论如何得写一篇。我说，没有，我现在一肚子牢骚，我趁着犯痔疮休两天，太烦了。跟他叨叨这情况。太好了，就写这。我说，写这个你敢登？没问题。我说这很容易，《乔厂长上任记》就三万多字，我就三天，一天一万多字，而且基本上没改，就是第三节改了改。（后来）发出来了。一发出来就坏了，乱套了。

（电影《乔厂长上任记》片段）

乔光朴受命于危难之际，接任某重型机器厂厂长，大刀阔斧进行改革，扭转了生产的被动局面，由此，在社会生产亟待恢复，但文革余波未平的时期，《乔厂长上任记》再次引起了一片争议。

‖**蒋子龙：**因为在写《乔厂长上任记》的时候，中央刚有这个意识，刚开完这个会，整个社会还是非常沉闷、非常敏感，积重难返，大家谁也不碰。《乔厂长上任记》所以引起那么大的反响，就在于它捅破了一层窗户纸，大家心里都很担心，都很敏感，都怀疑，谁都怕出事，自保。就在这个时候突然有个傻小子，他就敢这么干啊？这有意思啊。就把一些上层互相躲避的，不提、心照不宣，等待着的事突然给捅破了，所以各种势力就在“乔厂长”身上交汇，反对的、欢迎的交汇，一批人就玩命地喜欢，一批人就拼命地批判，这时候我就自信多了，忧虑没了。

这时的蒋子龙底气显然壮了，几乎每有一篇批判文章，他就连夜赶出一篇小说，《赤橙黄绿青蓝紫》、《锅碗瓢盆交响曲》等接踵而来，并由此带来被后来称为“改革文学”的一次高潮。

‖ **蒋子龙：** 每当报纸发一篇批判文章，我当天晚上就写一个短篇小说，所以那时候我产量最高的都是这些短篇小说。下班之后我要骑车一个多小时，路过副食店，五毛钱火腿肠、一瓶啤酒，那时候很便宜啊，五毛钱火腿肠那么大块，喝完了，回到厨房里。我那时候住一个独厨，一开始在屋里，在屋里罩上个大灯泡用报纸糊糊，就这儿，一点亮。但是那也不行。因为俩孩子，他经常这个那个的，我这心不静，所以干脆到厨房，很小的一个独厨，把那个菜板往水池子上一放，干起来，挺安静。当天晚上就一个短篇。像《赤橙黄绿青蓝紫》、《锅碗瓢盆交响曲》都是这样写出来的。《赤橙黄绿青蓝紫》写了 7 天，最后还剩下三千字，编辑部来拿稿子还剩下三千字，他们在屋里待着，我就在厨房那板上写。

《乔厂长上任记》不仅在理想上契合了变革时代人们渴望雷厉风行的“英雄”的社会心理，在现实中，也为许多人找到了一些希望、激励和力量。

‖ **蒋子龙：** 比如兰州有一个很大的石化公司非常乱，很乱。有一天经理一上班，办公室（的桌子）上摊着一本书，《乔厂长上任记》，夹着个纸条，写着“请厂长务必读读这篇文章，这个杂志是中央办的，可能代表一种中央精神”。这厂长就一上午没干别的，就看，看完以后想了一套办法，几天以后就（召开）全公司大会，举着这本《人民文学》。“这是中央精神，新的中央精神，这是《人民文学》。”“《人民文学》是哪儿？中央办的，北京办的，它的每个字都代表中央精神。”宣布几条，这个那个的，怎么办，怎么干，怎么弄。

（电影《乔厂长上任记》片段）

‖ **蒋子龙：**这叫“假痴卖疯”，他当着厂长不可能不知道那是小说，他是打着这个旗号往下唬。一个煤矿把它当文件下发。新疆建设兵团，干部人手一册，必须照着学、照着做。那个年代它不像现在，有各种各样的文件，国务院1号2号什么的，那没有文件。所以当有人看到这个东西之后受到启发，就把它往下推，这本不应该是小说承担的任务。可是当时没有别的，小说就担当了这一面。

“乔厂长”深入人心，成为人们心中对那段岁月的一种记忆，按说能塑造出一个三十年来依然被人们记着的典型形象，应该是作家的一种幸运，但蒋子龙却说，这同时也给他带来一种苦恼。

‖ **蒋子龙：**作家有一个人物，有一部作品叫人家知道，这是作家的幸运。但是知道之后，这个人物、这部作品会对作家形成巨大的束缚。作家没有风格的时候拼命想有风格，真有风格的时候又拼命想突破这种风格。“乔厂长”他是一个模式，他创造了一种文学模式，这种模式给别人带来一种启发，可能也照着写，好多乔厂长性格的文学人物都出来了。但是这种模式对我是很讨厌的。到以后还有《赤橙黄绿青蓝紫》里创造了一个刘思佳，玩世不恭的形象，（结果）有好些写军队题材的军官，年轻的军官都学“刘思佳”，现在有一些还是这样，看上去吊儿郎当但是很有本事，就这种模式，罪魁祸首就是我。所以为了这个，简直把我给愁坏了，我写了好多，要躲开这种模式。我写过《拜年》，是写一个肉头厂长，还写一个外表忠厚、内存奸猾的（《开拓者》），还写一个大滑头的，就是拼命地想冲破嘛。

（电影《锅碗瓢盆交响曲》片段）

‖ **蒋子龙：**到了83年写《搜神记》，那是我脱胎换骨的一个，到以后写《蛇神》，我就真正进入自由的状态了。

转眼三十年过去了，现担任中国作协副主席、天津市作协主席的蒋子龙，已经渐渐淡去了旧事恩怨，但仍然以一种深厚的社会责任感，关注着现实。

此后的《开拓者》、《人气》、《蛇神》、《子午流注》、《拜年》等，成为了至今口口传颂的优秀作品。

直到2008年，值改革开放三十周年之际，蒋子龙又出版了这部《农民帝国》。

‖**蒋子龙：**我最早是想对这三十年农村的情况有一个整体的把握，现在农村有很大的变化，这个是不可阻挡的，但我是有保留的，这全不是我当年喜欢的，生活过的农村，所以这个变化的来源，这个变化的得失，我想参透它。

尽管如今在城市已经生活了50多年，但蒋子龙对曾经生他养他的那片土地，却至今魂牵梦萦。

‖**蒋子龙：**比如现在，在城市生活了半个多世纪，我现在真正的做梦还都是农村，好梦，美梦，场景……但是那个梦里的农村已经不是现在的农村，我很少梦到我的工厂，有时候工厂还能梦到，我很少梦到作家协会，我很少梦到天津市的劝业场、大马路、汽车、塞车……很少梦到这个，所以我觉得就是这个梦这些年养育了我的精神，我老梦到家乡，这是很美的一件事，很甜美的一件事，但是我说的家乡是我过去的家乡，很大的水坑，游泳的，抓鱼的，很好的庄稼地。我们那个村北边有一条小河非常干净，夏天在里边游泳非常好，再往西边去是南运河，到河西去弄西瓜，凫水，所以我水性很好。大个儿的孩子可以摘五个西瓜，可以偷五个西瓜，带着秧把这秧系到一起，一只手滑到这边来，我只能弄一个，最多的时候弄过俩，弄俩还呛一口水。

蒋子龙14岁考上天津的中学，从此离开农村。但十多年的农村生活，却给了他不一样的农村情怀。

‖ **蒋子龙：**我这些年来从来跟农村没有断过联系，而且我现在真正是个大农民。为什么叫大农民？以前我只是沧州窦店的一个农民，但这么些年之后，东北的农村，华北的（农村）不要提了，周围的这些更不要提了。西北的农村，我在嘉县的农村里呆过，长江以南的农村，广东的农村（都呆过），但是我发现地点不一样，他们性格（就）不一样，而有钱之后的命运却差不多，想法差不多。

事实上，在写《农民帝国》时蒋子龙曾经做过这样的调查……

‖ **蒋子龙：**第一届农民企业家的资料我都有，到第二届的时候，第一届（里的）就有好多倒了，到第三届的时候，（第一届的就）没有几个了。现在第一届的农民企业家大概就剩一个两个，所以我对他们非常有兴趣。最早不是为了写小说，我只是对农村有一种期望，有一种农村情结。你比如我这小说里的郭存先，一个很好的农民，一个很智慧的农民，后来膨胀了。为什么叫《农民帝国》呢，也是膨胀。前不久发了个消息，某个单位90个职工在一栋24层的豪华大楼里办公，一个楼里四五个人，平均四五个人。中层以上的头头都是一个人一层楼。这是什么情结？“帝国”情结，农民情结，就是那种暴富的心理，暴富以后把持不住。

在这部《农民帝国》中，蒋子龙塑造出了一个悲剧式的农民郭存先。在动乱和困难的年代，他是一个勤劳能干的普通农民，还常常扶危救困；在改革之初，他带领全村老少共同奋斗，过上了富裕的生活。

‖ **蒋子龙：**郭存先这个人是一个很好的人，很聪明的人，是一个很能干的农民，人非常仗义，够朋友，守信用，说话办事很聪明，不怕吃苦，而且还有一点为了大家牺牲自己（的精神）。但是我们这个“农民情结”是非常奇怪，当有钱之后，这个“农民情结”来了，他想摘掉农民的帽子，越(想)摘掉越像“农民”。有些城里人，有些留洋回来的人，总觉得自己不是农民，绝对不是农民，瞧不起农民。(事实上)瞧不起农民的本身，他(反倒)暴露了一种“农民性”，郭存先也是这样一个人。

郭存先是一个极其聪明的人，在书中蒋子龙给他设计了几个细节，比如他给村民们鼓劲儿说“在变革中谁能掌握住变化，谁就能抓住机会，就能抢先一步富起来”；比如他说“利益要围着老百姓转”。

然而，就是这样的农民带头人，却在财富和权力无限膨胀之后，最终身陷囹圄。

‖ **蒋子龙：**他所有的毛病都在有钱之后(显露了)——天下是我打的，钱是我挣的，你们这帮小子没有我怎么会有今天？一个很好的人膨胀了，膨胀以后就出问题了。称王称霸，一言堂，不能说个“不”字。所以这种情结我最早想参透，想搞明白，我们哪来的这种情结？我们是什么文化养的这种情结？我们的根脉在哪里？我们的老祖宗怎么会留下(这个)？这种情结现代人到了极致了。但是参不透。我实话实说没有参透，所以我只好就写故事，就按照人物的命运，按照他自己的命运轨迹随他走，他怎么走我就跟着他怎么走。所以像郭存先这样的人物能够产生以及他最后走向崩溃，肯定是有强大的社会原因的。

十多年前，曾有一位老编辑断言：形成风格的作家们，要着手创作的新作，大都可以料到，但谁也不知道蒋子龙下一个抛出什么。

《农民帝国》就是这样，一出手就不同凡响。很多评论都说，这是蒋子龙从工业题材向农业题材的一次转变。其实，这句话并不尽然，早在上个世纪 80 年代，蒋子龙就有一部同样关注农村命运的小说《燕赵悲歌》。

‖ **蒋子龙：**我那个时候对农村充满希望，83 年写的。我看到他们的意识，看到他们的做法，看到他们的一些想法，(觉得)说不定至少这是一种新的农民了，我觉得中国的农村真的有希望。

在《燕赵悲歌》里，有这样的细节，村里带头人武耕新要求“所有干部开会、会客、外出，一律西装革履”；他和其他三个村干部一样只拿低于一般群众水平的工资；等等这些做法只想“改变几千年来的小农意识”。

‖**蒋子龙：**真不错，我觉得以农民的我（来看），出个这样的村支书我感到骨子里高兴，真是不错。但是到《农民帝国》的时候这帮人已经让我失望了，就是他们没有按照自己的想法继续前进，那个表面文章做足之后，我们发现，他们自己所有的那一套都是表面上否定农民，觉得西装革履之后穿上那个就不是农民了，就可以混到城里去跟你平起平坐了。还是瞧不起农民，最瞧不起农民的还是农民自己。所以现在《农民帝国》这部书是带着伤感，带着困惑，带着许多疑虑的。《燕赵悲歌》虽然叫“悲歌”，但其实我自己的底气还是很壮，还有一种悲壮在里边，实际上还有一种勇士心态。“燕赵悲歌”它是根据荆轲来的嘛，风萧萧兮易水寒，壮士一去兮不复还。它还有那个气势。《农民帝国》就没那个气势了，没那个壮士、勇士的气息，只有勇士的悲哀，或者叫悲叹。

由此，作者对新兴农村和农民的观念在《农民帝国》中，笔锋为之一转。在郭家店，郭存先占有着绝对庞大的财富，俨然独立王国。权力的极度膨胀，使得这里连公检法俨然都是自家的，因此到小说的最后，郭存先锒铛入狱。然而，在蒋子龙看来，这样的惨痛代价其实蕴涵着巨大的希望，某种意义上讲，郭存先以自己一身拯救了一个村庄、甚至一群人。

‖**蒋子龙：**郭存先是功不可没的，郭存先是郭家店的功臣，所以人家上供，拿他当灶王爷供着，拿他当财神爷供着，郭存先值得这样供。他是用他的被抓挽救了郭家店，挽救了这个村庄，挽救了这个企业，挽救了那些人。那些人慢慢地学会了怎么跟政府打交道，怎么跟媒体打交道，怎么跟体制打交道。那个企业会开始强大，慢慢慢慢走上正轨。如果郭存先老霸占着，将来还会在他手里萧条。所以他一自我爆炸、自我膨胀之后，反而在某种意义上救了郭家店，这是改革不可以缺少的。所以有个观点很好，这是报纸上公开发的：没有“文化大革命”我们的改革开放不会那么顺利。这个话一听非常反动。“文化大革命”是一场灾难，十年灾难，你怎么会这么说呢？对，它是灾难。灾难也有灾难的作用啊，经过了“文化大革命”以后所有的人都对它深恶痛绝，农村快要崩溃了，经济快要崩溃了，连那些极“左”的人都觉得应该改革了，所以改革开放这才得以进行下去。虽然也有各种各样的交锋，有争论，有障碍，但最后还是顺利地走下来了。所以郭存先的“帝国”从最后的结局来看，真正是这段路上不可缺少的一个泡沫。

蒋子龙的文学慧眼是深邃的、阔大的。正如他那张平时少见笑容、常被人称做“严肃的令人可畏”的脸。他说：“因为我的文学形象是入世的，而我又信赖自己的文学直觉。”因此，所谓“工业题材”或“农村题材”的评论，就并不重要了，重要的还是对现实的强烈观感。

‖ **蒋子龙：**“关注现实”成全了我。你看，一个作家他对现实感兴趣，他关注着现实，而且这种关注形成了一种责任，这个责任又促使我观察，观察的时候（才会）有感觉。作家的才华是体现在感觉上，有感觉我就有冲动，有冲动就有激情，有激情就有文字，就有情感，这构成我的文学的两块。一块就是工业一块就是农业。我有一个观点，我不认为一个作家该受体裁的局限，他写什么都可以，只要能触动他，哪一点排到前边来，哪一点成熟了，就像蒸包子似的，这一笼包子已经熟了就得揭锅先吃这个包子，下一锅包饺子那是下一锅的事。所以哪块成熟就写哪一块，哪一块让我寝食不安，不写出来不安生，我就先写这一块。就这么简单。

有评论说：“蒋子龙的作品在群星辉映、河汉璀璨的中国文苑里，卓见锋芒，独焕风采，别有其灼灼闪光、铮铮作响的感召力、震撼力。”此言得之。

最后我们就用蒋子龙曾在一篇随笔中的自述结束今天的节目吧：我跟

文学可以说是不打不成交；不是我在追赶文学，倒像是文学在追赶我，不从容，不闲适；我从不脑袋膨胀发热，不忘乎所以；多少年过去了，我几乎每写一篇着力反映现实生活的作品，总要引起一些或大或小的风波，称得上是三步一个跟头，五步一个吊毛；老有人挑我的毛病，背上悬着一把剑，哀兵大勇，因而我也老有作品出世；蛇不脱皮长不大，我如果像自己的属相一样，要想成为一条真正的龙，就得不断地脱皮。

我们说：有“龙”如此，读者之幸、文学之幸！

徐贵祥：《历史的天空》且美且真诚

我希望，从我的作品里面能够看到一颗爱国之心，能够激发出一群爱国之心。

——徐贵祥

徐贵祥，笔名楚春秋。1959年12月出生，安徽霍邱人。1978年应征入伍，历任班长、排长、连长，集团军组织处干事、师宣传科科长，解放军出版社总编室主任。1991年毕业于解放军艺术学院文学系。主要作品：长篇小说《仰角》、《历史的天空》、《八月桂花遍地开》，中短篇小说集《弹道无痕》、《天下》等。

一部热播的电视剧《历史的天空》让有心人知道了有个写书人叫徐贵祥，而第六届茅盾文学奖则无疑让更多人记住这位挥斥方遒的军旅作家。

战争是人类挥之不去的群体记忆，而那些记忆衍生出来的文学作品则是镌刻着人类偏激与挣扎、自省与忏悔的静默的石碑。抗日战争的硝烟已经消散了半个多世纪，但当纪念世界人民反法西斯战争胜利60周年到来的时候，我们又不得不思绪万千地回望那片远去的烽烟。民族的耻辱刻骨铭心，英雄的歌荡气回肠！从苏联卫国战争的经典名著《这里的黎明静悄悄》到刚刚获得第六届茅盾文学奖的《历史的天空》，无不饱含着作家对战争执著的探究，对人性深刻的思考。

‖ **徐贵祥：**获奖当然是很高兴了。一个作家，他写作的时候总是希望自己的作品能得到认可和赞同。这个奖项，前面几届（的获奖者）全是德高望重、白发苍苍的（前辈），像我们军队中过去只有两位老前辈（得过），就是刘白羽和魏巍。而我们80年代、90年代活跃的中国文坛的一大批军旅作家都还没拿到，结果种种原因吧，现在落到我的头上了，但是心理上还有一点把握不准，自己的作品到没到这个时候，该不该拿这个奖，还是有点忐忑，所以说心里准备不充分。

‖ **记者：** 应该说创新是困扰所有作家的一个问题，但是有评论说，您的这部《历史的天空》和其它同类题材的作品相比，是实现了中国革命史的审美创新。那么我特别想知道，您在创作的过程中又是着力突破了哪些方面呢？

‖ **徐贵祥：** 你刚才讲的时候我很感动，就是（说到）对于革命战争史的审美创新。这使我就想起来前几天在中央人民广播电台搞直播的时候，他们连线到我的老师、解放军艺术学院的副院长朱向前，当时他说了三句话，说得是令人心潮澎湃：《历史的天空》把战争写得更像战争了，这是第一。第二，《历史的天空》把英雄写得更像英雄了。第三，《历史的天空》把小说写得更像小说了。那么后来我又琢磨了一下这三句话，这种创新到底体现在哪里？谁敢去写一个后来的高级将领，当初一个女孩子不愿意嫁给他，宁可上吊（也不愿意），就是说他是个另类。有好多年轻的读者不太愿意接受（他），觉得这太可怕了，革命者原来是这个样子吗？这是一种反应。第二种反应就是，后来小说拍成了电视剧，在北京首播剧场，他们搞了一个仪式，有个老八路看了之后热泪盈眶，结果他就跟梁大牙的扮演者张丰毅说，当年我们跟梁大牙一个糗样。两种截然不同的反应，一个说是另类，因为他不了解那种状态；一个说是英雄，因为他了解那种状态。那么《历史的天空》里最大的创新之处，就是把我们已经被各种媒体和各种文艺作品淹没了的一段历史的真实，艺术地还原到了当时的状态之中。

翻开《历史的天空》，是一幅别开生面的画卷。非黑即白的常规演绎已经被放弃，在若明若暗的历史云翳中，每个人都可以通过自己的方式去解读这个故事：可以说这是一部以小见大、窥一斑而知全豹的革命军队发展史；可以说是梁某人由草莽少年成长为叱咤风云的高级将领，由梁大牙到梁必达的个人传奇；也可以说是一群生于乱世的平凡人被卷在时代旋涡中的一段身不由己的恩怨情仇。但有一点是必须肯定的，那就是映衬在历史天幕上的那些顶天立地的人。现在，就让我们从这个先叫梁大牙，后叫梁必达的人说起吧。

‖ **徐贵祥：** 这个人物从小说改编成电视剧，一直以来受到普遍的欢迎。我觉得呢，第一，（因为）他的个性比较鲜明，区别于过去我们在一些文学作品里面看到的那种战将或优秀的指挥员的形象。第二，这个人物之所以好看，就是（在于）他的反差比较大。他是从社会的最底层，一个雇工，后发展成为一个高级将领。他作为一个小镇的无知少年（而言），可以说个人修养那基本上谈不上，那么他是在战争中学习战争，所以后来他不仅仅地位起来了，他自已的文化意识也起来了，信仰也起来了，觉悟也起来了，个人情感也丰富起来了。

与梁大牙相映生辉的是他蓝桥埠的同乡，富家子弟陈墨涵。鬼子进了蓝桥埠，准备投奔八路军的陈墨涵却阴差阳错地加入了国民党79团，从此与背道而驰的梁大牙开始了一段殊途同归的较量。

‖ **徐贵祥：** 陈墨涵是一个统一战线的问题，他最初是一个国民党军官。但不管是国民党也好共产党也好，我在后来一部作品叫《八月桂花遍地开》里面就提出了一个概念，叫“第一身份”，他是中国人，殊途同归吧，这是第一。第二，陈墨涵这个人物的自身命运反差也比较大，因为他是一个富家少年，是一个有理想有文化（的人），首先（是一个）有文化、有理想、有信仰、有思想、有准备的革命者。事实上，在民族的战争面前，他的第一身份是个中国人，他和梁必达是一样的。

东方闻音，一个超然于战争灰色之外的浪漫的名字。“战地黄花格外香”，这个来自大上海的女学生，是梁必达人生中的幸运星，更是这个坚硬的男人世界中一缕温柔的风。

‖ **徐贵祥：** 东方闻音，她作为一个政治委员和政治工作者，我觉得我在塑造的时候自己都感到难为情，不可能，她做不到。（把）一个有信仰的、坚定的、有工作能力、有斗争智慧、有坚定不移的原则的这么一个政治委员（形象），放在这么一个女孩子身上那是不可能的。但是她的作用是什么呢？她也是一种象征，她象征在当时这个抗战的背景下面，这么一支穷酸军队里面的一个美好的理想。要不是她在门口及时发现，那梁大牙脑子一热就投国民党了，就是因为她的出现。事实上我想用她来作为一种象征，象征我们党内的一种温情，（象征）党内对人的一种关怀，甚至一种爱心，关爱着像梁大牙这样一些没有多少革命觉悟，没有多少理论准备的人，她感化他们，像春风一样感化他们。

“韩秋云把上吊的绳子系好，踮起脚扯了两下，很结实，然后就从老桐树枝桠上爬了下来，靠着树根喘气。她反正是活不下去了，要她嫁给梁大牙，那是死也不能干的。”故事就这样开始了，一个未来的英雄就在这样的锣鼓家伙点儿里出场了，没有霞光瑞霭，没有正义凛然，有的是一个村姑的诅咒和怨毒。

‖**记者：**我觉得这部小说一开始就是一鸣惊人——韩秋云要上吊，因为她特别不愿意嫁给梁大牙，而梁大牙恰恰又是我们这个故事的主人公。那设计这样一个开场我就有一种感觉，就好像是《三国》里的周瑜大将军穿着《水浒》里时迁的这一身行头就这样溜达出来了。那您设置这样的一个开场，当时就一点顾虑都没有吗？

‖**徐贵祥：**在生活当中我们经常会遇到这种情况，当一个强者非常强，并且已经具备了一个很好的平台之后，那么他（很快就）发展起来了。你可能会觉得这很不足为奇，这很平常。但是，当一个最弱的弱势群体或者最弱的那一个人，处在最低劣的平台上，（后来当）他的命运发生巨大变化的时候，（他给人的冲击力就很大）。当年你不愿意嫁给我要上吊，（那现在）老子就活个人样给你看看，活到最后你想嫁给我，我还不干了。比如说，我（在他身上）寄托着一种对于男人那种拔地而起脱颖而出的（期待），最后我甚至希望他能够气冲霄汉，我希望这种英雄从我们的土地上生长起来。

在《历史的天空》的字里行间，我们能够充分感受到徐贵祥对梁大牙的钟爱对梁必达的推崇。是啊，像这样波澜壮阔的戏剧人生是多么富于英雄主义的浪漫和理想啊。无论世事如何乖蹇，总会等到云开雾散柳暗花明。评论界对作家把握偶然与必然转换的功力给予极大的肯定，甚至称这是一种对人性不确定性的写作技巧。然而对于寻找阅读快感的读者来说，也许和所有深入人心的作品一样——它给了我们一个梦，一个虚幻而又逼真的梦。

‖**记者：**一路读过来，总觉得梁大牙这样一个形象始终在挑战着读者的承受力，他留在游击队里面既不是为了革命也不是为了抗日，而是因为他看见了那个年轻漂亮的女八路——东方闻音。那您这样去处理会不会给人一种印象，这是对我们以往认同的那种英雄形象的一种颠覆。

‖**徐贵祥：**我觉得，时势造英雄，这是一。第二，就是艰苦的磨练也可以造就英雄。事实上，中国革命战争当中的很多英雄，我们今天看到的英雄，你不了解他们的成长前史，你不知道他们在成为英雄之前究竟是个什么样子。而我知道，我写过。我整理过一个著名的将军，秦基伟将军的回忆录。在这个过程当中我采访、接触了不下于一百个将军和老干部。其中相当的人告诉我，他们投身革命之初什么也不知道，就是知道鬼子要来了，要打鬼子。我觉得这是一个很高的觉悟啊，事实上我写的这个人物从某种意义上讲，至少还原了一部分中国革命将领的原生状态，而不是颠覆。

俗话说：英雄不问出处。梁大牙尽管阴错阳差才投了八路军，但他还是逐渐地融入了这支队伍。在凹凸山的炮火硝烟中，在革命真理的启发和洗礼中，他终于以一个优秀指挥员的军事才干和一个忠诚革命者的坚强信仰脱颖而出。随着攻城掠地无坚不摧的辉煌战绩，梁大牙迎来了脱胎换骨的蜕变。

‖**记者：**那么在这部作品当中，梁大牙从一鸣惊人地出场，别别扭扭地适应，到后来逐渐显露出了他的军事天赋和英雄潜质。但您觉得他是从什么时候或者说从哪些章节开始就应该算是英雄了？

‖**徐贵祥：**梁大牙最根本的一次转折，用你的话说是实现了升华、涅槃，（是在）牙被撬掉之后，当梁大牙成为梁必达之后。一个象征性的标志就是拿个枪管把牙撬掉了。这还有一个象征的意味，即象征着东方闻音从一最开始的戒备到认同、同情、爱护一直到最后，当他的牙被撬掉之后，他们的爱情水到渠成了。

历史的天空继续云谲波诡气象万千。已经成长为我军高级指挥员的梁必达也乘着时代的列车一路颠簸前进。抗日战争胜利了，抗美援朝结束了，新政权的万象更新持续了不久，“文化大革命”开始了。

这是一段表述起来有点沉重的历史。对照着战争血与火的惨烈，那是另一种椎心泣血的残酷。因为同室操戈，因为“本是同根生，相煎何太急”。在经历了一段非常岁月的淘洗后，凹凸山的战友们也各自承受着不同的命运：梁大牙和陈墨涵重整旗鼓东山再起。历史的天空重新雨过天晴。

‖**记者：**《历史的天空》虽然跨越了半个世纪，但是篇幅的重点还是集中在抗日战争这个时期，对“文革”这一阶段的描写非常简练。那您这么处理是为了保持历史的完整性还是觉得这样一个时代背景更容易体现人物最终的宿命，比如忠诚和背叛。

‖**徐贵祥：**我觉得这个时候它是另一场战争，另一种形式的战争。在这样一个特定的环境里面，对人是一种检验。这些人都已经年老了，地位已经很高了。当然战争时代它又不一样了，这个时候对人的意志、政治品质、道德品质，我觉得可能是一个更加严格的检验。可能我在小说里面写得最精彩的应该是张普景作报告。作为一个政治干部，作报告作了一辈子，最后临死的时候没有办法，还得给他安排一场报告，他的幻觉当中好像有成千上万的听众都在听。张普景在这种满足当中，也就是在他最后强调了军队不能乱，军队是要打仗的，军队能打仗就是最大的政治，当他把这些观点表达完之后，才溘然长逝了。

‖ **记者：** 小说的结尾部分，可以说是延续了小说一贯的不确定性的手法。梁必达获得了 D 军区司令员的位置，但是他很快就退出了，那么您这样处理是否还有更深层次的含义呢？

‖ **徐贵祥：** 我希望我们这个部队年轻化，同时这又是梁必达的性格决定的，他就是出其不意。所以他最后说的一句话，在美国，小切斯顿这个年龄，在他那个位置上不算是最年轻的；在我们中国，在我这个位置上，我不是最老的。那就说明还有比他更老的。我觉得军队的年轻化还是比较重要的，我在这里确实非常强烈地想表达一种（看法），还是希望知识更新（更快一些），年龄结构更年轻一点，（应该）加快年轻化的步伐。

故事结束了，该是总结陈词的时候了。徐贵祥用 46 万字的篇幅涵盖了一个政权斗争、生存、胜利、发展的风雨历程。而从蓝桥埠出发的梁必达、陈墨涵们就是这一路留下的坐标。一群光彩照人的人物，一个引人入胜的故事，而这就是作家徐贵祥、军人徐贵祥所期许的全部吗？

‖ **徐贵祥：** 我希望我的读者能从我的作品里面找到一种（印象），能够看出我本人的一种（爱国之心）。我是一个爱国者，我经常以爱国者自诩，我觉得我对于这个国家是热爱的，哪怕我写了这个国家的危难，写了我们民族个性当中和民族性当中一些不好的负面的东西，但是我的初衷，我的出发点，是希望这个国家能够强大起来，能够立于不败之地。从这个意义上讲，我就想到了中华人民共和国的国歌，就是“中华民族到了最危险的时候”。我觉得尽管到了今天，我们看到风和日丽，阳光灿烂，我们在这个地方再听不到枪炮声，但是我可以说，中华民族仍然处在比较危险的这么一个时刻。为什么？因为我们没有统一起来，没有团结起来，没有凝聚起来，很多人没有把国家利益放在一个很重要的位置。这样的话，一个国家如果一盘散沙，如果说大家都在为自己的利益各自奔忙，八十个人抬一顶轿子，每个人都朝自己的方向走，那这个轿子很快就会被颠覆。所以我希望，从我的作品里面能够看到一颗爱国之心，能够激发出一群爱国之心。

我们不能说人格的魅力可以超越国家和民族，更不能说它可以取代信仰和理想，但是，作为文学形象，凡是无法调和的冲突，最后都必然落脚于人格的冲突；美好和伟大的事情发生，最后也都必然落脚于情感的美好和伟大。在徐贵祥的笔下，历史是那么熟悉而又陌生，凝重而又灵动，使我们觉得历史不仅恢复了体温，而且恢复了个性，对小说的阅读既成了对历史的一种回归，也成了对历史的一种发现。

铁凝：《笨花》飘过，良善永恒

文学虽然不再具备指点江山的作用，但还是可以对人们的精神生活起到很大作用，作家还是应该为捍卫人类精神的高贵、心灵的美丽而写作。

——铁凝

铁凝，1957年生于北京，祖籍河北赵县。1975年于保定高中毕业后到河北博野农村插队，1979年调保定文联《花山》杂志任小说编辑，后到河北省作家协会专事创作。现为中国作家协会主席，中央候补委员。主要作品有长篇小说《玫瑰门》、《无雨之城》、《大浴女》，以及中短篇小说、散文、电影文学剧本等300余万字。其小说《没有纽扣的红衬衫》、《哦，香雪》、《六月的话题》分别获全国优秀中、短篇小说奖；其散文集《女人的白夜》获得首届鲁迅文学奖；中篇小说《永远有多远》获第二届鲁迅文学奖和首届老舍文学奖；根据其小说改编的电影《红衣少女》、《哦，香雪》先后获1985年中国电影"金鸡奖"、"百花奖"及第41届柏林国际电影节青春片最高奖。部分小说已译成英、法、德、日、俄、西班牙、奥地利、丹麦、挪威等文字并出版。

对不少读者来说，铁凝就是一幅美丽的画。从她的小说中我们能找到女性特有的关爱情结，她所展示的生活的美丽、世界的多彩，令读者感到一种生活的真实，和对生活体悟后的希望。但对于不少观众来说，铁凝则是一个美丽的传说，她极少出镜，决不张扬，总给人以气定神闲、沉静美丽的形象。她不掩饰不做作，似乎除了写作就了无痕迹。自从《大浴女》之后，铁凝已经有六个年头没有进行长篇小说的创作了，而新作《笨花》正是她潜心六年写出的一部与她过去任何作品均无可比性的大书。

‖ **王宁：**铁凝老师您好，特别高兴能采访到您。从一开始看到您这本书的名字我就特别感兴趣，《笨花》，

“笨”其实是一个笨拙的有劳动成本在里面的一个根基，“花”是可以绽放的，飞扬的，看似没有什么关联。但是把它们连在一起作为题目，我想会有一些深意。

‖**铁凝：**有吧。（正如）你刚才形容的，它就是轻盈的飞扬，“花儿”啊。“笨”是非常沉重的，有劳动的根基，这也就是我对“笨花”这两个字非常感兴趣的重要原因之一。但是它不是我的创造，（它）就是河北冀中平原一带种棉花的人对本地棉花的俗称。当地人呢，他把棉花不叫“棉花”，而是省去了“棉”只叫“花”，种花啊，摘花啊，拾花啊……我觉得他把“棉”省去了以后，就只有一个“花”字，这正像你刚才说的，反而更有一种轻盈的想象力，好像更有无限丰富的可能性。那么跟着又是一个“笨”字，“笨花”。“笨花”其实是很本分的，我觉得这里边确实有了沉重的、沉稳的劳动基础在里边，所以这一轻一重，我认为是人类的日子里所不可或缺的。

《笨花》截取了从清末民国初到上世纪40年代中期近50年的历史断面，以冀中平原上一个叫笨花的小村子的生活为蓝本，以向氏家族为主线，在朴素、智慧和妙趣盎然的叙事中，将中国那段变幻莫测、跌宕起伏、难以把握的历史巧妙地融于“凡人凡事”之中，其时代风云的繁复波澜、世态风情的生动展示及人物命运在偶然中的必然、必然中的偶然，均被作者精巧地揉为一体。全书一改作者以往创作中关注女性命运、注重个人情感开掘的基调，堪称铁凝迄今为止最具分量的长篇力作。

‖**王宁：**好像《笨花》里面描写的事情和你的生活经历有关，因为1975年你当知青（的时候）就在这样一个种棉花的村落里生活。

‖**铁凝：**对，我种了四年棉花。当时还小，十几岁，只是觉得种棉花非常苦，从最小的那种棉花（开始），（要伺候它）落腿儿、打杈、打疯杈……一直到最后。长成了以后摘棉花，它讲究“喷”，摘一次叫“一喷”，一次还摘不完，（要）摘很多次。那时候霜降以后天气就已经非常冷了，棉枝也不很柔韧了，都是像铁丝一样干硬的，所以摘完一次棉花双手都是鲜血淋漓。那时候体会到的只是苦，长大以后回过头来看，现在这书里所表现的那个棉花跟我在上世纪70年代种棉花的那个经历就打通了，打通以后就有了某种特别内在的关联，当然成人以后实在是觉得棉花里边有很多说不尽的东西。

在完成城市题材小说《玫瑰门》、《大浴女》、《永远有多远》之后，铁凝似乎又回到了原点，关注起自己非常娴熟的农村题材。《笨花》以冀中平原笨花村为场景，以清末民初到抗战胜利为背景，通过笨花村向家、西贝家两个家族三代人的喜怒哀乐，细致地描绘了普通乡民的日常生活和时代与社会的变迁给他们的命运带来的种种投影；又以走出笨花村的向喜从军做官为线索，浓墨勾勒了国家时局与社会发展的大致走势，使得整部作品构成了半个世纪中国社会历史沧桑演变以点带面的艺术缩影。

‖ **王宁：**《笨花》描写的是一个大历史（背景）下的几代人的生活，但您曾经说过其实您感兴趣的不是那一段大的历史，而是那些储藏在您心里的人。到底是哪些人，他们在您的心里是一种什么样的状态呢？

‖ **铁凝：** 比方说主人公向喜，还有他的儿子向文成，还有向喜的元配夫人同艾，这是一个女性，这些人物，他是有原型的，当然也仅仅就是原型，最初就是原型触动了我，然后就在我心里生根。我记得有一位作家曾经说过，任何一部长篇小说里面的人物，就是文学人物，都不可能是拿来就有，（多少会有）一个你听说的、你看见的或者在你心里过一下的一个原型，你也可以成为我的原型，但仅仅是原型。那么向喜，还有其他我刚才说到的几个人物也一样，也仅仅就是原型，但那个原型本身就足以打动我了，将他拿进来放在我心里，但是我觉得他还不足以变成文学，双方面的原因。一个是他本人还不够作为一个我想要的那种结实、丰满和丰富的文学形象，还有非常重要的一点，就是当时我觉得我自己可能也没有能力，没有足够的能力把他变成一个像今天这样，我相对满意的文学形象。

主人公向喜是冀中平原的一个普通农民，因一个偶然的机会入伍，并在历史洪涛中逐渐提升，官至司令后，却基于一个农民朴素的本能而放弃前程，有的读者从《笨花》中看到了一个普通人在乱世中的辉煌，而铁凝自己则从中“看到一个民族的底儿”。在乱世里，对自己的命运没有更好的选择的时候，他最后靠着他没有好的政治主张，没有特别高尚的一种信念，做出了他自己的选择。

‖**王宁：**您曾经说过您最喜欢的人物还是向喜，那向喜这个人物应该说是一个点，因为这个闪光的点，使他和笨花这个村落里面的人们有了联系，也使笨花村落的人和整个的社会历史有了联系。是什么地方让您动心了？他的哪些性格或者说他的哪些魅力会让您觉得这个人物是您非常喜欢的？

‖**铁凝：**我想向喜这个人身上，他的最让我动心之处就是他的履历。一开始我注意你也用了“传奇”（这个字眼），确实他有他的传奇色彩。他是一个农民，一个手巧的、挑着豆腐脑的挑子到集上去卖豆腐脑的、没有大的抱负、没有高远的妄想的这样一个农民，因为乱世，他（失去了）相对稳定的生活；但也因为乱世，好像一个偶然的因素他的命运起了变化，他从这个笨花村子里出去了，然后一直做到中将级的将军，也是手握狮头刀啊。这个狮头刀代表一种军中的阶级，那还不是一般人可以握在手中的。那么其实这样的一个人他还是会有很多可能，就是趁乱得到更多的实惠，（但）他退了，他退却了，最后又回到乡村，选择了他们家的一个粪厂——他又不挑豆腐脑了，他选择拿着粪勺子像摊煎饼似的从粪池子里舀出粪来晒粪干儿，庄稼最好的东西就是粪了。最后每一个选择，包括日本人来了以后，他把他的孩子送到了（那个地方），就是两个儿子看了斯诺的书以后（要）去的那个地方。实际上他也是凭着一种最朴素的本能，他的直觉使他选择的这些。我认为这都是正义的，都是进步的，这在一个旧时的军人，一个文化不高的农民出身的军人来说应该是可贵的。

《笨花》当中的人物有90多个，和以往细腻的描写女性相比，在《笨花》当中铁凝的注意力有所改变，除了主人公向喜外，也有更多的男性角色成为《笨花》的主要角色。作为一个擅长写女性的女作家，铁凝的这个改变也自然成为读者们关注的一个焦点。

‖**王宁：**在《笨花》里面我们看到您写了很多的男性，包括最成功的那个人物形象——向喜，虽然有同艾这样的人也在向喜的身边，会让人觉得笨花这个村落是丰满的，但是您觉得写男性和写女性比较起来哪个更容易？写男性会不会觉得困难一点？

‖**铁凝：**这对我应该这么说，我终于又被问到这个话题了。但是我想很多记者或者媒体，或者评论界，面对一个男作家，比如说他写了一本书，书里边有很多女性，就从来没有被问到你写一个女性有困难吗。

‖**王宁：**我就问过毕飞宇这个问题，他写得为什么那么细腻，他为什么那么懂得女人的心？

‖**铁凝：**就是，他也不是个女人。

‖**王宁：**对啊，怎么会那么了解？

‖**铁凝：**是这样，但是我也愿意回答这个问题，反正已经这样啦，已经被问到了。我想其实这一群人在我心里的时候，我没有更多地把他们刻意作性别的划分。（没有说）我是一个女性，我来写这个男性的比例是多少，女性的比例是多少，我觉得我有一个最重要的出发点，就是在这个性别之上，我想应该是从人出发的，文学本身就是（这样），我现在也坚信还是从人出发的。其实我觉得男人写女人有“便宜”之处，那么我们可以说托尔斯泰，他笔下的那些女性，他在七十岁的时候写《复活》，你怎么可能想象他写少女（可以写得）那么饱含激情，是吧？那我就觉得他为什么有“便宜”呢？虽然他不是女性，他却获得了一个女性看女人永远不可能（有）的角度，对不对？这就是他的那个“便宜”之处，带引号的。那女人其实也一样，男人看男人自己和女人看男人她也有一个“便宜”，就是她有一种男人永远不可能获得的视角和眼光，或者那种眼光和视角是他们特别害怕认可和接受的。可是在女人这儿，女人可能会认为这是好的，也是美的。比如说我们看张国荣的有些表演，我们也不认为他很酸腐，我们也觉得很美，其实超越了男性和女性，男人身上也可以呈现出一种妩媚，就除了他的阳刚之外也可以有（的东西），也不是那么不好看。所以我在这（本书里）写男性的时候，大概就是也有这种自信和信心，其实它也是内心做底的东西。另外就是，我觉得男女都还不是最重要的，对于一个作家来说最重要的还是从人出发。

铁凝说，“生活在《笨花》中的人其实有他们自己的一套，我就是希望寻找一种准确的、简朴的、温润的、结实的方式来写出世俗中人情的美，世俗生活中的具体意趣，也就是希望写出世俗焰火中的精神空间”。因此书中的一些类似窝棚里换棉花情节的安排，是不能用简单的道德标准来进行评判的。

‖ **王宁：**《笨花》当中有一些情节会让人印象非常深刻，比如说钻窝棚的事，窝棚里面去换棉花的情节。在以前的《棉花垛》的作品当中我们也看到过类似的情节，那这到底是您虚构的呢，还是现实生活当中，当时那个时代确实曾经发生过的事？

‖ **铁凝：**不是虚构。就我间接地了解，听当地的人讲的故事里边，(其实这些）不是被当故事讲的，他们很平淡，也没觉得这是一个传奇，但是在当代人听来却像是一个传奇。其实秋天棉花收获的时候，这种（因）窝棚里的交换而产生出来的窝棚里的故事，如果我们说它是一个民俗就太轻浮了，如果说是一个传奇也没那么戏剧化，因为这是肉体交换棉花，我认为这是当地经济基础决定的。实际上也就变成了（有点）带动它的那个经济活动，比如说这“糖担儿”的出现，因为有这种交换夜里要吃东西啊，在窝棚里有男女活动，那么它就（需）要一些买卖，就是“糖担儿”挎着篮子卖一些烟卷啊、包子啊等等，它有经济活动。然后它就成为一种滚雪球似的越滚越大了。

‖ **王宁**：我们觉得在《笨花》这部作品当中，写这些细节时变得趋于理性一些，不像《棉花垛》当中那么激情了，是这样吗？

‖ **铁凝**：有些读者看了《笨花》这些场景以后，他觉得很节制，没有挑逗在里面。那其实我的目的也就达到了，因为我的用意也不在这儿，就是不是在男女的挑逗、煽情上。我是要从作品大的气象、整体的气质出发，这个小说不是写这个的，我的着眼点也不在这儿。有一个读者，他说我注意到你里边写的小妮儿，十五六岁一个小女孩，她也从外村跑那儿去拾花来啦，她给那向贵、大花瓣领来以后，人家都说这是第一次得多抓点那花。那读者就说了，接下来可能要是换一个别的作家，或者他有他的需要，就会详细地写第一次，但是你没有写第一次，反而写了他不要她的第一次，她守住了，就是向贵这个男人（虽然）是很随便的一个男人，但是他对这么一个小女孩他没有，对，很怜惜她。那么这个窝棚里还是有道德的，包括一些打兔子的人的道德呀，我觉得都是很动人的，很细碎的。正是生长在、扎根在民间的这些东西固守了他们的秩序，所以它还是有秩序的，不然我们这个民族不就乱了吗！

尽管《笨花》是一部看似有宏大历史背景的作品，但铁凝却认为自己描写的并不是人物的传奇故事，讲述的也不是历史风云，而是在关注平凡人的生活。铁凝说，虽然《笨花》看起来是一个很闭塞的地方，可是在这个闭塞的环境里，人心却都保有一种乡村的智慧，以及一种他们所具有的道德秩序，在《笨花》中她想表达的就是这些看起来世俗，但实际上却存在着一些永恒价值的东西。

‖ **王宁**：您曾经说过，《笨花》这部作品当中其实您想展现一些看似平凡的，但是却蕴涵着永恒价值的东西。“永恒”这个词我一直都不太明白，到底有多少深意？因为好像这个世间没有永远。在您心里这些人身上的永恒价值在哪儿？

‖**铁凝：**我觉得是一种道德的操守，内心的道德秩序。我想（无论）一个人的心中或者外界发生了什么，但作为一个人，作为一个中国人来说，这一点还是不能丢弃的。就比如在向喜生活的那个很纷乱很繁复的、历史政权更迭当中的一个乱世，甚至还有一些外族入侵这样的苦难之际，那么凡俗的一批中国人尚且能够在最关键的时刻舍掉一些实惠，所谓的名利，能够洁身自好，能够还有他的气节、有他的气概，能保住他的尊严，我觉得这就是最宝贵的。（这）可能是非常朴素的，但是作为一个人来说，(却是）非常非常重要的底子，就是道德秩序。

从 1975 年发表第一篇文章《会飞的镰刀》到《笨花》的问世，铁凝的文字生涯已整整 30 年了。

‖**铁凝：**就是巧合吧，正好写到这儿啦，那么我也愿意把它作为我，把这个小说作为我的整个创作实践中一个阶段性的小结，也谈不上大的总结，我希望是一个小结。

特别是《笨花》的完成，使铁凝真正领略到"笨"的涵义，再次总结自己的创作经验，铁凝说，文学创作容不得半点讨巧，只能老老实实埋头诚实写作，有时还必须得保持必要的"笨劲儿"。

‖**王宁：**从 1975 年写作《会飞的镰刀》到现在的《笨花》，30 年了，这一段的道路非常漫长，我突然间想到这两个名字觉得很有意思，《会飞的镰刀》！当时写作的时候还在天上啊，还是绽放的、飞扬的，（现在）慢慢地走到了地上，《笨花》嘛，落到了地上，是不是也意味着随着时间的积累和岁月的沉淀，作品的分量越来越重了？

‖**铁凝：**我不敢说我的作品越来越有分量，只是希望能够不断地超越自己的以往，但是超越也是非常困难的，因为文学创作的路不会是直线上升的。但是你这两个比喻我还没想到过这么联系。那个《会飞的镰刀》就是一篇高中时的大作文，写了七千多字，也不知道什么是文学什么是小说，但是后来它确实是我的处女作，就是变成我的正式出版物，变成铅体的第一部小说。后来又发了一些作品，那时候我确实是不觉得文学太难，所以就虚荣心得到了一些满足。如果有人说："铁凝，我看了你一什么什么小说。"我那个毛病现在还有，就是晚上（回去就会）再拿出那个作品看一遍，自己再欣赏一遍。但是写作到了今天，当然也在尝试不断地改变自己，也想了一些、也做了一些努力，但是确实是那时候不怕写作，而写到今天就知道害怕了。为什么知道害怕了，就觉得越写越知道不容易，原来文学是不容易的。就像我刚才跟你说的，其实从根本上说没有近路，就是说我想快点到那个目的地，我走的近路在哪呢？其实写到今天，就30年了我也不过就悟来这么一点，其实还差得很远。

文学在当今的生活中还能起到什么作用？用铁凝自己的话说，文学虽然不再具备指点江山的作用，但还是可以对人们的精神生活起到很大作用，作家还是应该为捍卫人类精神的高贵、心灵的美丽而写作。

‖王宁：一个非常勤恳的写作者，他可能需要面对很多安静的时候，也必须会去平衡很多忙碌的时候，您怎么去平衡两者的关系？

‖**铁凝：**其实我没有特别刻意地做一种技术上的安排，首先从我的概念里，我不愿意自己人为地把它分得（那么清），变成纯粹对立的，我不这样看这个问题。你可能觉得奇怪，但事实就是这样的。因为生活在当今，我们每一个人都不再是一个纯粹自然的人，我们都是一个社会的人，即便是一个作家他也不可能不食人间烟火把自己封闭起来，不见人，不和人接触。而且现在我想跟你说，由于我在作家协会工作，我可以接触很多人。我喜欢接触人。读者看见你了，你是一个作家，他对你的任何官职是不在意的，所以我自己也没有必要特别在意，（没必要）很在乎自己的某一个

位置。所以我的本质，我认为还是一个作家，（要）不断有作品出来，不断地有好作品给读者，这是我生活当中的乐趣。

在和铁凝的交谈当中我特别地感受到，其实不管生活在哪个世纪的人，包括今天的人，日常平凡的生活还是占据了我们每一个人生活当中的绝大的部分。其实并不是每一天在我们的身边都会有宏大的英雄业绩发生，但是就是这些凡俗的日子里面也会有它的光彩。也许真的像铁凝在《笨花》当中所表达的那样，在世俗烟火背后的更深刻的东西，才是人类真正的永恒价值所在。就像评论家白烨评价《笨花》所说的，作者的从容不迫的叙事态度和倜傥不羁的叙事技巧，使得整部《笨花》激情内敛、内蕴蕴藉、衔华佩实、钩深致远。从这个意义上来说，《笨花》既耐得起人们阅读，同时也一定能够流传下去。

陈忠实：寻找属于自己的句子

对我来说，《白鹿原》已成为历史，没有必要跟它较劲。我只是尊重自己的生命体验和艺术感觉，只要有独立生存的价值，只要实实在在地达到了我所体验和追求的目标，我就感到欣慰了，因为，它们都是我的孩子。

——陈忠实

陈忠实1942年出生于西安一个耕读传家的农民家庭，祖父曾教过私塾。他对文字有着与生俱来的敏感。1965年，23岁的陈忠实发表了处女作散文《夜过流沙河》，然而这对他的境遇并没有实际的改变，从乡村教师到公社干部，文学只能是业余爱好。1978年陈忠实看到了刘心武的《班主任》，他仿佛听到了冰河开化的声音……

上世纪90年代，中国文学界长篇小说创作迎来了兴盛期，尤其是1993年《白鹿原》和《废都》的出版，引发了社会性的阅读热情，当时被称做“陕军东征”。而以《白鹿原》为代表的“家族”题材小说更是异军突起。作为对建国以来单一“阶级”视角的改写，《白鹿原》融入了政治、经济、党派、宗教、文化、欲望等错综复杂的因素，以此试图对中国现代历史的变迁作出全景式、史诗性的描述。《白鹿原》因此而荣获第四届茅盾文学奖，成为作家陈忠实先生文学生涯的巅峰之作。

东出西安40里，过“年年柳色，灞陵伤别”的灞桥，就是那道闻名遐迩的古原——白鹿原。它南接蓝关、北扼灞水、俯临长安，历来为兵家必争之地。据说汉高祖刘邦的营垒，大唐诗人王昌龄隐居的村落都在这道原上。厚厚的黄土埋藏了历史的风华，现在原下人最津津乐道的是，写出《白鹿原》拿了茅盾奖的陈忠实，是他们的乡党。

‖ **陈忠实：** 那我当然很感动了，首先，不是说这个奖会给我带来什么好处。首先让我心里感动的是终于给《白鹿原》有一个正确的评价了，它预示着这个。一个作家写了作品，得不到正确的评价——片面的评价那应该是最痛苦的，能够得到正确的、准确的、合乎作品实际的评价，这是最好的安慰了。

《白鹿原》描写了自清末至上世纪解放战争的50年中，渭河平原白、鹿两个家族的荣辱沉浮。以家族关系为构架，以宗法文化的悲剧和农民抗争为主轴，以半个世纪的阶级斗争和民族矛盾为背景，探究了中华民族的历史命运和文化命运。

‖ **陈忠实：** 从我个人的创作（来说），原本就是想，绵延了两千多年的封建制度终结以后，我们的祖先先是走向共和，后来又走向共产党革命，这个比起历史来说，那要短暂得多，无非不过50年，到新中国成立才不到50年嘛！这段历史，中国人的精神心理经历了一个什么（变化）？我主要是想既准确而又能典型化地把这段精神历程表述出来。

文风的开放，社会的多元，使陈忠实的文学理想得以实现。过去的“当代”乡村小说被删除的风土乡俗，以及与儒家文化传统息息相关的宗族制度、祖训乡约、祠堂祭拜，“耕读传家”的书院等等，构成《白鹿原》主要的生活场景和文化氛围。

‖ **陈忠实：** 因为这个过程它不同于任何历史上的任何一个过程，清王朝终结以前的所有中国王朝的更迭和转换，无论汉无论唐，无论明无论清，朝代换了，皇帝换了，它那个总体封建制度却没有改变，理念没有改变，包括道德没有改变，都是儒家思想一直被灌输到乡村最底层，体现的就是那个“乡约”。乡约就是训导，最基层的农民最普及的一种形式，琅琅上口，你应该怎么做，不应该怎么做，都很具体，这就是对人规范、精神规范，甚至用一句话说，构成中国最基层的、最底层的人的心理结构的一个支架。那个心理结构的支架就是这个乡约，我把它归结在这儿。

《乡约》是乡村中国的民间法典，德业相劝、过失相规、礼俗相交等儒家文化治下的行为规范明确地告知人们：德谓见善必行，闻过必改，能事父母，能教子弟。陈忠实写道：白鹿村的祠堂里，每到晚上就传出庄稼汉们粗浑的背读《乡约》的声音。

‖ **陈忠实：**那么到这个封建制度终结了以后，辛亥革命、共产党革命，实际上是重新建构人的心理结构的一个过程，就是把封建制度，几千年在中国人，特别是在乡村人的心理结构形态方面的（定势）都打乱了。重新建构一种新的理念，新的理念实际上就构成了新的心理结构，心理形态，精神形态。这个艰难的过程甚至到现在都未必彻底完成，太漫长了。

白嘉轩是白鹿村的精神领袖，是陈忠实文学诉求的代言人。他对儒家文化身体力行，为把白鹿村改造成符合《乡约》精神的礼仪之邦殚精竭虑。评论说这个洋溢着理想主义光辉的人物，为文学殿堂塑造了一个极富庄严感的中国农民形象。

‖ **陈忠实：**没有庄严感就创作不出庄严感的人来，这个农民就是我想写的一个完整的农民，因为我们过去那个文艺政策，它使我们在极“左”政治理念中演绎出来的一些作品，凡是地主都是坏的，恶霸地主有黄世仁和南霸天，那些人都很生动了，也很典型了。（那么）我说我要创作一个“族长”，咱们刚才不是说农村家族势力吗，它很重要的，家族势力在农村里头几乎是无可动摇的一种核心力量，而能到族长这个位置上的人，他就代表着传统文化在农村最基层的一种影响力，这就写了白嘉轩。

当文学离自身更近，当作家可以自由地服从于历史的真实，陈忠实的乡村世界就像一件劫后余生的古董，焕发出斑斓的光彩。摆脱了狭窄的阶级斗争视角，他努力站到时代的、民族的、文化的高度来审视那些人和事，还原曾被绝对化的“阶级斗争”所遮蔽的历史容颜。

‖**陈忠实：**我归结说咱们的文学作品最典型的两个地主，北方的黄世仁南方的南霸天，就是恶霸地主，我们不能否认这些恶霸地主在中国社会中是存在的，这是客观的，这是很客观的。但在农村中，大量经济上处于优裕地位的一些人未必都是恶霸，而且是绝大多数。就在我所在的那个地区来理解，往往一个村庄的文明是以这个村庄的经济上富裕的人为代表的，他们大多是古典文明的传承者，因为只有他们能接受稍好一点的教育。普通农民大都在私塾里头识一部分字儿然后就回家务农了。他们能接受一点稍高的教育，所以对我们传承的文明还能体现一些仁义。所谓“仁义”，(就是) 在村子里头还都普遍有威信。

白嘉轩、鹿子霖、田小娥、朱先生等突兀奇谲的人物，在这片古原上演绎着20世纪中国的悲欣荣宠。陈忠实为《白鹿原》题记：“小说被认为是一个民族的秘史。(巴尔扎克)”这正是一位作家呕心沥血十年磨一剑的文学抱负。

‖**陈忠实：**我读到巴尔扎克这个话的时候，我就觉得他这个话说的很好，这话很传神，它概括了作为一个文学作品，你不是正论，不是历史，(不是) 正经的历史，但它是以形象，人物的形象和人物的心理秩序来表述一个民族的历史的。我就觉得巴尔扎克这个话很贴合我的那段对乡村生活的理解和对这部小说的构想，所以就把他这话引用上了。

1978年陈忠实无意中看到了刘心武的《班主任》，他仿佛听到了冰河开化的声音……

‖**陈忠实：**这个是我记忆很深刻的一件事。1978年的春天，我在我们公社，就是我们家乡的公社，在灞河边上领着一个灞河水利工程，我是副总指挥。我记得印象很深的就是，有一天晚上在指挥部，那些施工员们晚上都不回家，就玩玩扑克聊聊天，有人从公社里头把我的一本寄来的《人民文学》给我看，我一翻，看见了《班主任》，刘心武的《班主任》。那时候我还不知道刘心武这个人，我看了这个作品以后非常激动，这个短篇小说，且不说对它的艺术评价，（它）给我整个的感觉就是文学可以当一个事业来干的时代终于到来了。

从1965年发表处女作，陈忠实坚持每年写一个短篇小说，用他的话说是过过文学瘾。即使在如火如荼的“农业学大寨”工程工地，他心里依然惦记着写作。但在那个年代，作家并没有今天的风光，忝列职业榜的末位不说，一字不慎还可能惹祸上身。

‖**陈忠实：**那个时代作为一个作者，不管专业的或者业余的，心里老横着一个文艺政策，这个文艺政策能放宽到什么程度，它是决定这个作家发展的最致命的东西。因为在这之前，一句话、一个人物形象、一句对白不恰当，都足以使你致命。因为喜欢文学，总想写作品，一边写着（一边在）心里说，这个作品会不会惹事。就是这种心理，很矛盾的心理。过去，《班主任》之前的我们所能看到的作品，谁也不会对生活做那样的批判思想，就是说现在容忍这样的作品发表，而且还在重要位置上发表，那么就显然最直观地、最直接地给人一种印象：我们的文艺政策打开了。

“伤痕文学”、“知青文学”蓬勃兴起，中国文坛弥漫着空前的创作激情。陈忠实终于脱离了农村生产第一线，调入更利于写作的文化馆工作。1979年，陈忠实发表了短篇小说《信任》，并获得全国短篇小说优秀作品奖，他似乎找到了自己突破的方向。

‖**陈忠实：**农村真正发生的最致命的伤害和城市有点差异，城市主要集中在文革，农村主要集中在“四清运动”。

“四清运动”是指1963年至1966年，在全国城乡开展的“社会主义教育运动”。“四清运动”开始是在农村“清工分，清账目，清仓库和清财物”，后期则改为“清思想，清政治，清组织和清经济”。由于把多种性质的问题简单归结为阶级斗争，“四清运动”客观上为“文革”的发动作了准备。

‖ **陈忠实：**因为“四清运动”，造成了一个村子说不出的派性对立，就是热衷于搞“四清运动”的和“四清运动”被打击的人搞成的两派对立。一种撕裂，关系撕裂，把一个和谐的生产队、一个村子就搞成了充满太深刻的派性情绪。

激烈的派性对立延续到“文革”，成为农村斗争的活火山。“文革”结束后，矛盾双方攻防转换，新的仇恨又孳生出来。陈忠实深为这种翻云覆雨的无常政治而痛心，他希望在文学中寻找答案，于是精心塑造了一个深明大义的支部书记形象，小说《信任》的主人公罗坤。

‖ **陈忠实：**我当时有一个很敏感很强烈的意识，像这种颠簸，你上我下，我上你下这种派性斗争弄到什么时候为止，真是很担心这个事情，因为我也是在农村工作的嘛。后来我在一家报纸上看到一个（报道），一个“四清运动”被打成地主分子，劳改，在农村监督劳动了多少年的人，（后来被）重新扶持了，上台平反以后，他很理性地对待了那些过去在“文革”包括“四清运动”中所整过他的人。我非常感动，我说这个农村干部，这个境界和心理太伟大了。

1982 年，陈忠实调入陕西作协，终于告别了近 20 年的业余写作，成为一名专业作家，他说当时的直觉是进入了人生的最佳状态。就在这一时期，他发表了中篇小说《蓝袍先生》，成为构思第一部长篇小说《白鹿原》的重要契机。

‖ **陈忠实：**写到蓝袍先生他父亲跟他的那段生活，我才突然意识到关于那样的生活氛围我有很多生活积累，（它们）过去从来没有走动过，好像都挤压在一个库房里头，那个库房突然打开门了，就是这种感觉。我觉得应该写，用一个较大规模的作品来写那一段生活，具体怎么写什么，那都没有考虑，就是产生了这种欲望。我的长篇小说创作的欲望，第一次长篇小说创作的欲望就是这时候发生的。

蓝袍是私塾先生为人师表的标准着装。“耕读传家久，经书济世长。”《蓝袍先生》描写了徐家三代人，在社会变革的大背景下，为继承“耕读传家”的道统所经受的冲击和付出的代价。陈忠实由此推开了一扇通往乡村中国精神本原的神秘之门，那一年他 46 岁。

‖ **陈忠实：**因为我这一代人经历了“文革”，耽搁了很多年，到真正把文学创作当个事业来干的时候已经 46 岁，到写这个长篇的时候已经 46 岁，写完这个长篇以后就 50 了，就感受到了生命的紧迫，所以心里说这个长篇必须写好。再一个，在当时已经体验到的那些内容，那些感受，也有了一种心理上的很强的创作欲望，如果艺术表现上不利，把已经获得的这种体验表现不充分，那会留下终身的遗憾。这不是说还要为了什么名啊利啊，完全不是，起码在个人心里上不要留下遗憾，所以有一种很踏实的、沉静的心理来完成这部小说的创作。

关中是陈忠实作品的主要生活场景，《初夏》、《蓝袍先生》、《四妹子》、《乡村》、《日出》描摹出了那方水土那方人的精神气韵。乡村不仅抚育了他的生命，也抚慰着他那颗为文学躁动的心。1982 年，陈忠实举家迁入西安，但他并没有自觉纳入城市生活的轨道，而是转身回归白鹿原，开始了近十年的隐居写作。

‖ **陈忠实：**我搞了专业创作以后，又决定彻底回归老家，为什么？我说专业作家对于我的意义就是时间可以由我支配了，再不承担行政上的这些工作任务了，那么既然时间由我支配，我就可以离开城市，回到老家。

回到老家干什么？我在农村整整工作了20年，这些生活积累，我要回到一个稍微僻静的地方去来回嚼，就像牛吃草叫反刍。我那个老家离西安不远，但是比较偏僻的一个村子。（我要）认真回嚼。

在原下的祖屋里，陈忠实完成了五十万字的《白鹿原》。他在散文《原下的日子》中这样写道：抿一口清香的茶水，瞅着炉膛里炽红的炭块，耳际似乎萦绕着老祖宗们的声音：嗨，你早该回来了。我愈加固执一点，在原下写作，便进入了我生命的最佳气场。

‖**陈忠实：**这是一种非常清静、非常单纯、最容易激发写作情绪的说不出来的（感觉），在哪儿都不会有这个。只有回到老家，在原下那个我祖传的农家小院，这个写作情绪就非常容易出来，非常容易形成一种创作的心理和欲望，所以我在那儿呆了10年，直到写完《白鹿原》。原来写完《白鹿原》我就没有打算进城，正好遇见陕西作协要换届，把我推个作协主席，不来不成了，我才搬到西安。

关起门铺开纸，开始与笔下的人物同悲同喜；倦了累了，坐在那把老藤椅上，听一段秦腔喝两杯西凤酒，作家的生活难免清寂的一面。然而推开门走进文学以外的世界，融入热乎乎的乡音乡情，陈忠实便是乡亲们爱戴的乡党。

‖**陈忠实：**农民家庭遇着什么红白喜事，需要我去给他帮助，我一家都不拒绝，而且还有一件，就是过红事、喜事和丧事，全村子人都要来帮忙，都要干活，他们要供应烟还有糖、花生、糕点之类。（这些）都由账房先生控制，要从头用到最后就那么一点东西，你要给他把握好。我们村子里的人为什么都要让我当账房先生，首先陈忠实不会贪污，陈忠实给你管烟，陈忠实连你一根烟都不抽，（因为）他们都发那种很廉价的纸烟，而我抽我自己的雪茄，连一根烟都不抽。

将乡土气息与时代氛围水乳交融地合为一体，是陈忠实作品一以贯之的追求。他总能抓住生活的原生态，细致入微地刻画出乡村世界的万千气象，农事耕作、文化遗迹、乡规民约、婚丧嫁娶、世态人情、伦理道德等等。20 年的生活积淀，使他可以自信地说：我了解农民。

‖ **陈忠实：**对于整个农村社会的理解和生活程序、生活氛围的理解，包括农民世界的语言，包括各种农民的心理，这些东西你只能在生活中去感受。谁教给你都不起作用，谁说给你都不起作用，只有亲身感受和亲身经历。那些东西留下来是太可贵了。

陈忠实这样总结 30 年的文学生涯：对我来说，《白鹿原》已成为历史，没有必要跟它较劲。我只是尊重自己的生命体验和艺术感觉，只要有独立生存的价值，只要实实在在地达到了我所体验和追求的目标，我就感到欣慰了，因为，它们都是我的孩子。

‖ **陈忠实：**我觉得在创作上我基本就是（自己）把握自己。我把它归结了一句话，就是海明威的一句话：寻找属于自己的句子。因为这个句子它不是我们通常意义上的文字的那个句子，而是作家面对他当时的那个世界，所要寻找的一种艺术的反映那个时代的文学样式，是一个大句子，一个可以概括整个文学追求的所谓的句子。正是个人寻找到的句子的不同，因而才显示了一个作家和一个作家的巨大差异，艺术个性才各不一样。

陈忠实先生回顾自己 30 年的文学创作历程，他引用了海明威的话：寻找属于自己的句子。他很欣慰地说：我也找到了属于自己的句子。回顾中国文学的 30 年发展之路，他说那是超出想象的巨大繁荣，有数量也必然有质量，在繁荣的基础上肯定会有精品不断涌现，让我们一起期待吧！

张承志：文学在路上，今生很幸福

后来我放弃了职位薪俸，在以西海固为中心的北方放浪，我一遍遍让西北粗硕的旱风抚摩我的肌肤，我让心灵里总是满盈感动。

——张承志

1971 年，张承志背起简单而又沉甸甸的行囊告别了草原，结束了四年的插队回到北京，他的生活重被纳入升学、求职的城市轨迹。1975 年，张承志从北京大学历史系毕业，六年后他又拿到了中国社会科学院历史学硕士的学位，他的未来似乎将在历史学领域一展抱负。然而 1978 年，他的小说处女作《骑手为什么歌唱母亲》发表，并获得首届全国优秀短篇小说奖，相比较当时的文学潮流，他的出现显得那么与众不同。

“知青”出身的作家是上世纪 80 年代中国文学的重要支柱，他们的创作当时被命名为“知青文学”。受作家自身的价值取向、生命体验的独特性等因素制约，“知青文学”一开始就呈现出视角与阐释的多向性。在“知青”的乡村经历被普遍叙述为灾难的文学潮流中，张承志先生的小说独树一帜，他的《黑骏马》、《北方的河》、《金牧场》等作品，坚持从“民间生活”中寻找更新自我与社会的力量，在严峻的现实中发掘理想的光彩，从而奠定了他在“新时期”文学中的独特地位。

‖ **张承志：**我认为我在内蒙古上的是一所最伟大的大学。我学会了一点蒙古语，这让我一直到今天都享受不尽。我在文学上，在学问上，在日本学术的顶尖的教授当中，蒙古语帮助了我，哪怕是滥竽充数，却让我过了一关又一关。我在日本东京外国语大学，（旁听一位）叫小泽崇男的教授的中期蒙古语的讲座，他上课的时候经常问：哎，“乌鲁木齐”怎么讲这个词？我就很得意地这么说那么说胡扯一顿。他讲的是元朝 13 世纪中期的蒙古语，这已经是非常深的一种语言学的东西。如果我当年没有插这个队的话，那连这个班都进不去，（更）别说这位教授这么重视你的这点发言了。我们用牧民的生活知识，在很多教授面前不仅可以很坦然地发言，甚至还能够揭穿他们很多不对的东西。在学术和文学上，内蒙古草原插队这四年，整个给我就像雕塑一样，打了一个基本的模子，打了一个基本的框架，这个感激和受到这个知识的教育，那不是别人说点闲话就能否定的，我到现在还在（享）受着它的营养。

内蒙古大草原和浩瀚的黄土高原、广阔的新疆一起，被张承志珍视为文学安身立命的三块大陆，而内蒙古大草原无疑是孕育他文学生命的原乡。1967 年，19 岁的北京中学生张承志，随着“上山下乡”的汹涌人潮，到内蒙古的乌珠穆沁草原插队。艰苦而青春飞扬的四年，把一个城市男孩改造成了剽悍潇洒的骑手，草原重塑了他的气质与思想，也将一种解不开的情结永远融入了他的血液。

‖ **张承志：** 我们都是当年从农村插队，所谓的“上山下乡”（的一批人），那么一个运动刚刚结束，就拿起笔来写作品了，所以当时流行起来的很多作品，都是“伤痕文学”。“伤痕文学”中的农村题材普遍都是农村出现了多少多少黑暗面，“知识青年”怎么怎么受欺负，怎么怎么悲惨这样的东西。我觉得他们说的那点东西，（其实）我也并不是不熟悉。这样的事存在不存在呢？也确实是存在的，但这样的事之外还有别的事情。像我本身体验的是游牧民族的生活，这个游牧民族的生活又至少从成吉思汗十二、十三世纪以来一直到今天，它都是一个亘古不变的、一个古老的文明传统。你把这样一个文明传统，把这样一个社会，整个写成一团黑暗的话，我觉得不仅是没有良心，也是对一个文明的诋毁和攻击，是一个很可怕的事。我不能这样做，我觉得我更多的是在这里面感觉到了文明的新鲜。这种（新鲜）极其吸引人，充满了魅力，使人眼花缭乱，使一个年轻的小伙子眼花缭乱，而且真是，虽然（自己）脸上冻上了冻疤，生活非常惨，一个月只有 10 块钱的生活费，但是那种欣喜，那种新文化对自己的陶醉，起码生活对自己升华的这种感觉，我想这是更主要的（收获）。《骑手为什么歌唱母亲》没有把这一切想法，比如我刚刚说的这几句话写出来。这只是中学生作文，我当时没有那么好的文字表达，也不知道写什么？只是有那么一点点时间，想写一点什么东西，就那么随便写了。它在文学上是非常非常不值一提的。

这组青春的肖像出自一架上世纪60年代的海鸥203相机，是张承志与全队的知识青年每人摊三元钱合伙买的。他后来在一篇题为《青春肖像》的散文中写道：那时当牧民骑快马，心里美滋滋的。不过傻笑是一种表面现象，我们的深处就在当时，也发生着剧烈的动荡。即使少年不知愁滋味，但融入一种完全陌生的秩序和文化总是一个艰难蜕变的过程。

‖**张承志：**我是太喜欢这种生活方式了，所以插队坚决要去，插队的时候不是哭天抹泪，而是写着血书要去的，所以不仅是阴霾，哪怕是下刀子也要去。如果你要问第一天的细节的话，因为后来我跟牧民关系很深以后，牧民经常回忆第一天，就是我住进他们家的第一天，他们说你当时很可笑，一点蒙语也不会说，让你吃你就吃，吃完就傻笑，让你说什么你不懂，问你这个，不懂，问你几岁了，你不懂，问你家在什么地方，你不懂，问你什么你都不懂。最后说睡觉吧，你还不懂。后来明白是要睡觉了，他们老说一句蒙语，（蒙语），就是你朝着上，摔倒了你就能睡着了。这是一个很文化性的词儿，因为蒙古人睡觉是头朝下，他穿着蒙古袍子嘛，把腰带解掉以后袍子很长，就拖到脚面嘛，然后把右边这么一抿，左边这么一抿，这不就在面前形成两块交叉的布嘛，然后他弯下一跪，膝盖压住袍襟，人再往前一趴，整个袍子的前身就被压在身子底下了，然后里边再一转身，这一转身呢，自己身体上不就盖上这个袍子了吗。但是我们秋天的时候还不知道这个，（于是）朝天，望着天就躺下了，就是钻被窝这样式的躺下。牧民觉得好玩极了，太可笑了。就这个印象特别深。

这张照片拍摄于1970年冬天，当时的张承志是民办汉乌拉小学教师。

正是因为他的到来，亘古以来，草原上第一次响起了琅琅书声。他为照片题记：我和一群衣衫褴褛的蒙古族娃娃一起，给自己的生涯筑起了最重大的基础。而在严酷的现实中提炼美好与进步的力量，成为他一生自觉的习惯。

‖ **张承志：** 我们的生活，是一种游牧文化（的生活）。生活是非常艰苦的，你说那照片很阳光，其实照片上穿的袍子是浑身褴褛，可是你不要忘记了褴褛旁边还有一匹马。这骑马的生活，和老农民穿个小黑棉袄，腰上系一根草绳，扛着一个老锄头去地上种地，这完全不是一个精神状态。我们作为牧民，骑马放牧，这种生活方式本身，不光是一个所谓的浪漫的生活方式。它更重要的是对人的灵魂的一个改造，它是一个，怎么说呢？它不驯服于体制。它不愿意安分守己，它追求生活中的美感。你比如骑马的时候，大家一定要把蒙古袍子穿上，因为穿着个小棉袄骑马那样子，大家觉得很不好看，（所以）一定要穿上蒙古袍子，穿上马靴，骑马才漂亮。如果穿着蒙古袍子我正好没有马靴，我穿普通鞋，（就像）这样裤管朝外的话，骑着马就会老觉得我怎么这么丑，我不愿意让别人看见。而骑马呢，那当然要骑一匹非常漂亮的黑马。穿上一件蓝袍子，插一副腰带，那种自我得意的感觉，那种美感在其他行业中是很少能体会的，在（普通的）生产劳动当中，大家只会有劳累（感），而我们在生产劳动中同时还有美感。今天回忆起来，我（总算）找到词总结了，而当年写中学生作文的时候，没想到这些词。这可不是一般的小事，这一部分东西，虽然它不是阳光，但它对人的灵魂是非常非常彻底的改造。

上世纪80年代初，张承志先后发表了《黑骏马》和《北方的河》，确立了他在“新时期”文学中的独特地位。他作品中散文化的优美表达和浪漫主义的格调，以及对理想执著的坚守和追求，赢得了那个纯真年代读者的心。尽管时过境迁，今天重读《黑骏马》，依然令人感喟于那动人的忧伤与美丽。

‖**张承志：**确实，严肃地真心地说的话，我也重新受感动，这感动当然有一些是对于自己。很奇怪自己在当时能力这么薄弱，拥有的手段这么少的时候，就这么下定决心，就把它写完了。有一个朋友跟我说，你当时是写了八天写完的，（不过）我忘了。可能我当时跟人家说，我用八天的时间写了这个《黑骏马》，有一个朋友记住了，我？（却）忘了。其实那时候，自己拥有的能力是很薄弱的，但是刚才我已经说了，社会那时候是很宽容的。我当时觉得社会不好得不得了，简直都是牢骚，都恨死了，牢骚得不得了。现在回忆起来，八十年代可真是一个黄金时代。

读者往往陶醉于《黑骏马》中白音宝力格和索米娅的凄美爱情，而忽略了作家的文学诉求。张承志这样描写索米娅的成长："像草原上所有的姑娘一样，你也走完了那条蜿蜒在草丛里的小路，经历了她们都经历过的快乐、艰难、忍受和侮辱。你已一去不返，草原上又成熟了一个新的女人。"正是草原女人周而复始的命运触发了他创作的灵感。

‖**张承志：**主要是在草原插队的时候，我发现了一个词叫"周而复始"，尤其在女性身上表现得特别清楚。这是一个小女孩，那是一个十五六七的少女，那是一个刚刚结婚的新娘，我们叫新嫂子，这是一个所谓的家庭主妇那样的一个新嫂子，那边是一个老母亲，老女人形象，这之间那条链条，循环得特别特别的稳定。恰恰是"黑骏马"这首歌给了我很大的一个冲击，（我）就发现这个歌本身（的意义），实际上找也找不到，地平线外边还是地平线。生活本身就是这样的内容，没有别的内容。你找到一个什么东西，这个东西又不是原由、人物。大家又都重复着这样一种生活的东西，而这个生活本身，你静下来想一想的时候，又觉得非常感动你，甚至是非常美的，而且它是一个北亚的游牧民族，（有）非常古老的文化，我就觉得这个东西应该写成一部作品。

"北方的河"是张承志重要的文学意象之一，他在中篇小说《北方的河》中以澎湃的诗情歌颂着它们：你让额尔齐斯河为我开道，你让黄河托浮着我，你让黑龙江把我送向那辽阔的入海口，送向我人生的新旅程。我感激你，北方的河。对理想无条件的捍卫，无往不利的英雄主义，使《北方的河》成为彼时彼刻一种时代精神的写照。

‖ **张承志：** 我最得意的一件事，就是南京大学还是哪个大学的一帮地理系的研究生给我写信，说经过仔细地研究《北方的河》，发现你背后有地理学的名师指导，我说，这就成功了，我写好了。

而那个敢于只身泅渡黄河，在逆境中永不言弃，如江河般恣肆汪洋的主人公“研究生”也成为一代读者的偶像。

‖ **张承志：** 小说中的男主人公，是我希望成为的形象。当然，上我这儿来报名的，宣布说我小说写的是他，这样的人我已经见过好几个，尤其是有的小伙子，冒充《北方的河》的男主角，教日本姑娘学中文，最后还结了婚的我也见过好几个了。这更说明那个时代大家有很大的共性，就是对号入座的现象，更说明那个时候有相当大的一批人，具有这样的一种性格。

完成于1983年的《北方的河》与彼时的社会氛围一脉相承。结束插队的知识青年，回到梦寐以求的城市，在回家的激动平复过后，诸多新鲜而棘手的问题迫在眉睫。求学、就业、爱情，在社会急剧转型的拐弯处，他们的人生亟需理想的鼓舞和突破的动力。张承志塑造的“研究生”，代言了同龄人的诉求，丰富的专业知识和人物细节，源于他的生活积累。

‖ **张承志：** 在这之前我多次涌起（一种情结），因为离开内蒙古草原上大学了。上大学的时候我学的是考古，在考古学的学习过程中，我老觉得过去在草原上的生活，和我今天的工作之间有一个距离。我老想把它沟通，但是沟通不了，平常没事的时候，包括大学的洗脸间，或者是在骑自行车的路上，忽然间（就会）发疯一样，唱唱自己过去会唱的蒙古族民歌，发泄一番。但是觉得还不过瘾，潜意识中老有一种我要把过去自己的这四年的草原体验，和未来的工作结合起来的愿望。这种潜意识（一直）很强，（直到）在1978年第一届招研究生的时候，这个机会出现了，因为出现了蒙古史这样一个专业。我的专业名字叫蒙古史及北方民族史。我的导师是“中国蒙古史学会”很著名的教授翁独健先生，所以我坚决要考上这个研究生，我一定要在这条路上，把我的过去和今天结合在一起。这件事又运气很好，我是一个运气很好的人。研究生我是第一名，当然就考上了。翁独健先生对我非常非常好，他也使我知道了什么是中国式的学者，什么是中国式的第一流的学者，搞一个学问应该有一种什么样的最基本的对自己的态度，我把这个态度偷偷地都用在我作品上了。

进入上世纪90年代，经济的快速发展，社会、文化的转型使一部分作家迫切地关注人类生存的精神层面，并试图从历史传统、民间文化、宗教信仰中寻找到维护精神纯洁的资源。1991年，张承志的《心灵史》出版。作家这样定义它：我不敢说我还会有超过此书的作品。

‖**张承志：**你知道，一个作家最害怕的就是没有自信。很多人为了增强自信，做了很多可笑的事情。但是这个自信本身我觉得最重要的就是和中国土地，中国老百姓之间有一种真的结合的感觉。老百姓本身承认你，而且你真觉得你是满脚泥泞地站在他们中间，这里面可没有太多的鲜花美酒。刚才讲的，《黑骏马》和《北方的河》获得的那些东西，这里边很多是两脚泥泞。但是这种感觉非常非常重要，是一种荣辱与共的感觉。现在这个词不是很流行吗？是一种荣辱与共、毁誉与共的感觉，是一种你永远在老百姓的心灵边儿上，看着他的心哪块黑，哪块黄，哪块红，他的血怎么流，他的私心，他的小心眼，包括他的真诚的东西、无奈的东西，他的本质的东西的感觉。你都在（跟他的心）一块跳动。这时候你慢慢再考虑你作为一个知识分子的工作应该是什么？在某种意义上来讲我做到了，这是非常难得的。这样一件事对别人来说可能嗤之以鼻，但对我来说它价值千金。这一条，甚至在世界上一些著名的20世纪60年代的人物面前，我

觉得我心里（仍）有一种能够和他对话的感觉。

一部《心灵史》，张承志酝酿了七年。他说，后来我放弃了职位薪俸，在以西海固为中心的北方放浪，我一遍遍让西北粗硕的旱风抚摩我的肌肤，我让心灵里总是满盈感动。寥寥数语描摹出一个作家文学存在的常态，从内蒙古草原、西北黄土高原到新疆，他的生命在路上，他的文学也始终在路上。

‖ **张承志：**更重要的是让你看到了一种他者，就说跟你习惯的一种主流的，我不太愿意用“民族”这个词，主流的文化，跟你周围的一种大多数的东西不一样的，一种异类，他者——在不同生活习惯和不同文化背景下的一种完全不同的文化。（在路上）让我们莫名其妙地接触了这样的一种东西，我现在觉得这件事的意义极端之重大。当然，像刚才咱们说的一样，我有意地在扩大这个教育结果。在离开内蒙古草原之后，我发现等我懂得了蒙古文化本身还有一个源头——比它更早的一个源头是突厥的源头（的时候），我就有意地把这个语言（扩大）。我旁听过一年的哈萨克语，还在新疆搞过十几年的调查，（我发现）因为北亚草原是一体的、连着的，从呼伦贝尔一直到里海，（所以）我就努力把知识面，把自己的脚步扩大到新疆。这个实践的过程它是鲜淋淋的，沾满了热呼呼的眼泪、汗水，甚至是鲜血这样的东西，让你接触起来充满了感动，也充满了各式各样的新知。这个知识当它连成一体的时候，你会觉得它是强大的。当那个知识从内蒙古到新疆，然后到了西班牙南部的格拉纳达，然后又到了墨西哥的恰巴斯……（这时你会）忽然发现这个知识是一体的，你就确实是有了一种强大的感觉。虽然自己付出了一些劳累或者其它，但也会觉得这个过程太值得了，也就是我开始说的，会忽然感觉到自己很幸福，（会觉得）这个历史对你很偏爱，而不是不公正，自己一点也不想埋怨历史了，而是觉得自己很运气。

上世纪90年代，张承志放弃了驾轻就熟的小说文体，强烈的使命感使他不再安于小说的虚构，而希望更直接更锐利地表达真实的意见，于是他选择了散文，迄今出版了《荒芜英雄路》、《鲜花的废墟》等多部反响热烈的散文集。其中《荒芜英雄路》、《清洁的精神》、《鞍与笔》等三部经典文集于 2008 年 11 月重装再版。

‖ **张承志：** 一个出版社下定决心，不顾商业上的冒险，一下子三本旧书一块儿推出。这件事我是视为一个奢侈的（机遇），历史给自己的一个机遇。我跟很多作家不一样，他们可能总在比着国外的那些什么大师、大人物，我总在比着河北、山西来的农民工，（老比着）他们的情况，老觉得自己真便宜，赚的真多，运气真好。真的，这是真心话。我们在这样一个时代，能够相当地抒发自己的感情，表达自己的观点，按照自己天生命定的性格，按照这样一种方式生活，而且能够奢侈地把自己的这一切记录也好，表达也好，能够把自己所谓的书出版出来，甚至旧的书还能再出版，我觉得就是一种很大的幸运和幸福。

有极强的幸福感，对生命的馈赠时时感恩，这是作家张承志的典型气质之一。他强调在时代潮流面前，最重要的是保证自己的本色，保证气质和本质不改变，同时全力以赴地用学习来丰富自己，尽量把自己塑造成一个你能想象的最丰富、最有知识的人。

‖ **张承志：** 眼前我在学习西班牙语，因为今年我正好 60 岁了。辛弃疾讲“廉颇老矣，尚能饭否”，（他是用）你能不能吃饭，也就说有没有这样的生理能力，来象征一个人老没老，能不能继续战斗和奋斗。我自己经过这么多年的很盲目的探索也好，被动的、下意识的行走也好，我最后得到一个结论，这个结论是我在 2003 年去西班牙旅行时（获得的）。我几次去西班牙旅行，当然这个所谓的西班牙对我来说就是地中海西隅，西边的一隅，包括西班牙、葡萄牙和南边的摩洛哥，这样几个国家。我费了很大的劲，可以说（我）把自己收入的主要部分都投入进去了。我什么都是自费，我从 1989 年 12 月开始，没有工资，没有医疗，更没有什么差旅费，已经习惯了。除了最近几年，很近的几年，与北京作协我们有个合同，有一点点津贴。我已经习惯了，怎么说，像农民工出去打工，像新疆的农民们在“巴扎儿”的时候卖点葡萄干一样，卖我的散文，赢得我的生活费，然后来坚持我自己的人生理想。

当然他的旅行并不是光吃窝窝头、喝棒子面粥的苦行苦修，而是物质与精神都要有一定水准的全球化旅行。倾听与学习世界方言是吸引他一再出游的动力之一。语言是人跟人之间的一道门，掌握一种语言，你的人生就推开了一扇新的门，而门外的世界总是很精彩。

‖ **张承志：**我忽然发现我把我挣的这么点钱，几乎全部扔在这条路上，我一趟一趟往这里跑，我对所有穷乡僻壤的一些老掉牙的历史旧故事这么感兴趣，但是如果我每天这么多的时间都不去学习西班牙语，（那很可惜）。学精是不可能了，学精一个语言是很难的，学到一定的程度，学到哪怕能结结巴巴和人打一会儿招呼，哪怕只是套个近乎，这个应该是能做到的，（所以）下决心学一点。在墨西哥和秘鲁，我呆了四个半月时间，而四个半月之后回来的时候，我就达到了刚才跟你说的“初级的初级”的初级班了，所谓第二分之一步了。第二分之一步做出来以后，我就忽然想到咱们刚才说的廉颇的话，就是“廉颇老矣，尚能饭否”并不是判断人的年龄的标准。廉颇老矣，尚能学否？这才是一个真正判断人生的青春与否的标志，这非常非常重要。

回顾 30 年的文学创作，张承志先生说，他尽力而为地在这 30 年里做了自己想做的事，有些作品读者和社会给予了很高的评价，对此他心存感激。但是他并不认为自己的作品能够占据经典的宝座，而他的任务是迅速忘掉它们，重新学习，重新武装，拿出这个时期这个年龄更好的作品。

赵赵：动什么，别动感情！

我也是一路摸爬滚打过来的，也是曾经想当个女强人，对人非常粗暴，碰了壁之后才又找回了女性的身份，所以我觉得我好在就是不怕出丑，我愿意把我的这些受过伤害的经验跟大家分享，如果能够帮助到谁让她们少走弯路，我觉得这就是我作品的价值。

——赵赵

赵赵，土生土长的北京人，70后，做过秘书、唱片公司企宣、电视节目编导和杂志编辑，1996年开始为《信息时报》、《南方周末》、《京华时报》等媒体写专栏，1999年开始给女性杂志写短篇时尚类小说，出版过随笔集《命犯桃花》、《女白领金老公》、《大家爽才是真的爽》，短篇小说集《内衣》等等。《动什么，别动感情》是她的第一部长篇小说。

当年，北京的“侃爷”王朔的一句名言，曾经笼罩了大江南北——“有什么别有病，没什么别没钱”。而前不久号称“女王朔”的赵赵的新作《动什么，别动感情》也引起了很多读者的注意。小说改编于热播的同名电视剧，主人公佳期、佳音是一双活宝姐妹，喜欢“为人作嫁”，替别人张罗婚事，而自己在爱情战场上，则是屡战屡败，于是自我宽慰说：“没关系，得之我幸，不得我命。”并由此悟出了爱情的箴言，动什么，别动感情。作者用麻辣犀利、幽默风趣、京味儿十足的语言把人物刻画得鲜活有趣，栩栩如生，铺开了一幅家长里短的市井风情画。今天，我们就请到了赵赵，让她来给我们讲解一下，真的是动什么不能动感情吗？

在北京三里屯的一间酒吧，我们见到了时尚而又随意的赵赵。

‖ **王宁：** 赵赵，特别谢谢你接受我们的采访。我想大家看到这部小说的时候，都会对这个名字很感兴趣，因为《动什么，别动感情》特别与众不同，而且很直接，为什么取这么一个名字？

‖ **赵赵：**其实我无所谓叫什么名字，因为我以前有一个随笔集，叫《动什么不能动感情》，但里边并没有这样一个文章，只是起了这么一个名字，后来刘震云老师说，他觉得这个名字如果不用的话，实在是太可惜了，他觉得这个名字很好。

‖ **王宁：**他有没有告诉你好在哪儿？

‖ **赵赵：**他就觉得响亮，然后他就坚持要用这个名字，然后为了区别这个《动什么不能动感情》，所以就改成了“动什么”逗号“别动感情”。

‖ **王宁：**我们知道这部《动什么，别动感情》是先出了电视剧，然后再有的小说。

‖ **赵赵：**对，是先写的剧本，（后来）才改成小说的。

‖ **王宁：**我想知道电视剧跟小说有什么不同？

‖ **赵赵：**在于剧本全都是某某冒号，但是小说它肯定要加很多的心理描写、环境描写这些。剧本全都是语言，因为如果你写别的东西，演员也不看。

小说讲述了贺家两姐妹佳期和佳音情路不如意，竟阴差阳错地同时爱上一个男孩——廖宇，恋爱三人行娇嗔怒骂，令人啼笑皆非。而佳期原来的心上人万征折腾了一圈，发现自己所托非别人之后，又决定与佳期踏踏实实过日子。

佳音和姐姐的爱情争夺，又引起前情人网络写手小李美刀的注意，而稀奇的是，两姐妹的父亲也正在害相思，对象竟是万征的前女友，姥姥也在怀疑姥爷有外遇，闹得不可开交。

动什么都别动感情，一张离奇怪异的情网，罩住了这个北京城里的平民家庭，喜怒哀乐在诙谐幽默中被尽数侃谈……

‖ **王宁：**好多人看了你这部《动什么，别动感情》的电视剧之后，发现了一些细节，（甚至说）有《红楼梦》的影子，所以会有些媒体来说，你是进行了《红楼梦》一些情节的移花接木，有没有这方面的借鉴？

‖**赵赵：**我自己没有想到过，虽然后来我看到有些评论，它说比如有些东西好像很熟悉，是从《红楼梦》的场景里（借鉴的），但我写的时候没有想过，只可能是在塑造某个角色的时候，想讽刺她的时候，借鉴了一点点。比如那个美女作家出场的时候，为了表现她的矫揉造作，所以借鉴了一点林黛玉刚到荣国府的时候那个出场。

《动什么，别动感情》是赵赵第一次写剧本，赵赵认为它的成功得益于多年来写专栏的积累，以及刘震云、王朔两个老江湖的幕后指点。赵赵说，刚动笔的时候，她对电视剧一点概念都没有，王朔让她先写了二十几个人的人物关系，人物性格，开头五集就写了四个月，结果拿给王朔和刘震云看，他们觉得有点散，于是几个人又开了一次会，列了一个大纲。每次写得不顺，总有王朔的话提醒赵赵，“找原型，有了原型就好写了”。

‖**王宁：**你说这部小说最终的成型，包括最终取得的成功，都得益于两位老师，一位是王朔，一位是刘震云，他们在幕后的一些指点。他们是怎么指点你的？

‖**赵赵：**其实我觉得最大的帮助就是他们非常信任你，比如要是他们认为你很适合写这个题材，他就会放手让你去写，直到他们看不下去的时候，会给你开个会。而且我觉得他们两个，最难得的是都是非常明白的人。我们的一生可能要遇见很多糊里糊涂的人，他会跟你说很多废话，而这两个人可能说的话不多，但是非常有用，每一句都是很管用的，虽然我们不是经常在一起开会，我也是一个很讨厌开会的人，但是我会经常盼望他们给我开会。

赵赵的这篇小说是根据电视剧改编的，如果放到我们这一代作家的话，这就是个大逆不道的事儿，是个非常不严肃的事儿，但是对于赵赵来讲的话，好像是个非常正常的事儿，她觉得写书就是为了赚钱，赚钱就是为了养家，我觉得这种认识也是非常的天经地义，另外赵赵的文字我觉得非常不错，我觉得她在同代作家中文字算是非常好的，非常幽默，有时候也非常智慧。我觉得唯一的缺点是她布篇谋局的功力还稍微差一些。

——刘震云

‖ **王宁：** 好多人看了你的小说之后，包括电视剧，都说你的文字、语言特有王朔的感觉，那是不是你的文章、作品受到了王朔的影响？

‖ **赵赵：** 我小时候，五年级开始看王朔的小说。我记得看的第一个小说是《空中小姐》，其实是一个很纯情的小说，那会儿还没看过琼瑶，就先看王朔的纯情小说，所以他对我的影响挺大的。因为我觉得王朔对北京作家的影响是非常巨大的，几乎所有的北京作家，他在写北京的时候，都逃不出王朔语言的影响，甚至王朔的语言也影响到了北京人的生活，影响到了北京人的语言。所以为什么说他是大师，我觉得大师是因为他是有对一代人的巨大的影响。

‖ **王宁：** 你曾经说过这部作品当中每一个人物都有原型，是这样吗？

‖ **赵赵：** 对。

‖ **王宁：** 好像说整个作品当中都是写的自己身边的人。

‖ **赵赵：** 但是我觉得这个一点也不可耻，这是很正常的。因为我记得有一次看钱钟书的一个文章就说到，杨绛先生看钱钟书写的小说，都会因为某一个人是生活中的某一个真实的人的体现，而会心一笑。其实作家写东西就是因为有生活经验的积累，所以有原型是非常正常的，反而没有原型让你凭空臆造的时候，可能这个人物会比较苍白。我觉得是这个样子，或多或少应该都有一点原型。

‖ **王宁：** 有没有你自己的影子？

‖ **赵赵：** 佳期身上有。

‖ **王宁：** 哪方面？

‖ **赵赵：** 首先是语言风格，语言风格百分之百是我的。然后是她的一些对感情的看法，性格方面（跟我）还是比较像的，因为我觉得我曾经一度是个挺迷惘的人，佳期也是一个很迷惘的人。因为我觉得每个女孩都有过一个就是找不到方向的时刻，好像到结婚之前，我觉得都是一个对感情不断求证的过程，自问自答的过程。

赵赵热爱自己周围的生活，也热爱被自己写进书中剧中的兄弟姐妹、三亲六故，所以当她兴冲冲地提起笔时，便固执地相信所有剧中人物都会自动跟上，一个也不会掉队，每个角色都会记住自己身上应该发生的故事，应有的眼泪、欢笑和叹息。于是这本小说中一大家人如何没心没肺又没谱地生活，女孩子如何迎接青春又浪费青春，他们为什么相信爱情也相信命运，怕人注视又怕自己孤单，一一展现在了读者面前。

‖**王宁：**你说佳期身上有你淡淡的影子，你在写这部小说的时候，你希望能够把她刻画成一个什么样的人物，你希望她是一个什么样的女孩？

‖**赵赵：**我就希望她是一个复杂的人，不是一个只有一个面的人，我希望她很立体。因为别的人可能多少都有一些脸谱化，比如小李美刀就是一个二百五，比如佳音，也是一个小混子，就是典型的北京的小混子，但是佳期这个人，你很难一句话把她说清楚，我希望她就是这么一个人。

‖**王宁：**然后说到佳音，我突然间觉得其实佳音这个形象，这个性格的女孩子，是在北京随处可见的，应该是一个北京女孩子的集合体了，因为大街上随处可见这样的女孩儿。

‖**赵赵：**对，就是那种小混子，整天也不为未来担忧，这就是北京女孩儿跟外地女孩儿的区别，因为她家在北京，她没有生存压力，所以她就不愿意出去工作，宁肯整天乱晃，但是一个同年龄的外地女孩儿，她可能就会因为没有一个房子住，并且每天要想下一顿饭在哪里，所以她们就可能会更有危机感。

‖**王宁：**廖宇这个男孩子在你的生活当中有没有原型？

‖ **赵赵**：没有，所以我写他的时候很痛苦，因为我自己就不相信生活中有这样完美的人——这个小孩除了穷一点，没有缺点。怎么可能这样？如果说生活中真有这样的人，我想我不会跟他做朋友，因为我会觉得他没有乐趣，他就不逗了。

‖ **王宁**：那你为什么还要写他？

‖ **赵赵**：因为我想是总要给普通女性一个盼望，就是白马王子原来有，在那儿呢。

《动什么，别动感情》对生活也有新的发现，佳期和佳音这一对姐妹完全不拿生活和自己的那点事当事，由于不当事，人和生活也就更加拧巴，这种拧巴立即在一个家庭的祖孙三代当中引起波澜和传染，老、中、青三代个个开始二百五。正如刘震云所说的，三代二百五叉在一起多么好看。动什么别动感情，于是就成了一个时代的标志。

‖ **王宁**：我们看到你这部小说《动什么，别动感情》里面主要是告诉年轻的女孩子要学会保护自己，不要浪费感情。但是前不久我们也看到王海鸰老师的《中国式离婚》，她实际上说的是中国的中年人，他们面对婚姻的时候的那种审视。你觉得到底中年人应该怎么来看待感情，年轻人又该怎么来看待感情？

‖ **赵赵**：我觉得诚实最重要，因为很多时候我们找不到解决的方法，我们只有一种可能正确的态度，就是要诚实面对自己。我觉得很多人他在勉强自己的时候，也不是诚实坦白的，因为如果诚实坦白就不需要勉强。而且我觉得现在的人跟以前的人对感情态度的最大区别就在于不将就、不迁就，以前的人可能在婚姻生活里需要很多忍耐，一辈子不离婚，但现在的人就会觉得我没有必要迁就别人那么多，当我觉得忍不下去的时候，我就离婚，所以他们不认为离婚、结婚是多么大的事情。这就像刘（震云）老师在序里说这是一个消费时代，我觉得这就是一个消费感情的时代，比如说你在饭馆里，你吃到了不可口的东西，你觉得这个东西做的很不好，你都可以要求退掉。所以说现代人可能更强硬了，在感情上他也要求退掉。

说起这本小说，赵赵说，她没有能够摆脱第一本小说都是半自传体性的这个规律，书中的女主角基本是她十年前的状态，那些事情是根据上班的时候在公司看到的好玩的事情改编而来的，这十年来上班的生活对她来说是一笔宝贵的财富，也正因为如此，使赵赵很了解白领的生活。她说，现在白领是这么大的一个族群，他们需要他们自己的故事，需要找到他们自己的共鸣。

‖**王宁：**工作十年应该是一段很长的岁月了，你是不是觉得自己很熟悉白领的生活状态？

‖**赵赵：**我觉得以往我看到作家写办公室的生活，尤其是比如外企的那种生活，我就觉得很不真实。我觉得他们没有在写字楼里上过班，他们不懂得，可能不是很懂得写字楼里的这种生存状态，完全是在家臆想的。比如我看过一些电视剧，就是很偶像的（那种），写白领生活，在 Loft 里工作，（有）大仓库什么的……其实在大仓库里工作的人很少，而且上班的时候，好像总在为了每一件事吵得不可开交。其实办公室里不是这样的，大家都是避免冲突的。

‖**王宁：**你现在是不是特别喜欢自己这种自由的生活方式？我们都特别想知道赵赵平常是怎么生活的，日子一天天是怎么过的。

‖**赵赵：**我对生活没什么要求，我每天就是中午起来，然后就在网上挂着，浏览各种网站和很多人的博客，偷看人家的日记，晚上可能跟朋友出来坐坐，然后到夜里回家开始写点东西，大概早上三四点睡觉。

赵赵曾说她的写作社会责任这方面被削弱了很多，也就是说是为了表达自己而写的。她看过这么一句话，以前是个人写作全民阅读，现在是全民写作无人阅读。赵赵每天喜欢在网上看大量的博客，她说其中有很多有名气，也有没名的。博客也是文学青年走出来的地方，文学基本上已经没有门槛儿了，随便任何人都可以往里面走。这个社会很包容，基本上没有怀才不遇这回事，有太多的途径可以表达自己。

‖ **王宁：** 我们看到刘震云老师在序里面说了这么一句话：你和他们那一代作家有很大的不同了。你觉得你和他们有什么不同?

‖ **赵赵：** 我觉得是因为时代不同了。他们那一代作家我觉得还有那种悲天悯人的情怀，但是像我们这一代，社会生活这么丰富，这么幸福，所以只关注关注自己那点小爱情了。小爱情对我们来说已经是最大的事儿了。但是他们那代人身上好像还承载着很多社会的压力、家庭的压力、责任感等等。我们没有那么大压力，对于我们来说，爱情失败是最大的压力。

‖ **王宁：** 确实就像你说的那样，他们那代作家的作品往往都是承担了某种社会责任的，那可能人们在谈起一部小说的时候，也总会说喜欢它的什么风格，会说它承担了什么样的社会责任。你觉得你的这部作品是怎么样的?

‖ **赵赵：** 这看你怎么看了。我觉得对这个时代来说，跟年轻人探讨感情，也挺有社会责任感的。当然我也并不说我追求那种很大的社会（责任）感，我没有。但是我觉得因为（那些）我体会不到，（所以）我只写我体会到的，这是一种诚实的态度。

作家刘震云在这部书的序里写道：《动什么，别动感情》是一部好小说，说它是一部好小说并不是说它多么鸿篇巨制和“史诗”，这是我们这一代作家追求的。而这部小说追求的就是一个“好看”，“好看”也是“好”的一种，这类小说的口号和旗帜十分鲜明，它是面向大众和消费。其实由电视剧改编的小说通常是电视剧播出的时候热销，而电视剧播完之后就会迅速冷却。而《动什么，别动感情》却在电视剧落幕之后，反而走俏图书市场，它的原因也许就在于这本书在青年学生和白领女性当中引发了共鸣。

当下的生活就是“动什么别动感情”，“心的新形态就是感情在生活当中趋于麻木”，在我们今天这样一个快节奏高频率的现实生活当中，这样的作品无疑也会给人们带来些许的轻松。

曹文轩：《天瓢》化雨，唯美永恒

美的力量大于思想的力量

——曹文轩

曹文轩，生于江苏盐城。中国作家协会全国委员会委员，北京作协副主席，北京大学教授、博士生导师。主要作品集有《忧郁的田园》、《红葫芦》、《蔷薇谷》、《追随永恒》、《三角地》等。长篇小说《山羊不吃天堂草》、《草房子》、《红瓦》、《根鸟》、《细米》、《天瓢》等。主要学术性著作有《中国80年代文学现象研究》、《20世纪末中国文学现象研究》、《小说门》等。2003年出版《曹文轩文集》（9卷）。《红瓦》、《草房子》以及一些短篇小说分别翻译成英、法、日、韩等文字。获各种学术奖、文学奖40余种。

香蒲雨、狗牙雨、金丝雨、胭脂雨，这一个个看似奇特而又有意味的名字就出自曹文轩的最新长篇小说《天瓢》。曹文轩的文字向来以“细腻、柔美”为广大读者所熟知，他的作品美学特征十分鲜明，那种纯净精致、简洁明亮的语言以及温馨的感伤气息等都给人留下很深的印象。

此番他的新作《天瓢》刚一问世，就在读者间和业内引起了强烈反响。曹文轩自己也说，《天瓢》是自己整个创作中的标志性作品。在这部作品当中，一个人或者几个人的命运从童年到青年、到老年，一个国家几个时代的沧桑变迁，都被作者用十几场不同意蕴的雨串联了起来，写得可谓水波荡漾、美轮美奂。雨中的生命之美、雨中的人性裸露、雨中的自然精微、雨中的天道恢弘，雨既是小说的时空背景，同时也是命运转换的契机；既是诗意的比附，更是主题的象征。那么今天就让我们一起再一次走近曹文轩，和他一起来感受一下雨带给人们心灵的那种强烈震撼。

‖ **王宁**：曹老师，您好！特别高兴您接受我们的采访。我们在您之前的作品当中，都会看到您喜欢把孩子的视角作为整个作品的一个基调。比如说《红瓦》，比如说《草房子》，都是从少年和孩童的视角，来展现一个非常纯美的世界。但《天瓢》，您说您把所有的童年视角都撤掉了，是一个绝对的成人角度的小说。您觉得会不会违反了您过去一直坚持的唯美的基调？

‖**曹文轩：**基本的格调不会改变，但是有一些形态它会改变，比如说原来是一个童年视角去处理这个世界的时候，它一定会是非常纯洁，因为是一个孩子看这个世界嘛，他不可能把这个世界看得很龌龊、很肮脏，这是不可能的。我现在把这个视角一撤销之后，有一些原来作品中不宜出现的一些场景或画面就出现了，但是整个的美学背景，我以为它没有改变。

‖**王宁：**应该说《天瓢》这部作品您下了很大的工夫，酝酿了十年的时间。您说它是具有标志性意义的作品，我想知道这种标志性意义在哪儿？

‖**曹文轩：**因为我原来的作品，它基本上是在一个纯美的谱系里来作的。那么到了《天瓢》，它却不再是在一个纯美的谱系里，而是在一个非常复杂的美的谱系里面来作的，它夹杂着许多交织的因素，不再是美的一个单一的元素。它把恶、丑许多东西纠织在一起，而且这些又是互相转化的，美的立体感强了，美本身就变成一个非常复杂的问题了。这是在《天瓢》里边。那么在《草房子》，还有我最近出的长篇《青铜葵花》里边，美它就是美，是非常单一的一个元素。但是《天瓢》不是，除了美之外，还有其他种种与美相对立的元素，但它们都纠杂在一起，是一堆，然后你分不清彼此。

小说以江苏农村一个叫油麻地的地方为背景，大水汤汤，一块棺木将5岁的杜元潮冲到油麻地镇，冲到程采芹和邱子东的身边。在大自然迷人的风光中，两小无猜的杜元潮和程采芹情窦初开，却引起了邱子东的嫉妒。成年后，因为采芹出身地主，没有和杜元潮结为连理，但身为镇党委书记的杜元潮和镇长邱子东在权力场上一天也没有停止过争斗。仇恨使他们计谋重叠，命运多舛，当邱子东终于在晚年打败杜元潮的时候，却发现杜元潮的一切都是为了童年的梦想和爱。

‖ **王宁：** 看到《天瓢》这个名字，可能很多人都会觉得有一些奇怪，不太了解“天瓢”到底是什么意思。我在看到它的时候，觉得可能是有“水”的意思，就是“若水三千，只取一瓢”。您的《天瓢》这个名字到底含义是什么？

‖ **曹文轩：** 本来这部长篇的名字开始不叫《天瓢》，是叫《被雨淋湿的村庄》，这是我十年前就有的名字了，而且所有的朋友跟我聊天的时候，他们都知道我有一部长篇小说叫《被雨淋湿的村庄》。但是我们有个非常年轻的、非常有才学的作家（朋友），他后来写了一篇作品叫做《被雨淋湿的河》。这是广西的一个作家。他这个作品出来之后，我就不能再用《被雨淋湿的村庄》来做我的这部长篇的名字了，可是我就是想不出来一个好的名字来。就在那一天，那一天什么时候我记不得了，（当时）我那个桌子那儿有一大堆纸板，是我平时买回来衣服之后（留下来的），就是买衬衫时，后面通常有一个白纸板，这个纸板子我都是留着的。我家里有上百块这个纸板。我只要进入创作的过程，肯定要用几十块纸板，我想从开头到写完，至少用了五十块纸板。就是那一天，我看到我的纸板上有两个字“天瓢”。当时我看到这两个字的时候，就觉得好像有谁用棍子把我的脑门打了一下，我就觉得这可能就是我这部长篇的名字，后来就用了这个名字。有许多人问，为什么用这个名字？这个名字有什么意思？这个名字从哪儿来的？我说不清楚，真的说不清楚从哪儿来的。直到这本书出来之后，我的一个博士生上网，敲“天瓢”两个字，他居然敲出什么来呢？从唐诗宋词到元曲一路下来，“天瓢”是一个经常使用的词，在唐诗里边，在宋词里边。它就是说“下雨”，就是说的“下雨”！

这部名为《天瓢》的小说，无疑非常生动细致地描写了雨，不只是在于它以雨作为各章节的命名，同时在于对雨的描写给小说叙事提供了氛围铺垫。以雨为背景契机表现大善若水，以人类童年时代特有的纯净和理想感受人性的高贵和尊严。正如王蒙所说：作品有一种迷人的气息，有一种如诗如画的体贴，有一种从生命的粗暴艰难中透露出来的细腻的美丽。

‖ **王宁：** 说到《天瓢》的名字，大家也就知道了，是“雨”的意思，所以我们在整部作品当中，也看到了您描写了不同规模的、不同场景的、不同时代的雨，贯穿在您的作品始终。我也看到了很多非常美丽的雨的名字，比如说香蒲雨、金丝雨，包括很多非常美丽的字眼。我想知道这些雨水象征着什么？您希望能够通过这么多场景，这么美丽的雨，传递一些什么样的信息？

‖ **曹文轩：** 其实这部长篇小说的第一主角就是“雨”。也可以这么讲吧，不一定是杜元潮，不一定是邱子东，不一定是采芹，不一定是艾绒，真正的主角可能就是“雨”。这个“雨”在这部长篇小说里边，它起到的作用太多太多了，多到我无法说得清楚。你希望它传达什么样的信息呢？首先，传达的是一个美感、一种意境、一种诗化的生存环境，然后这个里边甚至包括天意。那么你看我在这个作品里边写了几十场雨，每一场雨都是不一样的，然后“雨”在这个作品里边还有许多象征意义，有时候它象征恶，有时候象征美，总而言之每一场雨都有它的用意。这些用意有的我是搞清楚（了）的，有的我却不一定搞得非常清楚。

‖ **王宁：** 您刚才说的是一个自然环境下对雨水的一种感悟，我看到了整部作品当中，其实雨水是代替了过去一般作品的政治背景，陪伴了主人公的一生。那它跟主人公之间是一种什么样的情感联系呢？它对于主人公又意味着什么呢？

‖ **曹文轩：** 它和主人公的命运也是密切地联系在一起的，跟故事也是联系在一起的。如果没有这个“雨”，许多故事都不能发生，反过来说许多故事我们都是把它安排在雨里面的，它是雨里面的故事，离开这个“雨”，故事就不复存在了，它是和雨密切地联系在一起的。杜元潮的故事、邱子东的故事、艾绒和采芹的故事，还有包括采芹她父亲最后在大雨里死掉，都是和这个“雨”有关系的。没有“雨”，这一切故事都不会发生，所以“雨”在这部作品里边起到的作用太大了。

曹文轩坦言，《天瓢》是一部有很深邃的历史感和乡村神秘色彩的长篇小说，它描写了三个人从解放前到改革开放时的一生。甚至也可以说它是一部乡村情色小说。他用一种非常独特的方式来处理，使情色看上去非常美。曹文轩说，我是个讲手法和技巧的人，很多东西不能直接写出来的，必须经过处理，让你从这个东西想到那个东西。作家就是把生活引到作品中，这个过程就是艺术。

‖ **王宁：** 我们在整部作品当中，在烟雨迷蒙当中，在雨水当中看到了如诗如画的很多场景，同时我也看到，您是通过对于植物和动物的一些人性化的描写，展示了情爱的场面。比如说萤火虫的那一段，就通过两只萤火虫的那种玩耍，那种晶莹剔透，展现出了杜元潮和采芹之间的情感。我想知道，这样写，对您这部作品有什么样的帮助吗？

‖ **曹文轩：** 你可能已经注意到了，在《天瓢》里面还有许多的情爱场面，或者我们干脆说是性爱场面的描写，但我直接描写的并不多。对！都是用间接的方式，那这个用我的话来讲就是处理，是艺术处理。直接描写，它就不叫艺术处理，那么间接描写，我就把它认为是艺术处理。我非常在意“处理”这个词，我觉得一个作家干什么，一个作用，他在写作品的时候，要对原来的生活进行处理。艺术在哪里？就艺术在“处理”这个地方，而不是说你把它原封不动地写出来就是艺术。当然有些作家可能认为这就是艺术——单纯地记录。但是我不这样认为，我认为艺术就是对生活进行一次处理。杜元潮、邱子东和程采芹构成的友情、爱欲关系，贯穿小说的始终，他们从幼年开始结下的三角关系，持续了大半生，友情与爱欲、忠诚与背叛、高尚与自私都在这个三角关系中体现出来。小说对杜元潮的表现最为充分，也最成功。他对程采芹的爱，始终保持着幼年时的那种纯粹性和绝对性，这与他后来在政治争斗中的工于心计颇不相同。在爱欲中，他是自然的，是属于油麻地的。

‖**王宁：**其实在您的（这部）作品当中，很大程度上是一个男人和另外一个男人的争斗，就是杜元潮和邱子东之间斗了一辈子。但是我看到杜元潮去跟邱子东斗，（其实）好像是为了圆儿时的一个梦，您是这么安排的吗？

‖**曹文轩：**这里边有许多的细节，我想你在看《天瓢》的时候，还记得有一个细节就是邱子东让一群小孩把杜元潮揪到他跟前来，杜元潮就是不肯。于是那些孩子把他推到个坑里去，什么坑？村里一个老人死了，一个墓穴，晚上就要下葬了。他被推到这个很深很深的坑里，然后往上爬，可根本就爬不起来。最终那帮孩子跑掉了，天开始下雨，大雨，不停地下，不停地下，一直下到水快淹到他脖子……你想想这个仇恨他能忘记吗？他不可能忘记，而且不光是这一点点，（太多）他不可能忘记的。直到他得到了油麻地的江山。那杜元潮这个仇一定是要报的，邱子东，他整邱子东的时候，整得狠极了你看到没有，而且非常非常智慧。他是一个乡村政治家，也可以说是个乡村阴谋家。

‖**王宁：**除了一个男人和另外一个男人的斗争——当然了，杜元潮和采芹之间的人生至爱也是整部作品最打动人的地方，我还有一个疑问，就是杜元潮其实是可以选择和采芹结婚的，但这个时候他放弃了，他选择权力了，为什么？

‖**曹文轩：**因为他知道自己是一个长工的儿子，是一个小时候备受屈辱的孩子，没有什么东西再比这样一个记忆更刺激他了。所以他必须得江山，就像过去的帝王一样。许多帝王为了得江山，再美的美人都是要放弃的，他们只是在得江山之后才会过那样一个日子，而在得江山的过程里，是不近女色的。你想想，这种都是非常有心计的、胸有大志的男人的作为。所以我觉得不难理解。

‖ **王宁：** 同时，作为和杜元潮斗了一辈子的邱子东，好像他的身上也被赋予了很多生命的意义。您设计这样一个人物又是为了什么？

‖ **曹文轩：** 邱子东的一生是和杜元潮的一生紧紧联系在一起的。如果杜元潮没有整他，他可能也不会对杜元潮这样。杜元潮整得他太狠，可是杜元潮为什么要整他？没有邱子东他也不会这么整（别人），他们两个人就是从小开始的（纠缠），谁是原因，谁是结果，这都很难说，分不清楚了，已经分不清楚了。他们的一辈子只能就是这样一直走到底。你看我有一个细节，就是棺材漂走了然后又漂回来，那个范瞎子说：他是回来看一个的。看谁？看邱子东，是他的敌人也好，是他的朋友也好，爱恨交杂在一起也好，他是要看一下邱子东，因为邱子东是他的生命，也是他生命的一部分。虽然他是他的敌人，但是他是他生命的一部分，没有邱子东他的一生也会非常平淡无奇。正是因为他的敌人邱子东的存在，才使杜元潮的一生变得如此光彩照人。

★《天瓢》非常有特点，他把人这种欲望包括权力，都浸泡在了雨中，这在别的作品中是没有见到的。我觉得这是曹老师的一种发现，他觉得人、生命、人性、欲望，跟雨有很大的关系，从头到尾有很大关系，我想这是一个非常独特的角度。

——刘震云（作家）

★你会发觉这本书从头到尾都是在一种非常美的意境下进行的，尽管斗争那么残酷，人与人直接的爱恨厮杀也都是非常酷烈的一种状态，但是你会发现各种场面，包括是爱情的场面，也包括斗争的场面，或者是在搞阴谋、搞阳谋、争权夺利的那种场面，所有场面他都会给你刻画得非常的美。

——徐坤（作家）

★长篇小说《天瓢》我觉得在整个阅读过程中，都是一种特别好的精神享受，因为我觉得近年来，这样纯美的作品其实是不太多的。这个小说的特别，我觉得就是它把江南的雨写绝了。一共写了二十场雨，而这些雨其实都是有不同的性格和心情的。所以我觉得这个“雨”，实际上象征着一种

灌溉，一种洗涤这样的功能。

——张抗抗（作家）

或许是从小在水乡长大的缘故，曹文轩对水有一种特殊的感情，在他的作品中离不开水，“上善若水，欲圆则圆，欲方则方”。水的力量比（其他那些）看上去有力量的东西还要强大，写雨的感觉让他找到了写这部长篇的感觉。故乡的事，故乡的人，故乡的风俗，在他的笔下一一展现。

‖**王宁：**我知道您一直是生长在南方，一直是靠水而居，无论是怎么样的迁徙，可能水带给您生命当中那种非常厚道的力量是不能忽略的。您觉得水给了您什么样的性格？水又给了您什么样的审美观？

‖**曹文轩：**水是太厉害了，我觉得这个世界上最有力量的一个物质可能就是水，那么水可能是和我一辈子都联系在一起的，也与我的文学一辈子联系在一起的，这没有办法，因为我是在水边长大的，出门就是水。那是一个非常有名的水网地区，你走三里地就可能要过五座桥，门一开就是河。我们那儿的人家，没有说门开开来见不到河的人，那很少的。村庄都是沿着河岸走的，一条大河，河两岸是村庄，出门就是水，水成了我一个非常深刻的记忆。我的作品里边伴随了许多水，水其实不光养育了我的情感，也养育了我的审美观。我后来美学的一个走向，可能也是和水有关系的。

《天瓢》从酝酿到落笔，用了作者十多年的时间，小说充满了对人性中“细腻、柔美”这些美好价值的推崇。说到自己这么多年一直坚守的古典主义和浪漫主义，曹文轩说：我并不认为生活只是藏污纳垢、乌烟瘴气，它也有细腻和可爱的地方。我认为美的力量大于思想的力量，再深刻的思想都会过时或成为常识，惟独美是永恒的。

无论是文字，还是日常生活，曹文轩都是一个从容、富于行动的人。他用后来的经验和知识来浸润“过去”的矿藏，经过这番浸润与照亮，使得“过去”无比的丰盈美丽。所以，呈现给读者的《天瓢》称得上是一部浸润着古典浪漫主义艺术芳香的唯美小说。

很多人在读了这部小说后都产生了一种心灵上的极大震撼，但这种震撼并不是那种雷鸣电闪式的即刻反应，而是那种隐隐的、绵绵的、昏昏沉沉好多天后，突然发现自己已经爱上一个人的感觉，这种感觉就是：爱比恨更伟大。这是一个奇妙的阅读感受，当你反复咀嚼“爱比恨更伟大”的时候，《天瓢》和书中的雨将悄然远去。你会想：太阳出来了，吹熄所有的蜡烛吧……

王立群：纵贯古今道，重读秦始皇

读史的目的，一方面是了解中国古代的历史，另外还有很重要的目的，就是从读史中间获得一些智慧，以史为鉴。

——王立群

王立群，1982 年毕业于河南大学中国古代文学专业，获文学硕士学位，现任河南大学文学院教授、中国古典文献学博士生导师、中国《史记》研究会常务理事。王立群教授善于用现代人的视角解读历史人物，扎实的史学知识，结合深入浅出的表达，使他在严谨的学术品位和通俗阅读之间找到了契合点。人们从其新著《王立群读〈史记〉之秦始皇》中不仅可以看到一个血肉丰满、立体生动的秦始皇，还可以在烽烟中解读到诸多纵贯古今的处世哲学。

自公元前 221 年秦始皇称帝，到 1912 年宣统皇帝退位，在中国封建王朝长达 2132 年的更迭兴替中，共有数百位皇帝先后君临天下，而秦始皇无疑是这支皇帝大军中最具传奇色彩的一位。他 13 岁继承秦国王位，22 岁亲理朝政，39 岁完成了统一中国的大业，缔造了大一统的秦帝国。然而短短 15 年后，这个如日中天的帝国就轰然倒塌了。到底是什么成就了秦始皇的千秋功业？秦始皇身上还有哪些不为人知的秘密？今天就让我们和王立群教授一起读《史记》，走近秦始皇。

秦始皇，中国第一个封建王朝秦王朝的始皇帝，姓嬴名政，秦庄襄王异人之子，出生于赵国首都邯郸，公元前 247 年即王位。当 13 岁的嬴政登上秦国政治舞台时，关于他身世的质疑也接踵而至。他究竟是异人之子，还是帮助异人登上太子之位的吕不韦的儿子？这不仅成为秦国史上一个扑朔迷离的难解之谜，也成为史学界的一种公案，更成为两千多来人们茶余饭后津津乐道的谈资。

‖ **王宁：** 秦始皇，他到底是谁的儿子这个问题，其实在您书里的很多章节当中一直贯穿。

‖ **王立群：** 这个谜产生的原因是因为司马迁在《史记》两个重要的传记中间，他做了一个不同的记录，一个就是《秦始皇本纪》，另一个就是《吕不韦列传》。这个不同的记录是，在《秦始皇本纪》中，他只记载了异人迎娶了吕不韦的一个妾赵姬，然后生了嬴政；而在《吕不韦列传》中（却）明确说是吕不韦的一个爱妾赵姬，在有了身孕以后，被异人强行夺走，然后生了赵政。

‖ **王宁：** 那您呢？怎么样来分辨？

‖ **王立群：** 我在解决这个问题的时候是用了一个现代的科学的方法，用了现代妇产科的一个知识。因为在《史记》的《吕不韦列传》中间讲得很清楚，说异人把赵姬夺走以后，“至大期时生子政”这个大期就是一个周期。

‖ **王宁：** 一个周期是多长时间？

‖ **王立群：** 一个周期古人的注释有两个，一个叫十个月，一个叫十二个月。这十个月就是我们现在经常说的十月怀胎，我就用现代妇产科的知识来讲清楚。如果说她怀了孕，当她知道自己怀孕的时候，其实离她怀孕已经过去差不多有 20 天的时间，而古人知道怀孕的最主要的途径，就是根据月经的停止来断定，因为他们没有现代医学的知识。这样，（其实当）她知道自己有了身孕的时候应该已经差不多过了有三周的时间，然后再有一个“大期”。实际上我们知道，现代医学上告诉我们，女子的怀孕，不到十个月，应当是 280 天。

‖ **王宁：** 是的。

‖ **王立群：** 280 天也就是 40 周，一周 7 天，所以我们断定秦始皇应该是一个正常分娩，所以她不可能是怀了孕以后再嫁给异人，我是这样来解释的。

公元前 235 年，已被免除相国之职，赋闲在食邑洛阳的吕不韦饮鸩自杀。可以说，在秦王嬴政掌权之前，一直是吕不韦治理着秦国，他为秦国的崛起发挥了巨大的作用。然而这位以经商起家，帮助异人登上异人之位，执掌秦国国政十二年之久，辅佐了秦庄襄王、秦王嬴政两代秦王，叱咤风云权倾朝野的国相，为什么最终却落得一个服毒身亡的下场？

‖**王宁：**为什么他就突然之间自杀了，有没有什么幕后的原因？

‖**王立群：**我觉得吕不韦的死，不是像史书记载的那么表面的原因，其实真正的原因是吕不韦的政治势力太强大，他在两代秦王手下都任相国。

‖**王宁：**是的。

‖**王立群：**在嬴政的父亲和嬴政秦始皇这两代都做相国，形成了一个非常庞大的政治集团，在他被免去相位以后，他并没有迅速地把他这个集团给瓦解掉，（因此）引起了嬴政极大的疑心。这个相权与君权就产生了矛盾，所以嬴政对吕不韦其实是深怀戒心的，就是在嬴政免了他的相位，让他退居洛阳的时候，他应当懂得放弃权力，甘心放弃权力，然后彻底打消嬴政对他的疑虑。这样他就可以善终，以尽天年，但他没有做到这一点。

在《王立群读〈史记〉之秦始皇》中，王立群教授关于权位的分寸把握阐述了这样一个观点："用权而不恋权，到位而不越位。"唯其如此，那些风云人物才能在波诡云谲的政治斗争中进退裕如，左右逢源，其间分寸与尺度的拿捏，确实耐人寻味。

‖**王宁：**我想知道您对于他的这种取舍和进退是一种什么样的思考？

‖**王立群：**因为我们读史的目的，一方面是想了解中国古代的历史，另外还有很重要的目的就是从读史中间获得一些智慧，以史为鉴。所以我们从吕不韦的身上可以看出来，大多数人出于一种人性的本能，都想获得权力，因为权力可以带来荣华富贵金钱等等，带来一切，很多东西。所以人们对于获得权力是孜孜追求的，但是他不懂得权力这个东西，你获得它确实可以给你带来很大的利，但当你需要放弃的时候，就必须干净彻底地把它放弃。

从公元前 230 年到公元前 221 年的十年间，秦王嬴政采取远交近攻、分化离间的策略，发动秦灭六国之战，终于将韩赵魏楚燕齐六国一一平定，建立起秦朝这样一个大一统的庞大帝国，给长达两个半世纪之久的战国时期画上了一个完满的句号，终结了中国历史上诸侯纷争、枭雄四起的时代。从此中国进入了历史上第一个统一的、多民族的专制主义中央集权制国家——秦帝国。

‖ **王宁：** 他为什么能够迅速而且顺利地完成统一大业呢？

‖ **王立群：** 我觉得恐怕最重要的是这么几个原因：一个就是秦国所拥有的实力。

‖ **王宁：** 已经到了这样的一个基础了。

‖ **王立群：** 对，这个实力是秦始皇之前所积累下来的，使秦国的力量非常强大，六国是无法和它单独相抗衡的。第二点就是谋略，他灭六国的顺序，采取的是先弱后强、远交近攻，这个谋略是对的，他没有在谋略上犯什么错误。第三点是人才。嬴政是一个识才用才的人。从另一方面看，六国都处在一个分崩离析的走下坡路的局面，一个蒸蒸日上的强大的秦国相当于一个江河日下的六国，所以秦灭六国应当说是大势所趋。

在终于完成了兼并六国、统一天下的使命之后，一个新的问题摆了嬴政的面前，那就是他的称谓。秦朝以前，周天子都称“王”，昔日唯我独尊的名号已经被许多人堂而皇之地采用了，秦王嬴政面对着自己大一统的江山，他觉得“王”的称号已经无法彰显自己的威严，必须寻找一个新的称谓了，于是一个前无古人的称号诞生了，那就是“皇帝”，但恰恰是这两个字埋下了秦始皇专制暴政的种子，成为大秦帝国覆亡的祸根。

‖ **王宁：** 但是他为什么称自己为皇帝呢？我们知道

皇帝由他而起，这两个字到底有什么样的含义呢？

‖**王立群：**古代有“三皇”之称，也有“五帝”之称，秦始皇觉得自己是第一个兼并六国统一天下的人，所以在自己的名号上、称号上，他是取“三皇”之皇，“五帝”之帝，合起来称之为皇帝，他想用这两个字并到一块，来显示自己至尊至贵、至高至大的地位。

‖**王宁：**但我就在想，是不是正是因为两个字，反而倒埋下了他专制暴政的种子？

‖**王立群：**也应该说有一些联系，因为他把自己看得至尊至贵、至高至大，所以他后期就犯了一些错误。在秦始皇的身上，我们看到了一个在历史人物身上，特别是历代君王的身上很难避免的一种规律，叫做“前明后暗”。

‖**王宁：**“前明后暗”？

‖**王立群：**前期很英明，后期很昏庸，导致秦帝国二世亡国，从他建国到灭亡，这么一个强大的秦帝国只存在了15年。

在《王立群读〈史记〉之秦始皇》这本书中，王立群教授认为，正是因为秦始皇把自己皇帝的地位神化，刚愎自用而不纳臣谏，才导致了他统治后期一系列错误的发生，尤其是两件大事的处理失当，让秦始皇遭到了后世千年不绝的诟病。这两件震慑古今的大事，一是“焚书”，一是“坑儒”。

‖**王立群：**我讲过，“坑儒”不是坑杀儒士，是坑术士，术士在当时也分很多类，秦始皇最恼恨的一类术士就是帮助他求仙药的人，这些人等于从秦始皇那儿连哄带骗，拿了一大笔钱。

‖**王宁：**说我去为你找长生不老的药。

‖**王立群：**对，然后又没找到，没弄到。就是拿了秦始皇很多钱，没办成事儿，然后在背后还说秦始皇的坏话，所以秦始皇很恼火，就把这些人抓起来，就此引发了这个坑术士的问题。

‖**王宁：**这种做法是可以理解的吗？您怎么评价？

‖**王立群：**这个做法我觉得有可理解的部分，就是术士骗了他，坑了他，还在背后骂他，引起了他的恼怒，这一点是可以理解的。但是，他因为这个而剥夺别人的生命，这是不可宽恕的，因为任何人的生命都是不能够轻易剥夺的，而且由这两个人又株连到那么多人，460 多人，这样的株连，应当说是杀了一些不该杀的人，所以很多人称他为“暴君”，就这一点而言，并没有冤枉他。“焚书”的起因是因为在朝廷议事中间，有一个博士提到了关于郡县制的问题，因为秦始皇实行的是绝对的中央集权制，要树立自己的这种地位，他不允许别人对他的批评，所以当有博士站出来批评他的郡县制的时候，他就很容易接受李斯的建议，就是实行对思想的控制。这个事实证明他行不通。

秦朝作为中国统一的多民族国家的肇始，在史册上留下了彪炳千秋的厚重笔墨。为了有效地管理国家，也为了替子孙万代奠定基业，作为秦朝缔造者的秦始皇，他废分封、设郡县，实行中央集权制度，并开创了“书同文，车同轨”的大一统文明，被后世誉为“千古一帝”。

‖ **王宁：** 但是我们看到，在秦始皇的执政过程当中，“前明”还是您书中很重的一笔，就是他的各种政策，您都是给予肯定的评价。

‖ **王立群：** 对，这些措施的话，我觉得应当特别肯定的首先是中央的三公九卿制和地方的郡县制，特别是郡县制。因为郡县制这个东西彻底改变了封建制，使得（社会）不可能再产生一种分裂割据的局面，有利于国家的统一。第二个我觉得是文字的统一，这个贡献非常之大，因为文字的统一就是一个文化的统一，文字的统一、文化的统一对于巩固一个多民族的统一的帝国来说，发挥的作用是无可比拟的，这个也是一个功莫大焉的贡献。第三个，我觉得非常值得肯定的就是货币的统一，特别是商品的这种流通。货币统一以后，商品便于流通了，这样的话，它对于巩固一个统一的帝国，作用也很大。

绵延万里、举世瞩目的万里长城的修建，给秦始皇带来了毁誉参半的历史评价。有人认为，秦始皇在兼并六国后兴建长城是为了防御外敌入侵，保障老百姓的安居乐业，因此长城是中华文明的象征。也有人认为长城的修建表明了秦始皇的暴政，那一块块浸有民夫血汗的城砖，那一块块踩在脚下的巨石，就是秦始皇蹂躏百姓，视百姓为粪土的历史印记。民间传说“孟姜女哭长城”的故事正反映了人们对大秦帝国暴政的痛恨。

‖ **王宁：** 您认为他修建万里长城的功过怎么样来划定呢？我一想到万里长城就一定会想到“孟姜女哭长城”。我就会感性地觉得这也是他暴政的一种体现。

‖ **王立群：** 应当说我在这本书里面很清楚地讲到了，“孟姜女哭长城”和秦始皇本身完全是两回事。“孟姜女哭长城”有它的来源，它是由杞梁的妻子的故事一步一步演化过来的，特别是到唐代才逐渐定型成了所谓的“孟姜女哭长城”。原来这个故事和秦始皇毫无关系，所以这件事情应当说，秦始皇是受了很多的委屈，被冤枉了。

‖ **王宁：** 但您想他为什么会受到这样的委屈，人们怎么就安到他身上了？可能还是因为大家觉得修建万里长城也是在人民的辛苦之上而得来的吧。

‖ **王立群：** 是，那么你这么一个浩大的工程，从嘉峪关到山海关，虽然有秦长城、赵国的长城、齐国的长城做基础，然后你把它贯连起来，但是毕竟长城这么长，又是在深山峻岭之中，极其不易。所以这么一个浩大的工程修起来的话是劳民伤财的，但这个劳民伤财的工程在当时来说，它对于防御北方游牧民族对中原农耕民族的骚扰来说，还是有它的进步意义的。当然在当下这个社会中，长城只是中华民族的一个象征，它不过是一个民族文化的象征，是一个文化符号。这个人在中国的历史中间，结束了一个比较落后的封土建国的封建制，开创了一个比封建制更先进的帝国制度。再一个，他完成了一个统一的大国的雏形，这也是了不得的一个东西。

‖ **王宁：** 但是他又那么备受争议，是他个人的原因，还是整个历史的选择，时代的原因？

‖ **王立群：** 他的备受争议有他个人在后期（的原因），我说他“前明后暗”，后期执政中间犯了很多错误，（同时）也有后人对他的解读所出现的误读。

‖ **王宁：** 我们对他有误解？

‖ **王立群：** 对，比如说我们对他的焚书坑儒，有些说法好像批评得过于严厉了。

秦王嬴政当年自称皇帝时，雄心勃勃地说，自己死后皇位传给子孙，后继者沿称二世皇帝、三世皇帝，以至万世。然而最具讽刺意味的是，这个成功兼并了六国的强大帝国仅仅存在了15年就灰飞烟灭了，其中况味让后人不胜唏嘘。

‖ **王宁：** 而15年这么短暂的统治历程很快就结束了，可能也有他自己特别深层次的原因。

‖ **王立群：** 对，应当说他的秦国，这么短暂的一个短周期王朝的出现，给后代统治者敲响了很沉重的警钟，为什么秦帝国只有15年？后来还有隋帝国也只存在了37年，这两个很短周期的王朝，应该说有它自身很重要的原因，就是把老百姓逼得无路可走了。

‖ **王宁：** 是的。

‖ **王立群：** 秦始皇本来就犯了很多错误，秦二世即位以后，又不能够及时调整政策，反而进一步加重了对老百姓的剥削和压迫，导致老百姓最后无路可走。

‖ **王宁：** 再明的君主，如果你没有认识到老百姓的重要性；再好的体制，（如果你）没有意识到水能载舟，亦能覆舟，就很难维持下去。

‖ **王立群：** 是，应当说秦始皇后期很昏庸、很糊涂。

‖ **王宁：** 但是您在写这本书的过程当中，除了讲他的那种传奇性，我们更多读到的是您对于秦始皇的那种认识，那种投入，甚至是某种热爱，某种喜欢，所以我在想，是不是他身上真的有某种吸引力特别地吸引您？

‖ **王立群**：我觉得因为这个人在中国历史上地位很重要，再加上这个人的一生只有短短的50年，他做了那么多的事情。他短暂的一生中做了非常多的事，但是又在中国历史上备受争议。

‖ **王宁**：这一点很多人有同感。

‖ **王立群**：所以这个人就特别能够吸引研究者和大众的眼球，这个人是一个重量级的人物。

王立群教授认为，通过讲历史告诉现代人一些为人处世的道理，这正是历史的魅力所在。在《王立群读〈史记〉之秦始皇》这部书中有很多古今通用的妙语，而这些内容都是经历过人生的磨难才能体悟到的人生智慧，这些感悟饱含着一位年近六旬的长者丰富的人生体验，也唤起了许多年轻人的共鸣。比如在职场和社会上一个人要有“四行”的说法，就反响强烈。

‖ **王宁**：其实我觉得您这本书最大的特点不仅仅在于对于秦始皇的解读，同时还在于从他身上得到的我们现代人应该学习的地方，以及能够和我们现代人结合的地方，我特别印象深刻的是您说的那“四行”。

‖ **王立群**：在讲“异人”的时候，我根据我的人生经历和读书经历，讲到了人短暂的一生中间要想有所作为，必须要达到四个“行”：第一，你自己本身的行；第二，得有人说你行，这就是社会的肯定；第三，就是说你行的人一定得行；第四，你身体得行。因为这四条是缺一不可的。

‖ **王宁**：它可以嫁接在我们现代年轻人的身上吗？这是我们成功的一条路吗？

‖ **王立群**：应当说还是有一定的借鉴意义的。当然，说你行的这个人不一定必须要把他理解成是领导，不一定。比如做媒体的，我们知道，真正决定我们的命运的是观众和读者，不是领导，然后在这个平台中充分展示自己的才华，得到社会的认可了，那么就能成就一番事业。从这个意义上讲，还是有一定的借鉴意义。

古语说："以铜为鉴，可以正衣冠；以人为鉴，可以明得失；以史为鉴，可以知兴替。"今天以王立群教授的"秦始皇"为鉴，我们不仅看到中国历史上第一个大一统的封建王朝秦帝国的兴衰荣辱，更从王教授独辟蹊径的解读中，体悟到了做人之道、成功之法、从政之术和为官之要等等超越时代的生存智慧。所以我们要再次感谢王教授做客我们《读书》。

刘心武：四棵“创作树”，盛开应时花

我通过我的作品也参与社会变革，我始终是随着这个社会变革而前进的一个写作者。

——刘心武

人们说，文学是时代的号角，作家是灵魂的工程师。改革开放30年，涌现出了许多优秀的作家，他们创作的众多优秀作品，洗礼着这个蓬勃的时代，触动着我们灵魂深处的脉搏。30年，我们完全有理由在充分享受美好生活的同时，记录一下作家们对于这个时代的守望。

1976年10月，“四人帮”倒台了，但文学并没有像人们期待的那样，一下子“东风夜放花千树”。“文革文学”的条条框框依然禁锢着写作者的思想。1977年，《人民文学》第11期刊载了短篇小说《班主任》，作者刘心武以敢于担当的勇气，揭露了青少年的灵魂被“文革”肆意扭曲所造成的“精神内伤”，发出了“救救孩子”的强烈呼唤，而《班主任》也开启了“伤痕文学”的源头，成为了那个时代心声的代言。

1978年，《班主任》发表后不久，刘心武为自己的一张照片写了这样的题记：那时还不清楚自己在写作的路上究竟能走多久、多远。他的隐忧与彷徨并非空穴来风，作为北京人民出版社一名四年工龄的编辑，刘心武已经见识了不少优秀却与读者无缘谋面的作品，而正是一部书稿的命运，激发了他创作《班主任》的愿望。

‖ **刘心武：**当中有一部书稿叫《大路歌》，写北京郊区农村修路的，作者是两个郊区的农民，写得非常生动，那稿子我一看就非常喜欢。给领导汇报以后就让我抓，（后来）这稿子基本上成熟了，可以通过审查，（要）付印了。可是没有想到碰到这么一个事儿，就是一看这里没有阶级斗争，

（全是）修路啊，写了很多人的生活状态，很生动，它有人民内部矛盾，所以构成了很多的小浪花，甚至大波澜都有，但是呢，它没有阶级敌人破坏，这说明一个什么问题？说明“四人帮”虽然倒台了，但是“以阶级斗争为纲”这样一个社会政治生活的一个主轴并没有变化。

“以阶级斗争为纲”依然强烈而执拗地左右着社会生活，“两个凡是”依然是作为文学编辑的刘心武必须恪守的信条。那一派生活气息的《大路歌》要想发表，就必须伤筋动骨彻底改造，把阶级斗争硬塞进来。

‖ **刘心武：**（于是）就加阶级斗争，我们在那儿就扮演成阶级敌人。说咱们怎么破坏，说“放毒”。琢磨半天说“放毒”首先就是怎么放进去啊，不知道该怎么放，另外“放毒”也不新鲜，好多当时的一些作品里面都有类似情节，雷同。说咱们放炸药。怎么放炸药呢？这也是一个问题，炸什么呢？想来想去没有办法，所以这个时候我就开始有一个反省，我自己也是一个爱好写作的人，现在我作为一个文学编辑，那我们的文学究竟应该怎么弄？

这是刘心武 1958 年 16 岁时的留影，那一年他第一次投稿成功，一篇《谈〈第四十一〉》的书评被《读书》杂志刊载。以后 50 年他的写作从未间断，因为对文学的这份痴迷，无论文艺政策如何严苛，他都努力调整自己，坚持在夹缝中延续文学的梦想。

‖ **刘心武：**这种写作就很痛苦，作者自己的声音发不出来，而且经常本来有生活，本来有生活体验，我知道真实生活是什么样子，可是为了适合当时的发表口径我就要违心地去扭曲这个生活，歪曲这个生活，（要）添进一些生活当中没有的生加的东西。你想这多不好啊，我就开始有这个反省。我自己写呢还是另外一个问题，那我可以不写对不对，或者我可以写了以后等待时机再发表。可是我是文学编辑，（手头）这个稿子呢？人家业余作者写这个挺不容易，得给人家想办法发出去，可就不行。这是我写作《班主任》一个非常大的动力，我就开始想，文学不能再这个样子，不但我不能再这样写下去了，他们也别再这样写下去，大伙都别这么写了，这算干什么呢？所以我就开始酝酿一个作品，我说这次我这个作品要突破。

刘心武在《我与“新时期文学”》中写道：至今我仍然非常怀念当时北京出版社文艺编辑室那个活跃的群体，我们不企盼“圣旨”，也不希求“恩赐”，我们忠于自己的良知，确认是对的便立即付诸实施。在一片以天下为己任的理想主义氛围中，《班主任》渐趋酝酿成型。

‖ **刘心武：**这当中我就开始酝酿这么一个想法，“整个国家怎么走”这个问题太大，我可能两肩扛不起。“整个国家的文化怎么弄？”“文化”是一个很大的概念，我可能一下说不清，但是“文学应该怎么弄”？我自己原来是业余作者，现在我是文学编辑，我就要考虑这个问题。如果要用小说来表达的话，我最熟悉的生活就是中学生活，虽然我已经不是中学教师了，但是我有中学教学的体验，我当班主任的体验是一个非常宝贵的生活积累，我可以动用。于是我就决定从这年轻一代，就是教师底下的学生(开始写)。他们由于“四人帮”的文化专制和“愚民政策”而造成了心灵上的伤害，造成了内伤，可以从文学方面体现出他们的愚昧。我（打算）从小处切入，这么写这个小说。

从文学的角度切入，揭露“四人帮”对青少年精神世界的戕害，是《班主任》微言大义的机智之处。文学、文化、文明攸关一个民族的气质、血脉和生存。当年轻一代不知道《辛稼轩词选》为何物，将《青春之歌》、《茅盾文集》、《牛虻》统统视为“黄书”和“毒草”的时候，这个民族又到哪里去寻找未来呢？

‖ **刘心武：**我实际上提到了四个方面的符码。一个是中国古典文化的符码，这个当然是一闪而过，因为这不是一个主要的问题。我应该还有一种符码，比如说我里面也提到了《茅盾文集》，什么意思？“四人帮”他们把 1919（年）到 1949（年）的文学基本上也一刀剪断了，连“左翼文学”都被认为是一条黑线了，只剩下一个鲁迅孤零零的，被加以肯定，鲁迅的朋友也基本上全否定光了，是这么一个局面。所以我在里面有意识地提到一个学生，比较好的，我比较肯定的一个形象，我说她家里面还有《茅盾文集》。这个小说发表以后茅盾很重视，当时他还在世，后来我这个小说获奖，奖状就是茅盾亲自递给我的。

古典文学被封杀，《茅盾文集》被打入了另册，刘心武在《班主任》中写道：在谢惠敏的心目中，早已形成一种铁的逻辑，那就是凡不是书店出售的、图书馆外借的书，全是黑书、黄书。当然也包括在小说中惹出一场风波的《青春之歌》。

‖ **刘心武：**《青春之歌》，一个鼓励人去革命的作品，居然在“文革”当中也被否定，杨沫本人后来也被审查。这是很惊人的一个文化现象，就是说这个“文化专制”和“愚民政策”到了一个什么程度。然后就是《牛虻》，这是我当时心中最想说的一种意思，就是我们切断和外国文学的联系，实际上就是我们关起门窗自己过日子，切断了和世界人类的联系，切断了和世界人类总体文明的联系了。那就是说我们这下一代最后和传统文化没有联系了，和 1919（年）到 1949（年）的白话文学没有联系了，甚至和 1949 到 1966 年的浩然以外的作家作品也没有联系了。那么（一旦）和外国文学完全没有联系了，这还得了吗？《班主任》就是这么构思的。

《班主任》的故事并不复杂，绰号“菜市口老四”的小流氓宋宝琦到张俊石老师的班级借读，如何帮助这个有污点的孩子改邪归正？班主任张老师选择了温和教育、热忱帮助，而团支部书记谢惠敏仍摆脱不了“文革”的思维定式：“这是阶级斗争！他敢犯狂，我们就跟他斗！”某种意义上说，谢惠敏的成功塑造实现了作者“救救孩子”的创作意图。

‖ **刘心武：**其中比较要紧的是谢惠敏这个人物，因为这是一个团支部书记，根正苗红，她的个人品质也很好，可是我通过她，（通过）解剖她提出一个问题，连她在心灵上都受到“文革”这样的伤害，受到“四人帮”的文化专制、“愚民政策”的伤害，那我们这个民族是不是应该重新发出“救救孩子”的呼声呢？

刘心武在《关于〈班主任〉》一文中说，这样的作品之所以引起轰动，因为它承载了那个时代民间变革的诉求，带头讲出了“人人心中有”，却一时说不出或说不清的真感受。在天光还不十分明朗的时候，挺身而出为民间立场代言，刘心武的心里承受着莫大的压力。

‖ **刘心武：**当这个作品写成以后，我自己从头到尾再一读我就出了一身冷汗，因为当时还是提出来“两个凡是”，“文化大革命”是没有被否定的。“文革”正式被否定是在1981年，当时我们党通过了《关于建国以来党的若干历史问题的决议》。我把这个写出来以后自己就想，这不是否定“文化大革命”吗？我一个出版社里的文学编辑怎么能够一个人发出这种声音呢？这多危险啊！

在那个特殊的年代，作家是一个危险系数很高的职业，著名作家赵树理、老舍都因文获罪含冤而逝。但历史的拐点毕竟已经清晰可见，人心思变，刘心武决定把《班主任》投寄给《人民文学》杂志社。多年后他回忆当时的心情：把稿子投进邮筒前，我一度非常犹豫。

‖ **刘心武：**我记得第一次我是到一个邮局寄，接受那个稿件的工作人员拿出来一看，他说：“哎呦，你里面还有信。”因为我头一稿得给编辑写封信啊。他说：“这个不行，不能夹带信，信得另寄。”他是有道理的，人家照章办事，可是我当时就觉得我这是冒着风险投稿，你这么对待我？我觉得挺受刺激，（于是）说我不投了，我不寄了！我就把那都拿了回来，就真不寄了。我那天要是寄的话稿子可能发得还要早，但是我那天赌气就不寄了。不寄了以后我就记得（当时）我是骑自行车到了中山公园，到了一个角落，就是水榭那儿，一个偏僻的角落。我就自己在那儿（看），看着看着我就被这个稿子感动了，因为我以前写的东西吧，都是尽量去符合出版方的要求、订货方的要求，这个是我自己第一次独立、彻底地根据我自己的认知、自己的情感来写作，我就（觉得）这次写得比以前都好。过些天以后我就又去寄，当然（这次）我就把稿子和信分开了，符合了邮局有关寄信的规定，寄到了《人民文学》杂志社。

从夏到秋，刘心武等待着《班主任》的结局。他并不清楚自己冒着风险完成的作品在《人民文学》编辑部经历了怎样的波折。这是作家珍存的刊载《班主任》的杂志书影，《人民文学》1977 年第 11 期，《班主任》就是以这样的版面呈现在读者的面前。他意味深长地写道：纸已黄脆，记忆犹新。

‖ **刘心武：**就是说它是有波折的，最后是由当时的负责人张光年拍板的。有人担心这个会不会太尖锐了，张光年说，不怕尖锐，关键是不是准确，如果准确的话就越尖锐越好。他讲了这样的话，这是很睿智的一种语言了。这种思想、语言和做法我现在想起来还是觉得很了不起。

那个年代，《人民文学》每期刊载的作品目录都要登在报纸上。终于，刘心武读到了他期待已久的名字。今天的读者无法想像一篇小说对社会生活的影响，《白鹿原》的作者，著名作家陈忠实在 1978 年的水利工地读到了《班主任》，他从中解读出这样的信息：党的文艺政策打开了，文学可以当事业干的时代到来了。

‖ **刘心武：**杂志发了这个作品以后反响特别强烈，来信啊，乃至于有的北京读者想尽办法找到我家表示支持，这个也使我非常兴奋，这样我就觉得我应该写更多的作品。后来，1978 年吧，我们北京出版社就决定创办《十月》杂志，大型文学刊物，我就在创刊号上发表了《爱情的位置》。当时《中国青年》杂志复刊了，第二期上我就发表了《醒来吧，弟弟》。这样的作品连续发表也增多了读者对我的了解，从而形成了一种好像比较大的冲击力。

《班主任》的轰动效应引发了“伤痕文学”的潮流，以揭露“文革”造成的肉体、灵魂伤害为主题的作品大量涌现。1978年8月，上海文汇报刊发了卢新华的短篇小说《伤痕》，这一文学潮流获得了恰当的符码。

‖**刘心武：**所以我记得那个时候，思潮激荡，有一种意见认为就是要“两个凡是”，另外一种意见是还是应该有个变化。那个时候，应该是在1978年快到冬天时，就是十一届三中全会快召开的时候，在工人体育馆有一个大型诗歌朗诵会，在那个现场有一句诗，朗诵出来以后全场掌声雷动，这句诗叫做“政策必须落实”。这就是那个时代！有人眼泪一下就流下来，掌声雷动，人们有所期待。

一位湖北的作家朋友在1986年曾对刘心武说，一个作家在几年当中能三次引起轰动，这可不简单！他说的三次，第一次当然是指《班主任》，第三次是《5.19长镜头》、《公共汽车咏叹调》等纪实小说的发表，而第二次则是刘心武出版了第一部长篇小说《钟鼓楼》，并荣获了第二届茅盾文学奖。而更为巧合的是，刘心武当年正是受到茅盾先生本人的鼓励，才开始了《钟鼓楼》的写作。

‖**刘心武：**我特别记得《钟鼓楼》产生的一个契机，粉碎“四人帮”以后，整个文学界要求恢复文学的春天，要求“百花齐放”，就召开了“长篇小说创作座谈会”。这个会我记得是在新侨饭店举办的，茅盾亲自与会。茅盾是中国左翼文学（作家）当中最早写长篇而且获得成功的人，我是很崇拜他的。那个时候他就讲长篇创作，对青年作家寄予希望。他讲的时候忽然就问刘心武来了没有？我就站起来了，他就非常亲切地看着我，具体话我不记得了，意思就是说，你现在有了很好的短篇，听说你也写了中篇，那么你应该好好写长篇。大意是这样的，给我一个非常大的鼓励。

《钟鼓楼》选取了上世纪80年代初新旧交替的一个历史截面，以北京市民薛纪跃的婚礼为焦点，深刻透视了皇城根下的普通人在文化和经济浪潮冲击下的挣扎和坚守。评论说，《钟鼓楼》表现出一种在构思、结构上的和深入生活底层、进入普通百姓心灵的机智。而这种机智贯穿了刘心武以后的几部长篇创作。

‖ **刘心武：** 其实我的长篇小说里面，自己最得意的不是《钟鼓楼》，我有“三楼系列”，就是《钟鼓楼》、《四牌楼》和《栖凤楼》，我个人最钟爱的是《四牌楼》。但是我这个人的“自我遮蔽”太厉害，我老被自己遮住，不是别人去遮蔽我，是我自我遮蔽。因为《班主任》影响太大了，我就把自己遮蔽住了，所以有人最后《钟鼓楼》也不读了，这不是《班主任》那作者吗，您在哪个学校教书啊？见着我他照例是这个问题。这个问题没有什么恶意啊，挺好的一个问题啊，但是我听了以后就觉得是“自我遮蔽”了，因为它的影响大得没有道理。《钟鼓楼》得了茅盾文学奖也是造成这个后果，我觉得《四牌楼》写得比《钟鼓楼》还要好，可后者得了茅盾文学奖。《四牌楼》其实也得了一个奖，是得了上海的“优秀长篇小说大奖”，也是很不容易的一个奖，但是它毕竟比不了茅盾文学奖的影响，所以也被遮蔽了。

“自我遮蔽”对作家是一件无奈而又足以欣慰的事情，这意味着不断超越自我，创造新的成就。在第二届茅盾文学奖的颁奖礼上，一个插曲印证了刘心武的“自我遮蔽”效应，一位嘉宾居然积极主动地现场朗读他的小说，而他读的竟然不是获奖的《钟鼓楼》。

‖ **刘心武：** 当时有一个人上台就祝贺，叫陈昊苏，当时他是北京市副市长，可能在管文教，结果他手里拿着一张《文摘报》，他不谈《班主任》他谈《公共汽车咏叹调》。因为我《班主任》得奖的时候，（其实）我自己别的东西又把《班主任》遮蔽了，就是我先发表了《5.19长镜头》，又发表了《公共汽车咏叹调》，属于纪实性的小说。他对《公共汽车咏叹调》特别欣赏，上台本来应该祝贺《钟鼓楼》，可是他就说了一句祝贺《钟鼓楼》得奖，其他一句（关于）《钟鼓楼》的话也没有，他也没看《钟鼓楼》，他说刘心武新写的《公共汽车咏叹调》写得真好啊。《文摘报》大概把这个小说压缩成了几千字，他就在那儿念。底下那些文学届的领导就有点奇怪，他们说你干吗呢？觉得他有些跑题，你肯定刘心武是可以的，你是不是该多说《钟鼓楼》？何况得奖的还有人家李准和张杰！可是他当时很兴奋，坚持念了好几段，这是我记得的一个细节。当时我在底下坐着也很不自然，觉得，我当然很高兴，他能肯定我当然首先是感激，但是当时这个场合，他好像也是个性情中人。

刘心武一直自觉调动他的美学潜力并调整着文学步伐。他说：我不希望自己成为"伤痕文学"浪潮过后便随之而去的文坛过客，我从小就热爱文学，我希望以作家为终身职业。而《5.19 长镜头》、《公共汽车咏叹调》等纪实小说的轰动，证明他的文学理念及写作功力又提升到了一个新境界。

‖ **刘心武：**"人道"、"人情"是贯穿我那个时期创作的一个主要的主旋律，我通过我的作品也参与社会变革，我始终是随着这个社会变革而前进的一个写作者。当然文学潮流可能它已经冲到前面去了，比如说当时"意识流"的写法很好，看不懂的作品才是最好的作品，写实的作品是没出息的作品，应该使作家进入完全虚幻的一个情景当中等等。我对那些作品是很欣赏的，有的作品写得好我也是击节赞叹，后来我作为《人民文学》杂志的主编也主持发表了一些这样的作品，但是我个人的写作，有我自己遵循的美学原则，美学路线。

上世纪 90 年代以后，刘心武似乎退出了文学主流角力的赛场，他的写作进入一种不求功利、无为而治的自由状态。他戏称自己的创作方向为"四棵树"：小说、随笔、建筑评论、《红楼梦》研究，对每棵树他都勤于浇灌，乐在其中。2005 年中央电视台播出了刘心武的讲座《揭秘〈红楼梦〉》，他的文学生涯迎来了又一次轰动。

‖ **刘心武：** 不是我刻意求得的，写《班主任》的时候我知道自己在做什么，我在做一件有点冒险的事，我在写一种和我以前写的东西不一样的东西，我以前那东西都可以一刀两断，我都可以不要，我要重新走上一个写作的途程。我知道我在做什么。但是中央电视台《百家讲坛》请我去录制节目，最后播出（带来）这么大影响是我没有想到的，不是我刻意要去做的。其实我研究《红楼梦》很早就开始了，我发表关于《红楼梦》的文章和出专书从上世纪90年代初就开始有了，这完全是一个偶然。但是偶然当中有必然，什么必然呢？就是因为由于改革开放经过这么长时间了，外来的各种文化信息已经非常多了，多到有些人开始烦了，那回过头来说我们的传统文化又在哪里呢？所以出现“传统文化热”。我们有这种如饥似渴的（需要了），要求开始了解我们本民族文化了。正好《百家讲坛》录了我的节目，我讲了一个我们传统文化当中最迷人的文学作品——《红楼梦》，而且我的讲法又非常生动，有悬念，有扣子，有包袱，它比较适合通俗文化的传播，所以一开始播了以后发现收视率很高，他们约我再录再播，这样就造成了一个非常轰动的效果。

回顾自《班主任》以后十年的写作历程，刘心武说：有一点我是问心无愧的，我在基本的取向上始终如一，我有变化，但那变化是调整，是前进，而绝不是投机式的转向或犬儒式的妥协。如今，在这条艰辛而鲜花盛开的路上又跋涉了20年，他的总结更通达更睿智也更超越自我的局限。

‖ **刘心武：** 我最想说的话就是，首先一定要珍惜改革开放30年来文学上的这些成果。当然它也带来很多新的问题新的挑战，但是不能因为新的问题新的挑战我们就否定这30年来文学的进展。从《班主任》所描绘的状况到现在的状况，你想想看，人们的阅读的状况有多么大的变化啊，人们的审美心理有多么大的变化啊，人们在不同源的作品当中去寻求自己心灵慰藉的可能性有多么宽阔啊，所以要珍惜这个改革开放的成果。第二个意思，我觉得我们要继续地往下走，坚持改革开放。我想“多元”、“宽容”才能达到和谐。这是我对我的余生所处环境的一个期望，而且我也祝愿自己能在这样一个环境当中继续写出一些作品，“四棵树”上能有“新果子”出来。

无论时代潮流如何变幻，刘心武先生一直信守文学理想，笔耕不辍，每年都有新作问世，并不断创造着文坛的轰动。回顾30年风雨兼程的创作道路，刘心武先生无限感慨。他说自己只是一个爱好者，没有什么成绩可言，只有一点，他的写作贯穿了中国文学的30年，是改革开放，是这个充满生机的时代给一个作家带来了机遇和创作的空间，30年历经许多事，但写作的自由度是空前开阔的，而他就是一个鲜明的例证。

陆天明："反腐作家"很光荣

人总归不能离开战栗而生活，如果离开战栗，他肯定就麻木了，沉沦了。

——陆天明

陆天明，中国作协主席团成员、中国戏剧家协会会员、中国电视艺术家协会会员、国家一级编剧。主要作品有长篇小说《苍天在上》、《大雪无痕》、《省委书记》、《桑那高地的太阳》、《泥日》、《木凸》、《黑雀群》等。陆天明一贯被人称为"反腐作家"，而其新作《高纬度战栗》从严格意义上讲，是他继《苍天在上》和《大雪无痕》之后的第三部"反腐作品"。

反思，尤其是文学意义上的反思，不仅可以为后人留下对某一特定时期厚实的史料，更重要的是可以引发智者之痛而借以为鉴，所以在文学长河中我们总能从中得到裨益。

社会进步到当下，中国文学发展到当代，就曾有"伤痕文学"和"反腐文学"接踵而来。

上个世纪 80 年代的"伤痕文学"，是对历史的批判与反思，从而引发人们开始探寻人类灵魂和人性深处的疾患，并让一个时代得到了升华。

而近年来的"反腐文学"则是对现实的批判与反思，其深其透其情其旨，成为许多"作文者"共同的责任，陆天明就是其中的一位。

对于陆天明，我们并不陌生，一度引起全国震动的电视剧《苍天在上》、《大雪无痕》、《省委书记》等都是出自他的手笔。他于作品中全面、准确地表现了我党高级干部在改革开放大潮中的情感与事业、抉择与阵痛、成熟与超越。也许从他那句"文学要参与社会、参与社会变革"中，可以窥见一个文学艺术家的理想和激情。

《高纬度战栗》的故事背景被放在中俄边境寒冷得让人战栗的高纬度地区，被称为"劳爷"的一级警督、刑侦专家劳东林，出人意料地脱下警服，辞职去到陶里根市盛唐公司任保安经理。省公安厅刑侦队的邵长水“秘密受命”去陶里根拜访劳爷时，劳爷却意外地“被车撞死”了。临死前，他在邵长水的手掌心写下两个血字——“谋杀”。

‖ **陆天明：** 我想通过这样一个很通俗的题材，一个很好看的故事，能够写出我们当代人心灵中的这种战栗，能够有情趣地展现我们在如何战栗地生活着，如何战栗地去追求着。

随着劳爷的死，秘密被揭开，原来他是去“秘密调查”曾在陶里根市任市委书记兼市长、现任代省长的顾立源。此后，陶里根现任市长祝磊开枪杀人，又在监狱离奇自杀；年仅二十多岁的小姑娘曹楠，传递出关于劳爷的惊人秘密；官场上、商场里以及关键时刻抛弃劳爷的“朋友”，各色人等纷纷粉墨登场，一场深埋在仕途光明的代省长顾立源和边贸首富饶上都之间的腐败案浮出水面。

‖ **陆天明：** 每个人在自己心灵的一角都会有一种战栗，这种战栗有时候是追求的战栗，有时是一种向往的战栗，恐惧的战栗或者是排斥的战栗，但是人总归不能离开战栗而生活，如果离开战栗，他肯定就麻木了，沉沦了。《苍天在上》，它是一个呼唤，因为中国一直在一个封闭的，比较贫穷的，但是又比较干净的一个大一统的环境下生活。那么打开了门以后，春风涌进来以后，突然也涌进来一些“苍蝇老鼠”。（于是）大家都很愕然、震惊，因此对于反腐问题有一种天然的冲动，一种需求。至于对腐败问题的思考，对反腐的表现应该说考虑得比较少，所以写腐败分子也比较脸谱（化），对腐败产生的解释也比较简单——坏人，腐败分子都是坏人，他坏，所以他腐败。

“清气澄余滓，杳然天界高。”血色深沉的思想主题，豪放苍劲的艺术表现，一声呐喊式的名字，《苍天在上》撞响了反腐肃贪的警世洪钟，然而流于脸谱化、类型化、黑白分明的人物刻画，又让陆天明思考这样一个问题：中国文学创作的“当代性”不再只是简单的眼前生活，而是要指向具有当代精神的，被当代民众所关注的现实。

‖ **陆天明：** 到了《大雪无痕》，这里面我对腐败问题就有了深入考虑，腐败的产生不能完全归结到个人因素上去。《大雪无痕》写了副市长周密腐败的产生是和体制的不完善有关系的。又过了这么多年，对腐败问题我必须有新的思考。是的，我们找到了体制问题，找到了非个人因素——我们的社会。那么对于反腐和腐败，我认为进一步往下思考，就要思考到我们每个人身上去，（要考虑到）社会土壤和社会基础，要考虑到在这个土地上生存的每一个人，他都有可能成为腐败的根源，都有可能成为腐败的土壤，都有可能酿成腐败这个灾难。因此在反腐败这个义举（当中），在这个浪潮下，每一个人都有责任筑起反腐败的防护体。

黑格尔曾有一句名言：每个人都生活在一种错综复杂的关系网中，这是每个人的戏剧性存在的基础。《大雪无痕》深刻地将这张关系网张开：年轻的副市长周密出于私利和权力的制约，身不由己地被这张网的邪恶一面罩住。由此贯透出对灵魂的考验、对性格的畸变以及对内心的痛苦，然而作家的思考与探究远没有结束。

‖ **陆天明：** 这么多年来有两个事实让我感到震撼，一个是我们公开的场合，我们的媒体宣传，都呼唤反腐败，都赞扬反腐败，都需要反腐败，歌颂反腐败。但是在具体到每个单位里面，有一个残酷的事实是什么呢？反腐败的英雄，反腐败的斗士，在他们的单位里面，（人们）对他们都有些挤兑，这使我感到很痛苦也很难受。这是一种现象。还有一种现象，我们很多普通人，包括我自己，当遇到这种腐败现象的时候，我们往往会低头。突然被拿走了多少亿，而这拿走多少亿绝不只是行长一个人签字的问题。在这个过程中间，只要有一个办事人员说一声“NO”，说一声“不”，（那）他这几个亿就不可能从我们国内拿到国外去。但是偏偏一路绿灯，所有人都不说“不”，拿走了。所以我想到，除了当权者一定要负起他当权的责任来之外，除了我们要不断地升华我们的体制，升华我们这个社会方方面面的法制之外，还有一个问题今天需要站出来大声呐喊，是什么？（就是）我们每一个普通人，我们在反腐败斗争中间，在为了我们的黄河、长江要河清有日，我们社会风气要越来越好的这场伟大的，可以说是人文精神重建的运动中间，每个人应该怎么做。这就是《高纬度战栗》。当然，表现得对不对，恰当不恰当这是另外一回事，但是我觉得必须要有人说这些事情。

“阻力来自最需要反腐的人民中间”，这就是《高纬度战栗》所要警醒我们的主题。“劳爷之死”其实自己身边的“朋友”要担负更大的责任；正是在劳爷生死关头最需要帮助的时候，曾经信誓旦旦的“朋友”都抛弃了他，（以致）让一个执着于理想与正义的可爱的人在绝望中几近精神崩溃，最终还以生命为代价。

‖**陆天明：**开始写《苍天在上》的时候人们就问，你这“苍天”是谁？我说“苍天”就是人民，我们呼唤苍天。反腐，要还我清白的社会和清白的人生，那么这唯一的希望就应该寄托在人民身上，就是（要请）人民来一起来做。当时（只是）模糊、朦胧地有这个想法，事实也是如此。在这个小说里面我就写到了这个“劳爷”的遭遇，“劳爷”为什么走向死亡，“劳爷”最后怎么死的，死以前为什么那么痛苦，他的痛苦是谁给的？当然一方面是那些腐败的官员，腐败的民营企业家（给的），但是更多的我着重写的，他内心的痛苦是那些他身边的朋友（给的）。他一个一个地遇到了很多朋友，（他们却）一个一个把他抛弃了，一个一个在他（需要支持）的时候离开了他。（他们）为了一己私利或者其它特殊原因——都有各种各样的原因，都在最关键的时候抛弃了他。“劳爷”的痛苦，“劳爷”的无奈，“劳爷”的绝望，他的困兽犹斗的那种心态，（促使）他无意或者有意地说出了“苍天在上”，他要呼唤这一点。

谈到儿子陆川的电影，陆天明评价以冷峻，而这部《高纬度战栗》中凸显的却是冷峻后的思考。比如其中少年老成、冷峻而又不乏热情的女主角曹楠：她颇得顾立源和祝磊的喜爱与好感，但她又有强烈的正义感，是非分明；她敬重劳爷的行为，又痛心祝磊陷入腐败泥潭；她对自己父亲欺骗出卖“劳叔”十分不满，并对案件的侦破起了举足轻重的作用。

‖ **陆天明：** 《可可西里》中，陆川是在表现人的生命的一种本质。它为什么能打动各种各样的人？这部片子不是很大众化，但是知识分子里面对它的反应为什么很强烈？包括李泽厚都说是中国电影美学的一次突破。就是他从一个独特的视角去表现人的生命挣扎和生命追求，并通过人的生命追求和生命挣扎来表现人的生命本质。这个抓得非常好，非常准，而且在表现过程中间，陆川还是有他很独到的东西，就是他在整个片子里（表现的）那种冷峻很吻合现在很多知识分子对生活、对社会的感受。客气地说，不管它是不是我儿子拍的东西，我都要说，《可可西里》确实是部好片子，跟是不是我儿子拍的没有关系。我这部小说，虽然是写一个案子，但它也是一个宏大的叙事，它最后要表现的是一个年轻的省级干部怎么走向灭亡。我需要把一个非常繁复的社会，各种不同的波浪引进我这个“池子”里来，那怎么个引法，经验告诉我，需要这样一个人物。另外一个原因，当然我自己也安慰自己的就是，像曹楠这样一个年轻女孩也是当代的一个特色，就是现在有一批这样的女孩，她们是可以和各种各样的上层人物交往的，当然交往中间，我现在写到的这个曹楠，我没有把她写“脏”了，她就是我理解的那样一种女孩，她希望去了解比她年龄大的这些男人的生活，而且以和他们交往为荣，她也能在他们生活中间起到一定的作用，从而了解了这些男人的各种各样的生活漩涡。这样的话正好就把故事、把人物两方面都勾起来了。

小说中，陆天明让曹楠“延续”了劳爷的理想和激情，又让曹楠深入体会了劳爷的隐忧和困惑，还让曹楠在矛盾中观察和思考自己身边活生生的人的非常态，比如顾立源的权欲、骄横以及挣扎与战栗。

‖ **陆天明：** 比如说顾立源，我着重就想写他那种年轻而老成持重，对生活沉重负担的感受能力和承担能力，担当的能力。这是他的一个特点。很年轻很年轻的时候，他在一批小科员里面就显出了他的成熟，（某次）中央领导问省委书记回答不了的问题，（由于）他平时就有思考，于是马上就递了一个条子说，边贸权。一下子就解了老书记的围。老书记非常刻骨铭心地记住了他。那么，他从这样一个人物，出身低微、勤奋、聪明、能干，又能承受社会重压，怎么会骄横起来，（而且）到最后变得狂妄得不得了，骄横得不得了呢？唯我，天下只有我老子一个人，在他那个统治的地盘里面，（唯我独尊）。为什么？我觉得，如果说劳东林的死是我这次完成主题的一个重要的方面，那么顾立源的变化则是我这个主题要完成的另外一半。为什么这样一个人会变，《大雪无痕》里的周密我写他变了，但是我没有回答他为什么会变，只是最后拿出来了一个结果。这样一个好的知识分子最后变成杀人犯，他是有变化过程的，我只讲了这一点。顾立源我是明确的，（因此）着力写了他为什么变，（写了他改变的）整个过程，包括他后来又一次要变，到了省里以后他还想变回来，这里面其实都是生活中间非常真实的一个关照。

如果说顾立源是陆天明对当下那些曾经辉煌而后堕落的群体批判，那么祝磊身上，则渗透着作家于现实精神中对知识分子失落的良知的焦虑。

‖ **陆天明：** 祝磊其实和周密非常相近的，这个人物可以说我在有意地延续《大雪无痕》，这个故事（在）这方面是故意这么做的。同样开枪打死人了，但是（之前）在那个地方就没有解释他为什么会变成这个样子。（现在）我有意地把它拿过来以后，就是要告诉读者，我这次就要回答为什么周密会变成周密，祝磊会变成祝磊。祝磊就是这样，他原来拥有一切，作为知识分子拥有的一切，拥有良心，拥有正义，拥有勇气，当然更不缺乏聪明才干。但是这样一个知识分子进入了一个市场经济以后，进入了一个缺少人民监督的官场以后，这个知识分子剩下的，就是他比别的干部多上了几年大学或者研究生。最后当他面临一个从副市长提升市长的历史关口，需要去拍一下别人马屁的时候，当有人诱惑他去送职工股的时候，他便一脚踩进泥坑里去了，进入了这个别人给他设定的陷阱，而当他感觉自己已经进入陷阱以后，他就不行了，结果绝望之下开枪成了杀人犯。所以这个问题我觉得（反映了）中国知识分子的犹豫，中国知识分子的苍白，中国知识分子的软弱，这恰恰是一定要指出来的，也恰恰是我想写的。这是现在正有可能出现的，或者在某一部分地区出现的，发生在知识分子身上的一种悲哀。

在小说中，代省长顾立源、民营企业家饶上都、副市长祝磊是一个环环相扣的扭结，顾立源代表着无限的权力，饶上都代表着肮脏的金钱，祝磊代表着堕落的知识。而这一“利益同盟”中，饶上都起到的作用成为腐败产生不可忽视的外因。

‖ **陆天明：** 我觉得我对于饶上都这个形象的刻画（很有意义），如果以后阅读的话，会越来越有意义。搞经济的出于各种因素，我们必须要允许他有一定程度的发展，我觉得这个是对的，不能走回头路的。但是作为文学来说，不指出这里面的违反人性人道的方面，就是失职，所以我写了饶上都的变化过程，他的发展过程。他从一个有前科的狗贩子变成陶里根的第一巨富（之后），他怕失去这些东西，（因此）为了维护自己的既得利益，他在把顾立源，把祝磊，最后把“劳爷”送上了死亡的道路上，起了关键的作用。我觉得我们一定要重视刻画表现一部分民营企业家对中国社会的负面作用。

《高纬度战栗》为我们塑造了一个以“劳爷”为代表的英雄的群体，某种意义上讲，他们勇于担当的精神是社会的脊梁，比如：刑侦大队队长赵五六、支队长邵长水以及许多热心帮助破案的群众等。在他们身上我们看到了思想的闪光点：理性的思维和理想主义者激越的情感冲动。

‖ **陆天明：** 我觉得我的一种人生态度，就是要从生活里面提取对于我们中国未来有利的，或者提取当下人们生活中间更积极的一种东西。我有时会思考，思考中国现在（所面临的）非常艰难的变化，你要向正在变化中的中国人奉献一种什么精神食粮，（或者说）精神的营养品，这个很重要。所以我觉得应该把我们已经有的，而不是强加的或者捏造的、伪造的那些好的东西提炼出来，或者说表现出来，告诉大家我们中国有这样的人，或者说我们可以这样去生活，或者说我们应该这样去生活。所以在劳东林（身上），我实际上无论把他写得多么坎坷，或者说无论他（有什么）其它的生活追求，实际上我都把他写成了理想主义者。他是一个理想主义者，包括赵五六，包括邵长水。

仔细体味，陆天明的每部作品里都有一颗滚烫的赤子之心；《苍天在上》、《大雪无痕》、《省委书记》，字字都是良心热血铸就，都在为国家、民族、未来呐喊！他的心中笔下贯透着“艺术对民族精神的滋养”的源流。

‖ **陆天明：**我前一阵看俄罗斯美展，油画，或者我们再回过头想想俄罗斯的一些小说，19 世纪的小说。你想俄罗斯，19 世纪、18 世纪它历史的进展，从沙皇俄国进展到现代的俄国，从现代的俄国又进展到今天的俄国，俄罗斯精神，俄罗斯人的性格，和俄罗斯的文学、俄罗斯的艺术息息相关。就是说从普希金诗歌到俄罗斯的巡回展览画派等等，它们对酿造、塑造俄罗斯人性格，（对）这个民族的气质绝对起着作用。现在回过头来看我们中国，现在正在搞现代化建设，中国人应该怎么面对这个世界，作为一个人怎么面对？现在我们讲创新精神啊，我们要创名牌的，我们要打出国门啊，这都是经济上（的需要），但是我们想过没有，我们中国应该以什么样的民族气质、民族性格来面对大家。

既非常文学，又非常大众；既非常严肃，又非常好读；既非常现实，又非常深刻；既非常通俗，又极有内涵，这就是陆天明的追求，而由此还将担当着下一部力作：《中国三部曲》。

‖ **陆天明：**我想写一部全景式的，只能用全景来涵盖这个题材，来表现中国这30年和这30年的中国人。方法可以说还是会沿用《黑雀群》和《高纬度战栗》的方法，一定要写得非常好看，让大家放不下来。同时又要对中国这30年和30年中的中国人做出深刻的剖析，真实的剖析，进而提出一点，应该有大家再过30年也不应该丢掉的一些思考。

有的作家很怕别人把他的小说说成是“反腐小说”；有的理论家也拿这个称呼来贬低一些贴近现实的作家。而陆天明曾说，以前也总觉得被人称为“反腐作家”似乎就不纯粹不光彩。后来就想通了，这其实是一个非常光荣的称呼，是人民的嘉奖。当反腐败关系到民族的存亡和事业的成败的时候，人民能叫你一声“反腐作家”，这是对自己莫大的荣耀。

《高纬度战栗》，体现了当下人正在遭遇的困惑、矛盾、欢乐和眼前发生的一切。而对于有心贴近现实、作用于当代的作家来说，也有一种战栗，那就是对社会对民族之责诚惶诚恐的“战栗”，用陆天明的话说，自己能做到的只有不断提高自己作品的文学品位和现实意义，写好自己的每一部作品。